高职高专十三

U0611437

建筑材料与检测

JIANZHU CAILIAO YU JIANCE

主　编／周本能　武新杰　李　姿
副主编／刘从燕　胡劲德　斐　欣
主　审／谢芳蓬

电子科技大学出版社

图书在版编目（CIP）数据

建筑材料与检测：含实训 / 周本能，武新杰，李姿

主编. --成都：电子科技大学出版社，2016.7

ISBN 978-7-5647-3569-2

Ⅰ. ①建… Ⅱ. ①周… ②武… ③李… Ⅲ. ①建筑材

料－检测－高等职业教育－教材 Ⅳ. ①TU502

中国版本图书馆 CIP 数据核字（2016）第 082492 号

内 容 简 介

全书共有十个项目，主要内容有：建筑材料的基本性能与检测，气硬性胶凝材料的性能与检测、砂石骨料的性能与检测，水泥的性能与检测，砂浆的性能与检测，混凝土的性能与检测，墙体材料的性能与检测，建筑钢材的性能与检测，防水材料的性能与检测，其他常用建筑材料的性能与检测。

本书可作为高等职业院校、高等专科学校建筑类专业的教材，也可作为建筑工程技术人员参考用书。

高职高专十三五规划教材

建筑材料与检测

周本能　武新杰　李　姿　主　编

出　　版：	电子科技大学出版社（成都市一环路东一段 159 号电子信息产业大厦　邮编：610051）
策划编辑：	郭蜀燕　谭炜麟
责任编辑：	谭炜麟
主　　页：	www.uestcp.com.cn
电子邮箱：	uestcp@uestcp.com.cn
发　　行：	新华书店经销
印　　刷：	成都市火炬印务有限公司
成品尺寸：	185mm×260mm　　　印张 15.125　　　字数 415 千字
版　　次：	2016 年 7 月第一版
印　　次：	2016 年 7 月第一次印刷
书　　号：	ISBN 978-7-5647-3569-2
定　　价：	38.50 元

前　言

　　高等职业教育必须强化学生职业能力培养。本教材按照高职高专建筑类专业培养目标的要求，以最新标准为依据，以能力培养为目标，以教学体系、教学内容的实用性为突破口，以典型工程常用建筑材料进场检测顺序为主线，以岗位能力分析为基础，从职业资格证所需要的职业素质和岗位技能来构建教材的内容体系，形成特色鲜明的项目化教材，并有利于教学领域的革新。

　　本教材主要包括如下十个项目：项目一，建筑材料的基本性能与检测；项目二，气硬性胶凝材料的性能与检测；项目三，砂石骨料的性能与检测；项目四，水泥的性能与检测；项目五，砂浆的性能与检测；项目六，混凝土的性能与检测；项目七，墙体材料的性能与检测；项目八，建筑钢材的性能与检测；项目九，防水材料的性能与检测；项目十，其他常用建筑材料的性能与检测。本书系统的介绍了土建工程中常用建筑材料的理论基础知识，同时，为了突出高等职业教育、教学在实际工程中的实用性，还特意加强了建筑材料检测、存储保管及选择应用方面的实践技能知识，并将试验、实训等技能训练内容与基础理论知识有机结合，体现了高度职业教育"教、学、做三合一"的特点。

　　本教材由江西现代职业技术学院周本能、重庆建筑工程职业学院武新杰和河南工业职业技术学院李姿担任主编，由江西现代职业技术学院刘从燕、六安职业技术学院胡劲德、斐欣担任副主编；由江西现代职业技术学院谢芳蓬教授担任主审。

　　其中项目四、六、七由周本能编写，项目八、九由武新杰编写，项目二、三、五由李姿编写，项目一由刘从燕编写，项目十由胡劲德、斐欣编写；本教材即可作为高职高专教育土建类相关专业教材，也可以作为土建工程技术人员和施工人员学习、培训的参考用书。本教材在编写过程中，参阅了国内同行多部著作和国家行业标准的最新规范，部分高职高专院校老师和土建工程专业技术人员提出了宝贵意见供我们参考，在此，向他们表示衷心感谢！

　　本教材编写过程中，虽经推敲核证，但限于编者的专业水平和实践经验，仍难免有疏漏或不妥之处，恳请广大读者指正。

编　者

目　录

项目一　建筑材料的基本性能与检测

任务 1　建筑材料基本性能

在建筑工程中，建筑材料要承受各种不同的作用，从而要求建筑材料具有相应的不同性质，如建筑结构的材料要受到各种外力的作用，因此所选用的材料应具有所需要的力学性能。根据建筑物不同部位的使用要求，有些材料应具有防水、绝热、吸声等性能；对某些工业建筑，要求材料具有耐热、耐腐蚀等性能。此外，对于长期暴露在大气中的材料，要求能经受风吹、日晒、雨淋、冰冻而引起的温度变化、湿度变化及反复冻融等破坏作用。为了保证建筑物经久耐用，要求建筑设计人员掌握材料的基本性质，并能合理地选用材料。

建筑材料在正常使用状态下，总是要承受一定的外力和自重，同时还会受到周围各种介质（如水、蒸汽、腐蚀性气体和液体等）的作用，以及各种物理作用（如温度差、湿度差、摩擦等）。为保证建筑物的正常使用功能和耐久性，要求在工程设计和施工中正确合理地使用材料，因此，必须熟悉和掌握材料的基本性能，即材料共同具有的性能。

一、材料的物理性能

（一）材料与质量有关的性能

材料与质量有关的性质主要指材料的各种密度和描述其孔隙与孔隙状况的指标，在这些指标的表达式中都有质量这一参数。

1. 材料的微观体积构成

（1）块状材料

如图 1.1（a）所示，从微观角度分析，块状材料的体积包括矿质实体体积、闭口孔隙（不与外界连通）体积和开口孔隙（与外界连通）体积三个部分，各部分的体积与质量关系如图

1.1（b）所示。

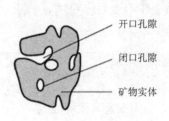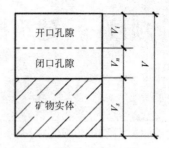

（a）材料微观结构组成　　　　　（b）材料质量与结构体积关系

图 1.1　材料微观结构示意图

（2）散粒状或粉状材料

如图 1.2 所示，堆积起来的散粒状或粉状材料的微观体积包括颗粒的实体体积、颗粒的开口孔隙体积、颗粒的闭口孔隙体积和颗粒间间隙体积四个部分。由于颗粒的开口孔隙与颗粒间缝隙通常是贯通的，因此，散粒状或粉状材料的堆积体积可以理解为由颗粒的总表观体积与颗粒间总空隙构成。

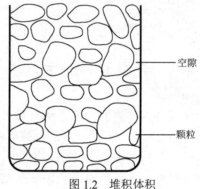

图 1.2　堆积体积

（3）材料在不同构造状态下的体积

材料在绝对密实状态下的体积 V 是指构成材料的固体物质本身的体积。

材料的表观体积 $V' = V + V_闭$

材料的自然体积 $V_0 = V + V_开 + V_闭$

材料的堆积体积 $V_0' = V_0 + V_空$

2．反映材料质量与体积关系的参数

（1）密度

材料在绝对密实状态下单位体积的质量，称为材料的密度。按下式计算：

$$\rho = \frac{m}{V}$$

式中，ρ ——材料的密度（g/cm^3 或 kg/m^3）；

m ——材料在干燥状态下的质量（g 或 kg）；

V ——为绝对体积或矿质实体体积（cm^3 或 m^3）。

材料在绝对密实状态下的体积是指构成材料的固体物质本身的体积，或称实体积。测量材料绝对密实状态下体积的简单方法是将材料磨成细粉，以消除材料内部的孔隙，用排水法求得的粉末体积即为材料绝对密实状态下的体积。

（2）表观密度

对于某些较密实的外形不规则的散粒状材料（如混凝土用砂、石子等），因孔隙很少，可不必磨细，直接以排水法测得体积，称为绝对密实体积的近似值。用绝对密实体积的近似值计算的密度，称为表观密度。按下式计算：

$$\rho' = \frac{m}{V'}$$

式中，ρ'——材料的表观密度（g/cm³）；

　　　　m——材料的质量（g）；

　　　　V'——材料在自然状态下不含开口孔隙的体积（cm³）。

根据材料的含水状态不同有干表观密度和湿表观密度。

（3）体积密度

材料在自然状态下，单位体积的质量。按下式计算：

$$\rho_0 = \frac{m}{V_0}$$

式中，ρ_0——材料的体积密度（g/cm³ 或 kg/m³）；

　　　　m——材料在干燥状态下的质量（g或kg）；

　　　　V_0——材料在自然状态下的体积（cm³ 或 m³）。

材料在自然状态下的体积是指包括实体和内部孔隙的外观几何形状的体积。对于规则的材料，直接量其体积；不规则的材料，为防止液体有空隙进入材料内部而影响测量值，应在表面封蜡，然后再用排液法测量体积。

（4）堆积密度

散粒材料或粉末状材料在堆积状态下（含颗粒间空隙体积），单位体积的质量，称为材料的堆积密度。按下式计算：

$$\rho_0' = \frac{m}{V_0'}$$

式中，ρ_0'——材料的堆积密度（g/cm³ 或 kg/m³）；

　　　　m——材料在干燥状态下的质量（g或kg）；

　　　　V_0'——材料的堆积体积（矿质实体+闭口孔隙+开口孔隙+颗粒间间隙的体积）（cm³ 或 m³）。

测定材料的堆积密度时，材料的质量可以是任意含水状态，未注明材料含水率时，通常是指在干燥状态下的质量。堆积密度的大小与材料装填于容器中的条件或材料的堆积状态有关，在自然堆积状态下称松散堆积密度，当紧密堆积（如加以振实）时称为紧密堆积密度。工程上通常所说的堆积密度是指松散堆积密度（材料的密度、表观密度、体积密度、堆积密度测定）。

在建筑工程中，确定材料的用量，构件的自重，混凝土、砂浆的配合比以及材料的运输量与堆放空间等经常用到材料的密度、表观密度和堆积密度。常用建筑材料的密度、表观密度和堆积密度值见表1.1。

表 1.1　常用建筑材料的密度、表观密度、体积密度和堆积密度值

名　　称	密度（g/cm³）	表观密度（g/cm³）	体积密度（kg/m³）	堆积密度（kg/m³）
水　泥	2.8～3.1			1000～1700
钢　材	7.85		7850	
普通混凝土			1950～2500	
砂	2.5～2.8	2.5～2.8		1450～1650
碎石或卵石	2.6～2.9	2.6～2.9		1400～1650
木　材	1.55		400～800	
石灰岩	2.60		1800～2600	
普通黏土砖	2.5～2.8		1600～1800	
木　材	1.55		400～800	

3．表征材料结构密实性的参数

（1）密实度（D）

密实度是材料固体部分的体积（矿质实体体积）占材料总体积（矿质实体体积+闭合孔体积+开口孔体积）的百分率，以 D 表示：

$$D = \frac{V}{V_0} \times 100\% = \frac{\rho_0}{\rho} \times 100\%$$

密实度 D 反映材料的密实程度，D 值越大，则材料越密实。

（2）孔隙率（P）

孔隙率是指材料中孔隙体积（闭合孔+开口孔）占材料总体积（矿质实体+闭口孔隙+开口孔隙）的百分率，以 P 表示：

$$P = \frac{V_0 - V}{V_0} \times 100\% = \left(1 - \frac{\rho_0}{\rho}\right) \times 100\%$$

密实度与孔隙率的关系为

P+D=1

材料内部孔隙的构造，分为开孔与封闭孔两种。按其尺寸大小又可分为粗孔和细孔。材料的许多性能，如强度、吸湿性、吸水性、抗渗性、抗冻性、导热性、吸声性等都与孔隙率和孔隙构造有关。一般而言，同一种材料孔隙率越小，连通孔隙越少，其强度越高，吸水性越小，抗渗性和抗冻性越好，但其导热性越大。

4．表征材料堆积紧密程度的参数

（1）空隙率 P′

空隙率是指散粒或粉状材料颗粒之间的空隙体积占总体积的百分率，以 P′ 表示，按下式计算：

$$P' = \frac{V_0' - V_0}{V_0'} \times 100\% = \left(1 - \frac{\rho_0'}{\rho_0}\right) \times 100\%$$

空隙率的大小反映了散粒材料的颗粒间互相填充的紧密程度。空隙率可作为控制混凝土集料级配与计算含砂率的依据。

在配制混凝土、砂浆等材料时，砂、石的空隙率是作为控制混凝土中骨料级配与计算混

凝土砂率时的重要依据。为了节约水泥等胶凝材料，改善材料的性能，宜选用空隙率 P' 小的砂石。

（2）填充率指散粒材料堆积体积内被固体颗粒所填充的程度。用 D' 表示：

$$D' = \frac{V_0}{V_0'} \times 100\% = \frac{\rho_0'}{\rho_0} \times 100\%$$

【例题】已知某种建筑材料试样的孔隙率为 24%，此试样在自然状态下的体积为 40 立方厘米，质量为 85.50 克，吸水饱和后的质量为 89.77 克，烘干后的质量为 82.30 克。试求该材料的密度、表观密度、开口孔隙率、闭口孔隙率、含水率。

解：密度=干质量/密实状态下的体积=82.30/40×(1−0.24)=2.7 g/cm³

开口孔隙率=开口孔隙的体积/自然状态下的体积=(89.77−82.3)÷1/40=18.7%

闭口孔隙率=孔隙率−开口孔隙率=0.24−0.187=5.3%

表观密度=干质量/表观体积=82.3/40×(1−0.187)=2.53 g/cm³

含水率=水的质量/干重=(85.5−82.3)/82.3=3.9%

（二）材料与水有关的性能

1. 亲水性与憎水性

当水与建筑材料在空气中接触时，会出现两种不同的现象。如图 1.3 所示，表面能被水润湿，即水能在其表面铺展开的材料为亲水性材料；表面不能被水润湿，即水不能在其表面铺展开的材料称为憎水性材料。

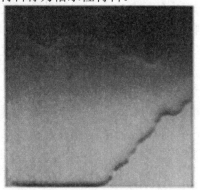 

（a）亲水性材料   （b）憎水性材料

图 1.3　水在不同材料表面作用的情形

材料与水接触时，根据其是否能被水所润湿，可将材料分为亲水性与憎水性两大类。材料被水润湿的程度可用润湿角白表示，如图 1.4 所示。

润湿角是在材料、水和空气的交点处，沿水滴表面作切线，切线和水与材料接触面所形成的夹角。一般认为，润湿角 $\theta \leqslant 90°$，如图 1.4（a）所示的材料为亲水性材料，润湿角 $\theta > 90°$，如图 1.4（b）所示的材料为憎水性材料。憎水性材料具有较好的防水、防潮性，常用作防水材料，也可用手对亲水性材料进行表面处理，以降低吸水率，提高抗渗性。大多数建筑材料属于亲水性材料，如混凝土、砖、石、木材、钢材等；大部分有机材料属于憎水性材料，如沥青、塑料、石蜡和有机硅等。但需指出的是孔隙率较小，孔隙构造为封闭孔的亲水性材料同样也具有较好的防水、防潮性，如水泥砂浆、水泥混凝土等。

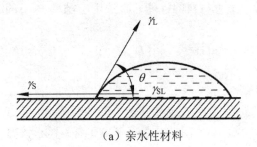

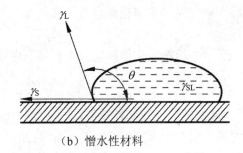

（a）亲水性材料　　　　　　　　　　　　　　（b）憎水性材料

图 1.4　材料的湿润角示意图

2．吸湿性与吸水性

（1）吸湿性

材料在空气中吸收水分的性质，称为吸湿性。用含水率 W' 表示，即材料所含水的质量与材料干质量的百分比，按下式计算：

$$W' = \frac{m_w - m}{m} \times 100\%$$

式中，m_w——材料含水时的质量（g 或 kg）；

　　　m——材料干燥时的质量（g 或 kg）。

材料吸湿或干燥至与空气湿度相平衡时的含水率称为平衡含水率。建筑材料在正常使用状态下，均处于平衡含水状态。

材料的含水率随空气湿度的不同而改变。在不同湿度的空气中，材料既能在空气中吸收水分，又可向空气中扩散水分，最后与空气湿度达到平衡，此时的含水率称为平衡含水率。木材的吸湿性随着空气湿度变化特别明显。例如，木门窗制作后如长期处在空气湿度小的环境中，为了与周围湿度平衡，木材便向外散发水分，于是门窗体积收缩而致干裂。

（2）吸水性

材料在水中吸收水分的性质，称为吸水性，用质量吸水率 W_m 或体积吸水率 W_v 来表示。质量吸水率是指材料所吸水的质量占材料干质量的百分率，体积吸水率是指材料所吸水的体积占干燥材料自然体积的百分率，可分别用以下两式计算：

$$W_m = \frac{m_{sw} - m}{m} \times 100\% \qquad\qquad W_v = \frac{m_{sw} - m}{V_0} \times \frac{1}{\rho_w} \times 100\%$$

式中，m_{sw}——材料吸水饱和时质量（g 或 kg）；

　　　V_0——干燥材料自然状态的体积（m³ 或 cm³）；

　　　ρ_w——水的密度（kg/m³ 或 g/cm³）；

　　　m——材料干燥状态下的质量（g 或 kg）。

质量吸水率和体积吸水率的关系为

$$W_V = W_m \times \frac{\rho_0}{\rho_w}$$

式中，ρ_0——材料干燥状态下的表观密度（kg/m³ 或 g/cm³）。

材料吸水率主要与材料的孔隙率以及孔隙构造有关。孔隙率越大，细小开口孔越多，吸水率也越大；闭口孔隙水分不能进入，而粗大的开口孔隙水分则不易留存，故吸水率较小。须指出，含水率是随环境而变化的，而吸水率却是一个定值，材料的吸水率可以说是该材料的最大含水率，二者不能混淆。

3．耐水性、抗渗性和抗冻性

（1）耐水性

耐水性是材料长期处于水饱和状态下而不被破坏，强度也不显著降低的性质，用软化系数表示。软化系数是指材料在吸水饱和状态下的抗压强度与其在干燥状态下的强度的比值，用软化系数 K_p 表示。用下式计算：

$$K_p = \frac{f_{sw}}{f_d}$$

式中，f_{sw}——材料在吸水饱和状态下的抗压强度（MPa）；

　　　　f_d——材料在于燥状态下的抗压强度（MPa）。

K_p 值的大小，表明材料浸水饱和后强度下降的程度，K_p 在 $0\sim1.0$ 之间。K_p 越小，表明材料吸水后强度下降越大，即耐水性越差。不同材料的 K_p 值相差颇大，如黏土 $K_p=0$，而金属 $K_p=1$。工程中将 $K_p \geqslant 0.85$ 的材料称塑盟水材料。经常位于水中或受潮严重的重要结构所用材料，K_p 不宜小手 0.85；受潮较轻或次要结构所用材料，K_p 不宜小于 0.70。

（2）抗渗性

如图 1.5 所示，材料在压力水作用下透过水量的多少遵守达西定律。即在一定时间 t 内，透过材料试件的水量 W 与试件的渗水面积 A 及水头差 h 成正比，与试件厚度 d 成反比。抗渗性用抗渗系数 K 来表示，计算式如下：

$$K = \frac{Wd}{Ath}$$

式中，K——渗透系数（cm/s）；

　　　　W——渗水量（cm³）；

　　　　d——试件厚度（cm）；

　　　　A——渗水面积（cm²）；

　　　　t——渗水时间（h）；

　　　　h——水头（水压力）（cm）。

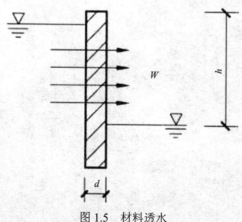

图 1.5　材料透水

渗透系数 K 越大，则材料的抗渗性越差。对于混凝土材料，其抗渗性通常用抗渗等级来表示。

抗渗等级是以 28d 龄期的标准试件，按标准试验方法进行试验时所能承受的最大水压力来确定的。材料抗渗性与材料的亲水程度、孔隙率及孔隙特征有关。憎水性材料、孔隙率小而孔隙封闭的材料具有较高的抗渗性；亲水性材料、具有连通孔隙和孔隙率较大的材料的抗渗性较差。 地下建筑防水工程通常使用防水混凝土，要求其应具有较高的密实性、憎水性和抗渗性，抗渗等级大于或等于 P6，即最小抗渗压力为 0.6 MPa。《地下工程防水技术规范》（GB 50108—2008）规定：对于Ⅳ、Ⅴ级围岩（土层及软弱围岩）防水混凝土，设计抗渗等级应符合表 1.2 的规定。

表 1.2　防水混凝土设计抗渗等级

工程埋置深度（m）	设计抗渗等级
<10	P6
10～20	P8
20～30	P10
30～40	P12

（3）抗冻性

材料在水饱和状态下，能够经受多次冻融循环而不破坏，也不严重降低强度的性能称为抗冻性。

材料的抗冻性用抗冻等级表示。抗冻等级是材料在吸水饱和状态下，经冻融循环作用，强度损失和质量损失均不超过规定值时所能承受的最大冻融循环次数。用符号 Fn 来表示，其中 n 为最大冻融循环次数，如 F25、F50、F100、F150 等。

材料在冻融循环作用下产生破坏如图 1.6 所示，是由于材料内部毛细孔隙及大孔隙中的水结冰时的体积膨胀（约 9%）造成的。膨胀对材料孔壁产生巨大的压力，由此产生的拉应力超过材料的抗拉极限时，材料内部产生微裂缝，强度下降。此外，在冻结和融化过程中，材料内外的温差所引起的温度应力也会导致微裂缝的产生或加速微裂缝的扩展。抗冻性是评定材料耐久性的重要指标之一。

图 1.6　冻融破坏的桥梁

（三）材料的热工性能

1. 导热性

材料传导热量的性质称为材料的导热性，用热导率（也称导热系数）λ 来表示。

$$\lambda = \frac{Qa}{(T_1 - T_2)AZ}$$

式中，λ——热导率（W/m·K）；

Q——传递的热量（J）；

a——材料的厚度（m）；

$(T_1 - T_2)$——材料两侧的温差（K）；

A——材料传热面的面积（m²）；

Z——传热的时间（s 或 h）。

热导率的物理意义是：面积为 1 m²，厚度为 1m 的材料，当两侧温差为 1K 时，经 1s 所传递的热量。热导率越小，表示材料的绝热性能越好。工程中通常把 λ<0.175W/（m·K）的材料称为绝热材料。

热导率是房屋的墙体和屋面热工计算，以及确定热表面或冷藏库绝热层厚度的重要参数。

2. 热容量

材料受热时吸收热量，冷却时放出热量的性质称为热容量。热容量大小用比热容（也称热容量系数）表示，按下式计算：

$$c = \frac{Q}{(t_2 - t_1)m}$$

式中，c——材料的比热容（kJ/kg·K）；

Q——材料吸收（或放出）的热量（kJ）；

M——材料的质量（kg）；

$(t_2 - t_1)$——材料受热（或冷却）前后的温度差（℃）。

比热容 c 与质量 m 的乘积称为热容。材料的热容量大，则材料在吸收或放出较多的热量时，其自身的温度变化不大，即有利于保证室内温度相对稳定。在设计围护结构（墙体、屋面等）时，应考虑材料的热容量。轻质材料作为维护材料使用时，须注意其热容量较小的特点。几种常用建筑材料的热导率和比热容见表 1.3。

表1.3　几种常用材料的热导率和比热容

材料	热导率 /$W\cdot(m\cdot K)^{-1}$	比热容 /$J\cdot(m\cdot K)^{-1}$	材料	热导率 /$W\cdot(m\cdot K)^{-1}$	比热容 /$J\cdot(m\cdot K)^{-1}$
钢材	58.00	0.48×10^3	泡沫塑料	0.035	1.30×10^3
花岗岩	3.49	0.92×10^3	水	0.58	4.19×10^3
普通混凝土	1.51	0.84×10^3	冰	2.33	2.05×10^3
普通烧结砖	0.80	0.88×10^3	密闭空气	0.023	1.00×10^3
松木	横纹 0.17 顺纹 0.35	2.5×10^3			

3．材料的耐燃性与耐火性

（1）耐燃性

耐燃性是指在发生火灾时，材料可否燃烧以及燃烧的难易程度的性质。按耐燃性的不同将材料分为非燃烧材料、难燃烧材料和燃烧材料三类。（1）非燃烧材料，即在空气中受高温作用不起火、不微燃、不炭化的材料；（2）难燃烧材料，即在空气中受高温作用难起火、难微燃、难碳化，当火源移走后燃烧会立即停止的材料；（3）燃烧材料，即在空气中受高温作用会自行起火或微燃，当火源移走后仍能继续燃烧或微燃的材料，如木材及大部分有机材料。不同耐火等级的建筑物所用构件的燃烧性能和耐火极限见表 1.4。

表 1.4　建筑物构件（部分）的燃烧性能和耐火极限

构件名称		耐火等级			
		一级	二级	三级	四级
墙	防火墙	不燃烧体 3.00	不燃烧体 3.00	不燃烧体 3.00	不燃烧体 3.00
	承重墙	不燃烧体 3.00	不燃烧体 2.50	不燃烧体 2.00	不燃烧体 0.50
	非承重墙	不燃烧体 2.00	不燃烧体 1.00	不燃烧体 0.50	燃烧体
	楼梯间的墙、电梯井的墙	不燃烧体 2.00	不燃烧体 2.00	不燃烧体 1.50	难燃烧体 0.50
	疏散走道两侧的隔墙	不燃烧体 1.00	不燃烧体 1.00	不燃烧体 0.50	难燃烧体 0.25
	房间隔墙	不燃烧体 0.75	不燃烧体 0.50	难燃烧体 0.50	难燃烧体 0.25
柱		不燃烧体 3.00	不燃烧体 2.50	不燃烧体 2.00	难燃烧体 0.50
梁		不燃烧体 2.00	不燃烧体 1.50	不燃烧体 1.00	难燃烧体 0.50
楼板		不燃烧体 1.50	不燃烧体 1.00	不燃烧体 0.50	燃烧体
屋顶承重构件		不燃烧体 1.50	不燃烧体 1.00	燃烧体	燃烧体

（2）耐火性

材料抵抗高热或火的作用，保持其原有性质的能力，称为材料的耐火性。金属材料、玻璃等虽属于非燃烧材料，但在高温或火的作用下，在短时间内就会变形、熔融，因而不属于耐火材料。建筑材料或构件的耐火性用耐火极限表示，耐火极限是按规定方法，从材料受到火的作用时间起，直到材料失去支持能力、完整性被破坏或失去隔火作用的时间，以 h 计。如无保护层的钢柱，其耐火极限仅有 0.25h。

（四）材料的声学性能

1．吸声性

声能穿透材料和被材料消耗的性质称为材料的吸声性，用吸声系数来 α 表示。吸声系数 α 越大，材料的吸声性越好。

吸声系数 α 与声音的入射方向和频率有关。通常采用 125Hz、250Hz、500Hz、1000Hz、2000Hz、4000Hz 六个频率的平均吸声系数 $\bar{\alpha}$ 表示。$\bar{\alpha} \geqslant 0.2$ 的材料称为吸声材料。

2．隔声性

隔声性是指材料减弱或隔断声波传播的性能。声波在建筑结构中的传播主要通过空气和固体来实现，因而隔声分为隔空气声和隔固体声。前者主要依据声学中的"质量定律"，即材料密度越大，越不容易受声波作用而产生振动，所以，密度大的材料，隔声效果好；后者则是隔断其声波在结构中的传播途径，在结构中（如梁、框架与楼板、隔墙以及它们的交接处等）设置弹性材料或空气隔离层等，可有效阻止或减弱固体声波的传播。隔声和吸声是两个不同的概念，吸声效果好的多孔材料隔声效果不一定好。

二、材料的力学性能

（一）强度、强度等级和比强度

1. 材料的强度

强度是材料在应力（荷载）作用下抵抗破坏的最大能力。根据外力作用方式的不同，材料强度有抗压、抗拉、抗剪、抗弯或抗折强度等。工程上，材料的强度值大多在特定条件下，采用标准试件静力破坏试验法来测定。即将预先制作的标准试件放置在材料试验机上，施加外力（荷载）直至破坏，根据试件尺寸和破坏时的荷载值，计算出材料的强度。各种状态下的受力特点和计算方法见表1.5。

表 1.5　静力强度的分类和计算公式

强度/Mpa	受力示意图	计算公式	备注
抗压强度 f_c		$f_c = \dfrac{F}{A}$	
抗压强度 f_t		$f_t = \dfrac{F}{A}$	F——破坏荷载（N） A——受荷面积（mm²） l——跨度（mm） b——断面宽度（mm） h——断面高度（mm）
抗剪弯度 f_v		$f_v = \dfrac{F}{A}$	
抗压弯度 f_m		$f_m = \dfrac{3Fl}{2bh^2}$	

材料的强度与其组成、构造有关，如孔隙率越大，强度越低。此外，还与材料的测试条件有很大的关系。当加荷速度较快时，由于变形速度落后于荷载的增长，故测得的强度值偏高；而加荷速度较慢时，强度值偏低。当受压试件与加压板间无润滑作用时（即未涂石蜡等润滑物），加压板对试件的两个端部的横向约束限制了试件的侧向膨胀，因而测得的强度值偏高；试件越小，横向约束作用越大，且含有缺陷的概率越小，故测得的强度值偏高；受压试件以立方体形状测得值高于棱柱体试件测得值。为了使试验结果比较准确，且具有可比性，

国家标准规定了各种材料强度的标准检测方法，在测定材料强度时必须严格按照规定执行。

2．强度等级

在工程运用中，为便于合理地使用材料，对于以强度为主要指标的材料，通常按其强度值的高低划分为若干等级，称为材料的强度等级。脆性材料主要按抗压强度来划分，如水泥、混凝土、砖、石；塑性材料和韧性材料主要以抗拉强度来划分，如钢材等。

3．比强度

比强度是指按单位质量计算的材料强度，其值等于材料的强度与其表观密度之比。比强度是衡量材料轻质高强的主要指标，比强度大则表明材料轻质高强，优质的材料必须具有较高的比强度。通常在高层建筑结构、大跨度结构、软土地基结构中，宜选用比强度大的建筑材料。工程上几种常用材料的比强度见表1.6。

表 1.6　常用材料的比强度

材料名称	表观密度（kg·m^{-3}）	强度值（MPa）	比强度
低碳钢	7800	235	0.0301
普通混凝土	2400	30	0.0125
绕结普通砖	1700	10	0.0059
松木	500	34	0.0680

（二）弹性和塑性

1．弹性

材料在外力作用下产生变形，当去掉外力后，完全恢复到原来状态的性质称为材料的弹性，材料的这种完全能恢复的变形称为弹性变形。明显具备这种特征的材料称为弹性材料。

2．塑性

材料在外力作用下产生变形，去掉外力后，材料仍保持变形后的形状和尺寸的性质，称为材料的塑性，材料的这种不能恢复的变形称为塑性变形（或称不可恢复的变形）。具有较高塑性变形的材料称为塑性材料。

（三）脆性和韧性

1．脆性

脆性是材料在荷载作用下，在破坏前没有明显预兆（即塑性变形），表现为突发性破坏的性质。脆性材料的特点是塑性变形很小，且抗压强度比抗拉强度高出 5～50 倍。无机非金属材料多属于脆性材料。

2．韧性

韧性是材料在冲击、振动荷载作用下，能承受很大的变形而不发生突发性破坏的性质，又称冲击韧性。韧性材料的特点是变形大，特别是塑性变形大，抗拉强度接近或高于抗压强度。木材、建筑钢材、沥青、橡胶等属于韧性材料。

在建筑工程中，对于要求承受冲击荷载和有抗震要求的结构，如吊车梁、桥梁、路面等所用的材料均应考虑材料的韧性。

（四）硬度和耐磨性

1．硬度

硬度是材料抵抗其他硬物刻划或压入其表面的能力。不同材料的硬度测定方法不同。天然矿物的硬度用刻划法确定，并按滑石、石膏、方解石、萤石、磷灰石、正长石、石英、黄玉、刚玉、金刚石的顺序，划分为 10 个硬度等级；木材、钢材等材料的硬度是用硬球或硬尖物体如圆锥或角锥压入测定的；混凝土、砖、建筑砂浆、金属等材料表面的硬度使用回弹法测定。一般硬度大的材料耐磨性较强，不易进行再加工。

2．耐磨性

耐磨性是指材料表面抵抗磨损的能力，通常用磨损率 K_m 表示为：

$$K_m = \frac{m_1 - m_2}{A} \times 100\%$$

式中，m_1——试件磨损前的质量（g）；

m_2——试件磨损后的质量（g）；

A——试件受磨的表面积（cm^2）。

地面、路面、楼梯踏步及其他有较强磨损作用的部位，需选用具有较高硬度和耐磨性的材料。

三、材料的耐久性

耐久性是指材料长期抵抗各种内外破坏因素的作用，保持其原有性质的能力。材料的耐久性是一项综合性能，一般包括有抗渗性、抗冻性、耐腐蚀性、抗老化性、抗碳化、耐热性、耐磨性、耐旋光性等。材料的性质和用途不同，对耐久性的要求也不同。如结构材料主要要求强度不能显著降低，而装饰材料则主要要求颜色、光泽等不发生显著的变化等。

1．内部因素

内部因素是造成材料耐久性下降的根本原因。内部因素主要包括材料的组成、结构与性质。当材料的组成成分易溶于水或其他液体，或易与其他物质发生化学反应时，则材料的耐水性、耐化学腐蚀性等较差；无机非金属脆性材料在温度剧变时易产生开裂，即耐急冷急热性差；当材料的孔隙率较大时，则材料的耐久性较差；有机材料，抗老化性较差；当材料强度较高时，则材料的耐久性较好。

2．外部因素

外部因素是影响耐久性的主要因素。外部因素主要有以下几方面。

（1）化学作用包括各种酸、碱、盐及其水溶液，各种腐蚀性气体，对材料具有化学腐蚀作用和氧化作用。

（2）物理作用包括光、热、电、温度差、湿度差、干湿循环、冻融循环、溶解等，可使材料的结构发生变化，如内部产生微裂纹或孔隙率增加。

（3）机械作用包括冲击、疲劳荷载，各种气体、液体及固体引起的磨损等。

（4）生物作用包括菌类、昆虫等，可使材料产生腐朽、虫蛀等。

3．耐久性的测定

对材料耐久性最可靠的判断是在使用条件下进行长期观测，但这需要很长的时间。通常是根据使用条件与要求，在实验室进行快速试验，根据试验结果，对材料的耐久性做出判定，其项目主要有干湿循环、冻融循环、碳化、化学介质浸渍、加湿与紫外线干燥循环等。

任务2　建筑材料基本性质检测

一、绝对密度测定

（一）试验目的

通过测定材料密度，计算材料的孔隙率和密实度，而材料的很多性质都与孔隙率大小及孔隙特征有关。

（二）主要仪器设备

包括李氏瓶（如图1.7所示）、筛子（孔径0.25 mm）、量筒、烘箱、干燥器、物理天平、温度计、漏斗和小勺等。

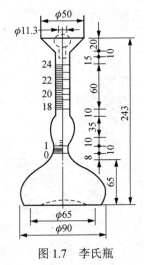

图1.7　李氏瓶

（三）式样制备

1. 将试样碾磨后用0.25mm的筛筛分，全部通过孔筛后，放到（105±5）℃的烘箱中，烘至恒重。

2. 将烘干的粉料放入干燥器中冷却至室温备用。

（四）试验方法及步骤

1. 在李氏瓶中注入与试样不发生反应的液体至突颈下部，记下刻度值（V_0）。

2. 用天平称取60~90g试样（m_1），精确至0.01g，直至液面上升至20mL左右的刻度为止。

3. 用瓶内的液体将黏附在瓶颈和瓶壁的试样洗入瓶内，转动李氏瓶使液体中气泡排出，记下液面刻度（V_1）。

4. 称取未注入瓶内剩余试样的质量（m_2）。计算出装进入瓶中试样质量（m）。

5. 将注入试样后的李氏瓶中液面读数V_1减去未注前液面读数V_0，得出试样的绝对体积（V）。

（五）结果计算

1．按下式计算出密度（精确至 0.01 g/cm³）：

$$\rho = \frac{m}{V}$$

式中，m——装入瓶中试样的质量；

V——装入试样中试样的体积。

2．密度测试应以两个试样平行进行，以其计算结果的算术平均值作为最后结果。如两次结果之差大于 0.02 g/cm³，试验需重做。

二、砂的表观密度测定

（一）试验目的

通过表观密度、堆积密度的测定，计算出材料孔隙率及空隙率，从而了解材料的构造特征。测定砂的表观密度，为配合比设计提供数据。

（二）主要仪器

天平（称量 1000g，感量 1g）、容量瓶（500mL）、烘箱、干燥器、料勺、温度计等。

（三）试验步骤

1．称取经缩分并烘干试样 300g（m_0）、装入盛有半瓶冷开水的容量瓶中，摇动容量瓶，使试样充分搅动以排除气泡。塞紧瓶塞，静置 24h。

2．打开瓶塞，用滴管添水使水面与瓶颈 500mL 刻线平齐。塞紧瓶塞，擦干瓶外水分，称其重量 m_1（g）。

3．倒出瓶中的水和试样，清洗瓶内外，再装入与上项水温相差不超过 2℃的冷开水至瓶颈 500mL 刻度线。塞紧瓶塞，擦干瓶外水分，称其重量 m_2（g）。

（四）结果计算

1．按下式计算砂的表观密度 ρ_0（精确至 10 kg/m³）：

$$\rho_0 = (\frac{m_0}{m_0 + m_2 - m_1} - \alpha_t^-) \times 1000$$

式中，m_0——试样的烘干质量（g）；

m_1——吊篮在水中的质量（g）；

m_2——吊篮及试样在水中的质量（g）；

α_t——考虑称量时水温对表观密度影响的修正系数，见表 1.7。

2．砂的表观密度以两次试验结果的算术平均值作为测定值，如两次结果之差大于 0.02 g/cm³ 时，应重新取样进行试验。

表 1.7　不同水温下碎石或卵石表观密度影响的修正系数

水温（℃）	15	16	17	18	19	20	21	22	23	24	25
α_t	0.002	0.003	0.003	0.004	0.004	0.005	0.005	0.006	0.006	0.007	0.008

三、卵石或碎石的表观测定

石子的表观密度测定方法有液体比重天平法（标准法）和广口瓶法（简易法）。

（一）石子的表观密度测定（标准法）

1. 主要仪器

带有吊篮的液体天平（称量 5000g，感量 1g）。吊篮直径和高度均为 150mm，试验筛（孔径为 4.75mm）、烘箱、毛巾、刷子等。

2. 试验步骤

（1）将石子试样筛去公称粒径 5mm 以下颗粒，用四分法缩分至不少于表 1.8 规定的量，然后洗净后分成两份备用。

表 1.8　不同粒径的石子的试样量

石子最大粒径（mm）	10	16	20	25	31.5	40	63	80
表观密度每份试样量（kg）	2	2	2	3	3	4	6	6

（2）取石子试样一份装入吊篮中，并浸入盛水的容器中，水面至少高出试样 50mm。

（3）浸水 24h 后移至称量用的盛水容器中，并用上下升降吊篮的方法排除气泡，试样不得露出水面，吊篮每秒升降一次，升降高度为 30～50mm。

（4）调节容器中水位高度（由溢流孔控制）并测定水温后，用天平称取吊篮及试样的质量（m_2）。

（5）放在（105±5）℃的烘箱中烘至恒重，取出后放在带盖的容器中冷却至室温，再称重（m_0）。

（6）称取吊篮在同样的温度和水位的水中质量（m_1）。

3. 结果计算

（1）按下式计算出石子的表观密度 ρ（精确至 10kg/m³）：

$$\rho = \left(\frac{m_0}{m_0 + m_1 - m_2} - \alpha_t \right) \times 1000$$

式中，　m_0——试样的烘干质量（g）；

　　　m_1——吊篮在水中的质量（g）；

　　　m_2——吊篮及试样在水中的质量（g）；

　　　α_t——考虑称量时水温对表观密度影响的修正系数，见表 1.7。

（2）以两次试验结果的算术平均值作为测定值，两次结果之差应小于 20kg/m³，否则应重新取样进行试验。

（二）石子的表观密度测定方法（简易法）

1. 试验目的

本方法适用于测定碎石或卵石的表观密度，不宜用于测定最大公称粒径超过 40mm 的碎石或卵石的表观密度。

2．主要仪器设备

（1）广口瓶　容量 1000mL，磨口并带玻璃片。

（2）天平　称量 20kg，感量 20g。

（3）方孔筛、鼓风烘箱、浅盘、温度计、毛巾等。

3．试样制备

按规定取样，用四分法缩分至不少于表 1.8 规定的数量，经烘干或风干后筛除小于 5.00mm 的颗粒，洗刷干净后，分为大致相等的两份备用。

4．试验步骤

（1）将试样浸水 24h，然后装入广口瓶（倾斜放置）中，注入清水后，摇晃广口瓶以排除气泡。

（2）向瓶内加水至凸出瓶口边缘，然后用玻璃片迅速滑行，滑行中应紧贴瓶口水面。擦干瓶外水分，称取试样、水、广口瓶及玻璃片的总质量 m_1，精确至 1g。

（3）将广口瓶中试样倒入浅盘，然后在（105±5）℃的烘箱中烘干至恒重，冷却至室温后称其质量 m_0，精确至 1g。

（4）将广口瓶洗净，重新注入饮用水，并用玻璃片紧贴瓶口水面，擦干瓶外水分，称取水、广口瓶及玻璃片总质量 m_2，精确至 1g。

注：试验时各项称量可以在 15℃～25℃范围内进行，但从试样加水静止的 2h 起至试验结束，其温度变化不得超过 2℃。

5．试验结果计算与评定

（1）石子的表观密度按下式计算，精确至 $10kg/m^3$；

$$\rho = \left(\frac{m_0}{m_0 + m_1 - m_2} - \alpha_t \right) \times 1000$$

式中，ρ——石子的表观密度（kg/m^3）；

m_0——烘干试样的质量（g）；

m_1——吊篮在水中的质量（g）；

m_2——试样、水、瓶和玻璃片的总质量（g）；

α_t——水温对表观密度影响的修正系数，如表 1.7 所示。

（2）表观密度取两次试验结果的算术平均值，精确至 $10kg/m^3$；如两次试验结果之差大于 $20 kg/m^3$，须重新试验。对材质不均匀的试样，如两次试验结果之差大于 $20 kg/m^3$，可取 4 次试验结果的算术平均值。

四、堆积密度测定

（一）砂堆积密度测定

1．试验目的

通过表观密度、堆积密度的测定，计算出材料孔隙率及空隙率，从而了解材料的构造特征。测定砂的表观密度，为配合比设计提供数据。

2．主要仪器设备

砂堆积密度试验的主要仪器有标准容器（金属圆柱形，容积为 1L）、标准漏斗（如图 1.8 所示）、台秤、铝制料勺、烘箱和直尺等。

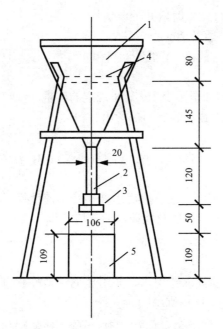

1—漏斗；2—φ20 管子；3—活动门；4—筛子；5—容量筒

图 1.8　砂堆积密度漏斗

3．试样制备

用四分法缩取砂样约 3L，试样放入浅盘中，将浅盘放入温度为（105±5）℃的烘箱中烘至恒重，取出冷却至室温，筛除大于 4.75mm 的颗粒，分为大致相等的两份待用。

4．试验方法及步骤

（1）称取标准容器的质量（m_1）精确至 1g；将标准容器置于下料漏斗下面，使下料漏斗对正中心。

（2）取试样一份，用铝制料勺将试样装入下料漏斗，打开活动门，使试样徐徐落入标准容器，直至试样装满并超出标准容器筒口

（3）用直尺将多余的试样沿筒口中心线向两个相反方向刮平，称其质量（m_2），精确至 1g。

5．结果计算

试样的堆积密度 ρ_0' 按下列计算（精确至 10 kg/m³）；

$$\rho_0' = \frac{m_2 - m_1}{V_0'} \times 1\,000$$

（二）石子堆积密度试验

1．主要仪器设备

石子堆积密度试验的主要仪器有标准容器（根据石子最大粒径选取，见表 1.9）、台秤、小铲、烘箱和直尺等，磅秤（感量 50g）。

表 1.9　标准容器规格

石子最大粒径（mm）	标准容器（L）	标准容器尺寸（mm）		
		内径	净高	壁厚
9.5，16.0，19.0，26.5	10	208	294	2
31.5，37.5	20	294	294	3
53.0，63.0，75.0	30	360	294	4

2．试样制备

石子按规定（见表 1.10）取样后烘干或风干后，拌匀并将试样分为大致相等的两份备用。

表 1.10　最大粒径对应的称重

最大粒径/mm	9.5	16.0	19.0	26.5	31.5	37.5	63.0	75.0
称重/kg	40	40	40	40	80	80	120	120

3．试验方法及步骤

（1）称取标准容器的质量（m_1）及测定标准容器的体积，取一份试样，用小铲将试样从标准容器上方 50mm 处徐徐加入，试样自由落体下落，直至容器上部试样呈锥体且四周溢满时，停止加料。

（2）除去凸出容器表面的颗粒，并以合适的颗粒填入凹陷部分，使表面凸起部分体积和凹陷部分体积大致相等。称取试样和容量筒总质量（m_2），精确至10g。

4．结果计算

试样的堆积密度 ρ_0' 按下列计算（精确至 10 kg/m³）：

$$\rho_0' = \frac{m_2 - m_1}{V_0'} \times 1\,000$$

【 自 我 测 验 】

一、填空题

1．当材料的体积密度与密度相同时，说明该材料 _____。

2．材料的耐水性用_____表示。

3．对于开口微孔材料，当其孔隙率增大时，材料的密度_____。

4．材料的抗冻性以材料在吸水饱和状态下所能抵抗的_____来表示。

5．对于开口微孔材料，当其孔隙率增大时，材料的吸水性_____。

6．评价材料是否轻质高强的指标为_____。

7．材料的亲水性与憎水性用_____来表示。

8．当材料的孔隙率一定时，孔隙尺寸愈小，保温性能愈_____。

9．材料的吸湿性用＿＿＿＿＿＿＿＿来表示。

10．含水率为 1% 的湿砂 202g，其中含水为＿＿＿＿＿＿＿克。

二、名词解释

1．密度

2．堆积密度

3．孔隙率

4．密实度

5．空隙率

6．抗渗性

7．强度

8．比强度

三、判断题

1．对于任何一种材料，其密度都大于其体积密度。（　　　）

2．材料的含水率越高，其表观密度越大。（　　　）

3．材料的孔隙率越大，吸水率越高。（　　　）

4．材料的吸湿性用含水率来表示。（　　　）

5．孔隙率大的材料，其耐水性不一定不好。（　　　）

6．软化系数越大，说明材料的抗渗性越好。（　　　）

7．对保温材料，若厚度增加可提高其保温效果，故墙体材料的导热系数降低。（　　　）

8．绝热材料与吸声材料一样，都需要孔隙结构为封闭孔隙。（　　　）

9．材料的比强度值越小，说明该材料愈是轻质高强。（　　　）

四、单选题

1．对于某材料来说无论环境怎样变化，其（　　　）都是一个定值。

A．强度 　　　　　　　　 B．密度

C．导热系数 　　　　　　 D．平衡含水率

2．降低同一种材料的密实度，则其抗冻性（　　　）。

A．提高 　　　　　　　　 B．不变

C．降低 　　　　　　　　 D．不一定降低

3．含水率 4% 的砂 100g，其中干砂重（　　　）g。

A．94.15 　　　　　　　　 B．95.25

C．96.15 　　　　　　　　 D．97.35

4．材料抗渗性的指标为（　　　）。

A．软化系数 　　　　　　 B．渗透系数

C．抗渗指标 　　　　　　 D．吸水率

5．用于吸声的材料，要求其具有（　　　）孔隙的多孔结构材料，吸声效果最好。

A．大孔 　　　　　　　　 B．内部连通而表面封死

C．封闭小孔 　　　　　　 D．开放连通

五、计算题

1. 某石灰岩的密度为 2.68 g/cm³，孔隙率为 1.5%，今将石灰岩破碎成碎石，碎石的堆积密度为 1520 kg/m³，求此碎石的表观密度和空隙率。

2. 料的密度为 2.68 g/cm³，表观密度为 2.34 g/cm³，720g 绝干的该材料浸水饱和后擦干表面并测得质量为 740g。求该材料的孔隙率、质量吸水率、体积吸水率、开口孔隙率、闭口孔隙率。（假定开口孔全可充满水）

3. 一块普通标准粘土砖，烘干后质量为2500g,吸水饱和湿重为2900g,其密度为2.7 g/cm³，求该砖的表观密度、孔隙率、质量吸水率和体积吸水率。

项目二　气硬性胶凝材料的性能与检测

【知识目标】

1. 知道建筑石灰的生产及分类。
2. 理解石灰水化、凝结、硬化机理，石灰技术指标的含义及其工程应用。
3. 知道建筑石膏的生产及分类。
4. 理解石膏凝结、硬化机理，石膏技术指标的含义及其工程应用。
5. 知道水玻璃模数与其黏结性能的关系，知道水玻璃在建筑工程中的应用。
6. 熟知气硬性胶凝材料的性能检测试验步骤。

【技能目标】

1. 具有识别石灰、石膏性能的能力。
2. 能够进行生石灰、消石灰的性能测定试验。
3. 知道在工程中各种气硬性胶凝结材料应用范围。

任务3　气硬性胶凝材料性能

一、石灰

石灰是人类在建筑工程中使用最早的胶凝材料之一。由于具有原材料分布广、生产工艺简单、成本低廉等特点，因此，在建筑上历来应用广泛。

（一）建筑生石灰的生产及分类

1. 生石灰的生产

石灰是以碳酸钙为主要成分的石灰石、白垩等为原材料，在 1000℃左右的温度下煅烧所得到的产品，称为生石灰。生石灰的主要成分为氧化钙（CaO），另外还含有少量氧化镁（MgO）及杂质。化学反应式如下。

$$CaCO_3 \xrightarrow{900℃} CaO + CO_2 \uparrow \qquad MgCO_3 \xrightarrow{700℃} MgO + CO_2 \uparrow$$

上述反应温度为达到化学平衡时的温度。在实际生产中，为了加快石灰石的分解，使 $CaCO_3$ 能迅速充分分解成 CaO，必须提高煅烧温度，一般为 1000℃～1100℃。

按照《建筑生石灰》（JC/T 479—2013）的规定，（气硬性）生石灰由石灰石（包括钙质石灰石、镁质石灰石）焙烧而成的以氧化钙为主要成分的块状、粒状或粉状产物。在原料尺寸大小适中、粒径搭配比较合理，并控制在正常的煅烧温度和煅烧时间的情况下，可制得优质的生石灰，又称"正火灰"。但实际生产过程中，当上述影响煅烧质量的某种因素控制不当时，会导致生产的石灰中含有"欠火灰"和"过火灰"成分。正火灰、欠火灰和过火灰的性能比较见表 2.1。

表 2.1　正火灰、欠火灰和过火灰的性能比较

特　征	正火灰	欠火灰	过火灰
颜色	洁白或略带灰色	发青	呈黑色
密度	较小	密度较大	密度大
硬度	颗粒硬度较小，内有孔隙	颗粒硬度较大，内部有未烧透的硬核	颗粒硬度较大，表面有裂缝或玻璃体状
化学成分	CaO	CaO 和 $Ca(OH)_2$	CaO
水化特性	水化速度快，较完全	水化速度较快，未水化残渣较多	水化速度很慢

　　煅烧温度过低或煅烧时间过短，或者石灰石块体太大等原因，使生石灰中存在未分解完全的石灰石，这种石灰称为欠火石灰。欠火石灰产浆量小，质量较差，利用率较低。

　　煅烧温度过高或煅烧时间过长，石灰块体体积密度增大，颜色变深，即为过火石灰。过火石灰与水反应的速度大大降低，在硬化后才与游离水分发生熟化反应，产生较大体积膨胀，使硬化后的石灰表面局部产牛鼓包、崩裂等现象，工程上称为"爆灰"。"爆灰"是建筑工程质量通病之一。

　　杂质含量少、煅烧情况良好的生石灰，颜色洁白或微黄，呈多孔结构，体积密度较低（800～1000 kg/m^3），质量最好，这种石灰称为正火石灰。

　　2. 生石灰的分类

　　（1）按照生石灰的加工情况分为建筑生石灰和建筑生石灰粉。

　　（2）按生石灰的化学成分分为钙质石灰和镁质石灰两类，根据化学成分的含量每类分成各个等级，见表 2.2。

表 2.2　建筑生石灰的分类

类　别	定　义	名　称	代　号	备　注
钙质石灰	主要由氧化钙或氢氧化钙组成，而不添加任何水硬性或火山灰质的材料	钙质石灰 90	CL90	CL-钙质生石灰；90（或 85、75）-（CaO+MgO）百分含量
		钙质石灰 85	CL85	
		钙质石灰 75	CL75	
镁质石灰	主要由氧化钙和氢氧化镁（MgO>5%）或氢氧化钙和氢氧化镁组成，而不添加任何水硬性或火山石质的材料	镁质石灰 85	ML85	ML-镁质生石灰；85（或 75）-（CaO+MgO）百分含量
		镁质石灰 80	ML80	

　　3. 生石灰的标记

　　生石灰的识别标志由产品名称、加工情况和产品依据标准编号组成，生石灰块在代号后面加 Q，生石灰粉在代号后加 QP。

　　示例：符合 JC/T479—2013 的钙质生石灰粉 90 标记为：CL 90-QP JC/T479—2013

　　说明：CL——钙质石灰；

　　　　　90——（CaO+MgO）百分含量；

QP——粉状;

JC/T479—2013——产品依据标准。

（二）石灰的熟化和硬化

1. 石灰的熟化

生石灰加水形成熟石灰的过程，称为熟化或消化。生石灰除磨细粉可以直接在工程中使用外，一般均需熟化后使用，在熟化过程中发生如下化学反应：

$$CaO + H_2O = Ca(OH)_2 + 64.83kJ$$

$$MgO + H_2O = Mg(OH)_2$$

（1）熟化方式

熟化方式主要有淋灰和化灰两种。淋灰一般在石灰厂进行，是将块状生石灰堆成垛，先加入石灰熟化总用水量的70%的水，熟化1～2d后将剩余30%的水加入继续熟化而成。由于加水量小，熟化后为粉状，也称消石灰粉。化灰度施工现场进行，是将块状生石灰放入化灰池中，用大量水拜泳，使水面超过石灰表面熟化而成。由于加入大量水分，形成的熟石灰为膏状，简称"灰膏"。

（2）熟化过程的特点

生石灰中氧化钙（CaO）与水反应是一个放热反应，放出的热量为64.83 kJ/mol。由于生石灰疏松多孔，与水反应后形成的氢氧化钙[$Ca(OH)_2$]体积比生石灰增大1.5～3.5倍。

（3）注意事项

熟化后的熟石灰在使用前必须"陈伏"15d以上（如图2.1所示），以消除过火石灰因熟化慢，体积膨胀引起隆起和开裂（即"爆灰"现象）。此外，在"陈伏"时必须在化灰池表面保留一层水，使熟石灰与空气隔绝，防止石灰与空气中二氧化碳发生化学反应（碳化）而降低石灰的活性。

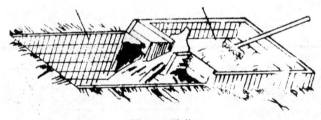

图2.1　陈伏

2. 石灰的硬化

石灰浆体使用后在空气中逐渐硬化，主要有以下两个过程。

（1）结晶作用

随着游离水的蒸发，氢氧化钙晶体逐渐从饱和溶液中析出。

（2）碳化作用

氢氧化钙在潮湿条件下，与空气中二氧化碳发生化学反应，形成碳酸钙晶体。

$$Ca(OH)_2 + CO_2 + nH_2O = CaCO_3 + (n+1)H_2O$$

碳化作用是从熟石灰表面开始缓慢进行的，生成的碳酸钙晶体与氢氧化钙晶体交叉连生，形成网络状结构，使石灰具有一定的强度。表面形成的碳酸钙结构致密，会阻碍二氧化碳进一步进入，且空气中二氧化碳的浓度很低，在相当长的时间内，仍然是表层为$CaCO_3$，内部为$Ca(OH)_2$，因此石灰的硬化是一个相当缓慢的过程。

（三）石灰的技术要求

1. 建筑石灰的技术要求

用于建筑工程的石灰应符合下列技术要求。

（1）有效氧化钙和氧化镁含量。石灰中产生黏结性的有效成分是活性氧化钙和氧化镁。

（2）生石灰产浆量。是指单位质量（1kg）的石灰经消化或所产生石灰浆体的体积（L）。

（3）未消化残渣含量。是生石灰消化后，未能消化而存留在 5mm 圆孔筛上残留质量占试样质量的百分率。其含量越多，石灰质量越差，必须加以限制。

（4）二氧化碳（CO_2）含量。控制生石灰粉中 CO_2 含量指标，是为了检验石灰在煅烧时"欠火"造成产品中未分解完成的碳酸盐的含量。

（5）细度。细度与石灰的质量有密切联系，过量的筛余物影响石灰的黏结性。

2. 建筑石灰的技术标准

（1）建筑石灰按现行标准《建筑生石灰》（JC/T 479—2013）、《建筑消石灰》（JC/T 479—2013）的规定，按其氧化镁含量划分为钙质石灰和镁质石灰两类，见表 2.2。建筑生石灰的化学成分应符合表 2.3 的规定，建筑生石灰的物理性质应符合表 2.4 的规定。

表 2.3　建筑生石灰的化学成分（%）

名称	氧化钙+氧化镁（CaO+MgO）	氧化镁（MgO）	二氧化碳（CO_2）	三氧化硫（SO_3）
CL90-Q CL90-QP	≥90	≤5	≤4	≤2
CL85-Q CL85-QP	≥85	≤5	≤7	≤2
CL75-Q CL75-QP	≥75	≤5	≤12	≤2
CL85-Q CL85-QP	≥85	>5	≤7	≤2
CL80-Q CL80-QP	≥80	>5	≤7	≤2

表 2.4　建筑生石灰的物理性质

名称	产浆量 dm³/10kg	细度	
		0.2mm 筛余量/%	90 μm 筛余量/%
CL90-Q	≥26	—	—
CL90-QP	—	≤2	≤7
CL85-Q	≥26	—	—
CL85-QP	—	≤2	≤7
CL75-Q	≥26	—	—
CL75-QP	—	≤2	≤7
CL85-Q	—	—	—
CL85-QP	—	≤2	≤7
CL80-Q	—	—	—
CL80-QP	—	≤7	≤2

（2）消石灰技术标准。建筑消石灰按扣除游离水和结合水后（MgO+CaO）的百分数加以分类，见表 2.5，建筑消石灰的化学成分和物理性质分别见表 2.6 和表 2.7。

表 2.5　建筑消石灰分类

类别	名称	代号
钙质消石灰	钙质消石灰 90	HCL 90
	钙质消石灰 85	HCL 85
	钙质消石灰 75	HCL 75
镁质消石灰	镁质消石灰 85	HML 85
	镁质消石灰 80	HML 80

表 2.6　建筑消石灰的化学成分

名称	氧化钙+氧化镁（MgO+CaO）	氧化镁（MgO）	三氧化硫（SO_3）
HCL 90	≥90	≤5	≤2
HCL 85	≥85		
HCL 75	≥75		
HML 85	≥85	>5	≤2
HML 80	≥75		

注：表中数值以试样扣除游离水和化学结合水后的干基为基准。

表 2.7　建筑消石灰的化学成分

名称	游离水/%	细度		安定性
		0.2mm 筛余量/%	90 μm 筛余量/%	
HCL 90	≤2	≤2	≤7	合格
HCL 85				
HCL 75				
HML 85				
HML 80				

3．石灰的性能

（1）保水性好

保水性是指固体材料与水混合时，能够保持水分不易泌出的能力。由于石灰膏中 $Ca(OH)_2$ 粒子极小，比表面积大，颗粒表面能吸附一层较厚的水膜，所以石灰膏具有良好的可塑性和保水性，可以掺入水泥砂浆中，提高砂浆的保水能力，便于施工。

（2）吸湿性强，耐水性差

生石灰在存放过程中，会吸收空气中的水分而熟化。如存放时间过长，还会发生碳化而使石灰的活性降低。硬化后的石灰，如果长期处于潮湿环境或水中，$Ca(OH)_2$ 就会逐渐溶解而导致结构破坏。

（3）凝结硬化慢，强度低

石灰浆体的凝结硬化所需时间较长。体积比为 1∶3 的石灰砂浆，其 28d 抗压强度大约为

0.2～0.5MPa。

（4）硬化后体积收缩较大

在石灰浆体的硬化过程中，大量水分蒸发，使内部网状毛细管失水收缩，石灰会产生较大量水分蒸发，使内部网状大的体积收缩，导致表面开裂。因此，工程中通常需要在石灰膏中加入砂、纸筋、麻丝或其他纤维材料，以防止或减少开裂。

（5）放热量大，耐腐蚀性好，

生石灰的熟化是放热反应，熟化时会放出大量的热。熟石灰中的 $Ca(OH)_2$ 是一种中强碱，具有较强的腐蚀性。

（四）石灰的应用

建筑工程中使用的石灰品种主要有快状生石灰、磨细生石灰、消石灰粉和熟石灰膏。除块状生石灰外，其他品种均可在工程中直接使用。

1．配制建筑砂浆

石灰可配制石灰砂浆、混合砂浆等，用于砌筑、抹灰等工程。

2．配制三合土和灰土

三合土是采用生石灰粉（或消石灰粉）、黏土、细砂等原材料，按体积比为 1∶2∶3 的比例，加水拌和均匀夯实而成；石灰、黏土或粉煤灰、碎砖或砂等原材料可以配制石灰粉煤灰土、碎砖三合土等。灰土用生石灰粉和黏土按 1∶（2～4）的体积比，加水拌和夯实而成。三合土和灰土主要用于建筑物的基础、路面或地面的垫层。

3．生产硅酸盐制品

以石灰为原料，可生产硅酸盐制品（以石灰和硅质材料为原料，加水拌和，经成型、蒸养或蒸压处理等工序而制成的建筑材料），如蒸压灰砂砖、碳化砖、加气混凝土等。

4．磨制生石灰粉

采用块状生石灰磨细制成的磨细生石灰粉，可不经熟化直接应用于工程中，具有熟化速度快、体积膨胀均匀、生产效率高、硬化速度快、消除了欠火石灰和过火石灰的危害等优点。

5．制造静态破碎剂

利用过火石灰水化慢且同时伴有体积膨胀的特性，配制静态破碎剂，用于混凝土和钢筋混凝土构筑物的拆除以及对岩石（大理石、花岗石等）的破碎和割断。静态破碎剂是一种非爆炸性破碎剂，它是由一定量的 CaO 晶体、粒径为 10～100pm 的过火石灰粉与 5%～7% 的水硬性胶凝材料及 0.1%～0.5% 的调凝剂混合制成。使用时，将静态破碎剂与适量的水混合调成浆体，注入欲破碎物的钻孔中，由于水硬性胶凝材料硬化后，过火石灰才水化、膨胀，从而对孔壁可产生大于 30MPa 的膨胀压力，使物体破碎。

（五）石灰的运输和贮存

生石灰在运输时不准与易燃、易爆和液体物品混装，同时要采取防水措施。生石灰、消石灰粉应分类、分等级贮存于干燥的仓库内，且不宜长期贮存。块状生石灰通常进场后立即熟化，将保管期变为"陈伏"期。

二、建筑石膏

石膏是一种理想的高效节能材料，随着高层建筑的发展，其在建筑工程中的应用正逐年增多，成为当前重点发展的新型建筑材料之一。应用较多的石膏品种有建筑石膏、高强石膏。

（一）石膏的生产

石膏的生产原料主要是天然二水石膏，也可采用化工石膏。天然二水石膏（$CaSO_4 \cdot 2H_2O$）又称为生石膏。化工石膏是指含有 $CaSO_4 \cdot 2H_2O$ 的化学工业副产品废渣或废液，经提炼处理后制得的建筑石膏，如磷石膏、氟石膏、硼石膏、钛石膏等。

石膏的生产工艺为煅烧工艺。将生石膏在不同的压力和温度下加热，可得到晶体结构和性质各异的石膏胶凝材料。

1. 低温煅烧石膏

（1）建筑石膏

当加热温度为 107℃～170℃时，部分结晶水脱出，二水石膏转化为 β 型半水石膏，又称为熟石膏或建筑石膏。反应式为

$$CaSO_4 \cdot 2H_2O \xrightarrow{107℃～170℃} \beta - CaSO_4 \cdot 0.5H_2O + {}_{1.5}H_2O$$

当加热温度在 170℃～200℃时，半水石膏继续脱水，成为可溶性硬石膏（$CaSO_4 \mathrm{III}$）。这种石膏凝结快，但强度低。当温度升高到 200℃～250℃时，石膏中残留很少的水，凝结硬化非常缓慢。

（2）模型石膏

与建筑石膏化学成分相同，也是卢型半水石膏（$\alpha - CaSO_4 \cdot 0.5H_2O$），但含杂质较少，细度小。可制作成各种模型和雕塑。

（3）高强石膏

当在压力为 0.13MPa、温度为 124℃的压蒸条件下蒸炼脱水，则生成 α 型半水石膏，即高强石膏。高强石膏与建筑石膏相比，其晶体比较粗大，比表面积小，达到一定稠度时需水量较小，因此硬化后具有较高的强度，可达 15～25MPa。反应式为

$$CaSO_4 \cdot 2H_2O \xrightarrow{0.13MPa, 124℃} \alpha - CaSO_4 \cdot 0.5H_2O + {}_{1.5}H_2O$$

2. 高温煅烧石膏

当加热温度高于400℃时，石膏完全失去水分，成为不溶性硬石膏（$CaSO_4 \mathrm{II}$），失去凝结硬化能力，称为死烧石膏；当煅烧温度在 800℃以上时，部分石膏分解出氧化钙（CaO），磨细后的产品称为高温煅烧石膏。氧化钙（CaO）在硬化过程中起碱性激发剂的作用，硬化后具有较高的强度、抗水性和耐磨性，称为地板石膏。

（二）建筑石膏的凝结硬化

将建筑石膏与适量水拌和成浆体，建筑石膏很快溶解于水并与水发生化学反应，形成二水石膏。

$$CaSO_4 \cdot 0.5H_2O + 1.5H_2O = CaSO_4 \cdot 2H_2O$$

由于形成的二水石膏的溶解度比卢型半水石膏小得多，仅为卢型半水石膏溶解度的1/5，使溶液很快成为过饱和状态，二水石膏晶体将不断从饱和溶液中析出。这时，溶液中二水石膏浓度降低，使半水石膏继续溶解水化，直至半水石膏完全水化为止。

随着浆体中自由水分的逐渐减少，浆体会逐渐变稠而失去可塑性，这一过程称为凝结。随着二水石膏晶体的大量生成，晶体之间互相交叉连生，形成多孔的空间网络状结构，使浆

体逐渐变硬，强度逐渐提高，这一过程称为硬化。由于石膏的水化过程很快，故石膏的凝结硬化过程非常快。

（三）建筑石膏的技术要求

建筑石膏的技术要求有强度、细度和凝结时间方面的要求，按其 2h 强度（抗折）按分为3.0、2.0、1.6 三个等级，具体技术要求见表 2.8。

表 2.8　石膏物理力学性能

等级	细度（0.2mm 方孔筛余量）（%）	凝结时间（min）		2h 强度（MPa）	
		初凝	终凝	抗折	抗压
3.0				≥3.0	≥5.0
2.0	≤10	≥3	≤30	≥2.0	≥4.0
1.6				≥1.6	≥3.0

（四）建筑石膏的性能

1. 凝结硬化快

建筑石膏的凝结硬化快，在常温下加水拌和，30 min 内即达终凝，在室内自然条件下，达到完全硬化仅需一周，因此，在实际工程中，往往需要掺入适量缓凝剂，如亚硫酸纸浆废液、硼砂、柠檬酸、动物皮胶等。若要加快石膏的硬化，可以采用对制品进行加热的方法或掺促凝剂（氟化钠、硫酸钠等）。

2. 孔隙率较大，强度较低

由于建筑石膏与水反应形成二水石膏的理论需水量为 18.6%，在生产中，为了使浆体达到一定的稠度以满足施工的要求，通常实际加水量为石膏质量的 60%～80%。硬化后多余水分蒸发，在内部留下大量孔隙，因此石膏的强度较低。

3. 吸湿性强，耐水性差

石膏硬化后，开口孔和毛细孔的数量较多，使其具有较强的吸湿性，可以调节室内空气的湿度。硬化后的二水硫酸钙微溶于水，吸水饱和后石膏晶体的黏结力大大降低，强度明显下降，故软化系数较小，一般为 0.30～0.45，长期浸水会因二水石膏晶体溶解而引起溃散破坏。

4. 防火性能好

硬化后的石膏制品含有 20%左右的结晶水，当遇火时，石膏制品中一部分结晶水脱出并吸收大量的热，而蒸发出的水分在石膏制品表面形成水蒸气层，能够阻止火势蔓延，且脱水后的无水石膏仍然是阻燃物。

5. 硬化后体积产生微膨胀

建筑石膏硬化后体积产生微膨胀，膨胀值约 1%。这是石膏胶凝材料的突出特性之一。石膏在硬化后不会产生收缩裂纹，硬化后表面光滑饱满，干燥时不开裂，能够使制品造型棱角分明，有利于制造复杂图案花型的石膏装饰件。

6. 具有良好的可加工性和装饰性

建筑石膏制品在加工使用时，可以采用很多加工方式，如锯、刨、钉、钻、螺栓连接等。质量较纯净的石膏，其颜色洁白，材质细密，采用模具经浇注成型后，可形成各种图案，质感光滑细腻，具有较好的装饰效果。

7. 硬化体绝热性良好

建筑石膏制品的孔隙率大，体积密度小，因而热导率小，一般在 0.121～0.205W/（m·K），故具有良好的绝热性。

（五）建筑石膏的应用

1. 生产粉刷石膏

粉刷石膏是由建筑石膏或者由建筑石膏和不溶性硬石膏（CaS04Ⅱ）混合，掺入外加剂、细骨料等制成的胶凝材料。粉刷石膏的黏结力强、不开裂、不起鼓、表面光洁、防火、保温、施工方便，用于办公室、住宅的室内粉刷。粉刷石膏按用途可分为面层粉刷石膏（M）、底层粉刷石膏（D）和保温层粉刷石膏（W）三类。

2. 建筑石膏制品

建筑石膏制品品种较多，主要制品有两大类：板材石膏制品和装饰石膏制品。

3. 水泥生产中，作水泥的缓凝剂

为了延缓水泥的凝结，在生产水泥时需要加入天然二水石膏或无水石膏作为水泥的缓凝剂。

4. 作油漆打底用腻子的原料。

（六）建筑石膏的运输和贮存

建筑石膏一般采用袋装，以具有防潮及不易破损的纸袋或其他复合袋包装。包装上应清楚标明产品标记、生产厂名、生产批号、出厂日期、质量等级、商标和防潮标志等。

建筑石膏在运输和贮存时不得受潮和混入杂物。不同等级应分别贮运，不得混杂。自生产之日起，贮存期为三个月（通常建筑石膏在贮存三个月后强度将降低 30%左右）。贮存期超过三个月的建筑石膏，应重新进行检验，以确定其等级。

三、水玻璃

水玻璃俗称泡花碱，为无定型硅酸钾或硅酸钠的水溶液，是以石英砂和纯碱为原材料，在玻璃熔炉中熔融，冷却后溶解于水而制成的气硬性无机胶凝材料。

（一）水玻璃的生产

常用的水玻璃为钠水玻璃（$Na_2O \cdot nSiO_2$），无色、青绿或灰黄色黏稠液体。水玻璃的生产方法有湿法和干法两种：湿法生产是将石英砂和氢氧化钠水溶液，在蒸压锅内于 0.2～0.3MPa 的压力下，用蒸汽加热溶解而制成水玻璃溶液；干法是将石英砂和纯碱按比例混合磨细，在比例熔炉中于 1300℃～1400℃ 的温度下熔融冷却后形成固态水玻璃，然后在 0.3～0.8MPa 的蒸压箱内加热溶解成为液态水玻璃. 化学反应式为

$$Na_2CO_3 + nSiO_2 = Na_2O \cdot nSiO_2 + CO_2$$

水玻璃的化学通式为 $Na_2O \cdot nSiO_2$，式中 n 为水玻璃模数，一般在 1.5～3.5。水玻璃的模数 n 值越大，则水玻璃黏度越大，黏结力越大，但越难溶于水。水玻璃可与水按任意比例混合成不同浓度的溶液。同一模数的液体水玻璃，浓度越大，黏结力越大。建筑工程中常用水玻璃的模数为 2.6～2.8，密度为 1.36～1.50 g/cm³。

（二）水玻璃的硬化

液态水玻璃在使用后，与二氧化碳发生化学反应生成二氧化硅凝胶。其反应式为

$$Na_2O \cdot nSiO_2 + CO_2 + mH_2O = Na_2CO_3 + nSiO_2 \cdot mH_2O$$

二氧化硅凝胶（$nSiO_2 \cdot mH_2O$）干燥脱水，析出固态二氧化硅（SiO_2）而使水玻璃硬化。由于这一过程非常缓慢，通常需要加入固化剂氟硅酸钠（Na_2SiF_6），以加快硅胶的析出，促进水玻璃的硬化。

氟硅酸钠的掺量一般为水玻璃质量的 12%～15%。用量过小，硬化速度较慢，强度较低，未硬化的水玻璃易溶于水，导致耐水性降低；用量过多会引起凝结过快，造成施工困难，且抗渗性下降，强度低。

（三）水玻璃的特性与应用

水玻璃不燃烧，有较高的耐热性；具有良好的胶结能力，硬化后形成的硅酸凝胶能堵塞材料毛细孔而提高其抗渗性；水玻璃具有高度的耐酸性能，可抵抗绝大多数无机酸（氢氟酸除外）和有机酸的作用。由于水玻璃具有上述性能，故在建筑中有下列用途。

1. 用作涂料涂刷于建筑材料表面

水玻璃可以涂刷在天然石材、烧结砖、水泥混凝土和硅酸盐制品表面或浸渍多孔材料，它能够渗入材料的孔或缝隙中，提高其密实度、强度和耐久性。但不能涂刷在石膏制品表面，因为硅酸钠会与石膏中硫酸钙发生化学反应形成硫酸钠，在制品孔隙中结晶而产生较大的体积膨胀，使石膏制品开裂破坏。

2. 配制耐酸材料

水玻璃与耐酸粉料、粗细骨料一起，配制耐酸胶泥、耐酸砂浆和耐酸混凝土，广泛用于防腐工程中。

3. 用作耐热材料、耐火材料的胶凝材料

水玻璃耐高温性能良好，能长期承受一定高温作用而强度不降低，可与耐热骨料一起配制成耐热砂浆、耐热混凝土。

4. 加固土壤和地基

用水玻璃与氯化钙溶液交替灌入地基土壤内，反应式为

$$Na_2O \cdot nSiO_2 + CaCl_2 + mH_2O = nSiO_2 \cdot (m-1)H_2O + Ca(OH)_2 + 2NaCl$$

反应形成的硅胶起胶结作用，能够包裹土粒并填充其孔隙，而氢氧化钙又与加入的氯化钙起化学反应生成氧氯化钙，也起胶结和填充孔隙的作用。这不仅能够提高地基的承载能力，而且可以增强其不透水的能力。

任务 4　气硬性胶凝材料性能检测

一、消石灰、粉状生石灰的松散密度测定

（一）试验原理

单位体积、自然堆积状态下的物料质量。

（二）仪器设备

1. 容量筒：体积不小于 1L。

2. 天平：称量精确到 1.0g。

3. 刮刀。

（三）试验步骤

1. 称量容量筒（M_0），精确到 1.0g，置于工作台上，用样品装满容量筒直至溢出。

2. 用刮刀刮平，除去多余样品，刮平过程应避免容量筒震动和样品逸出，刮平后，擦净容量筒外壁，避免样品溢出，用天平称重容量筒（M_1），精确到 1.0g。

（四）结果计算

按以下公式计算松散密度：

$$D_1 = \frac{M_1 - M_0}{V_1}$$

式中，D_1——松散密度（g/cm³）；

　　　M_0——空容量筒质量（g）；

　　　M_1——容量筒与样品质量之和（g）；

　　　V_1——容量筒的容积（cm³）。

二、石灰粉（或消石灰）细度测定

（一）试验原理

通过测量生石灰粉（或消石灰）的筛余量，评定生石灰粉（或消石灰）的细度。

（二）仪器设备

1. 筛子：筛孔为 0.2mm 和 90μm 套筛，符合 GB/T6003.1 的规格要求。

2. 羊毛刷：4 号。

3. 天平：量程为 200g，称量精确到 0.1g。

（三）试样

生石灰粉或消石灰粉。

（四）试验步骤

称 100g 样品（M），放在顶筛上，手持筛子往复摇动，不时轻轻拍打，摇动和拍打过程应保持近于水平，保持样品在整个筛子表面连续运动，用羊毛刷在筛面上轻刷，连续筛选直到 1min 通过的试样量不大于 0.1g，称量套装筛子每层筛子的筛余物（M_1，M_2），精确到 0.1g。

（五）结果计算

筛余百分含量（X_1）、（X_2）按式（1）、式（2）计算：

$$X_1 = \frac{M_1}{M_2} \times 100 \tag{1}$$

$$X_2 = \frac{M_1 + M_2}{M_2} \times 100 \qquad (2)$$

式中，X_1——0.2mm 方孔筛筛余百分含量（%）；

　　X_2——90μm 方孔筛、0.2mm 方孔筛，两筛上的总筛余百分含量（%）；

　　M_1——0.2mm 方孔筛筛余物质量（g）；

　　M_2——90μm mm 方孔筛筛余物质量（g）；

　　M——样品质量（g）。

计算结果保留小数点后两位。

三、消石灰安定性测定

（一）试验原理

消石灰存在未完全消化的氧化物，使用时可能会产出体积变化，用干燥箱处理样品，以是否产生溃散、暴突和裂缝等现象来评定消石灰的安定性。

（二）仪器设备

1. 天平：称量 200g，分度值 0.2g。
2. 量筒：250mL。
3. 牛角勺。
4. 蒸发皿：300mL。
5. 耐热板：外径不小于 125mm，耐热温度大于150℃。
6. 烘箱：最高温度 200℃。
7. 试验用水：常温清水。

（三）试验步骤

称取试样 100g，倒入 300mL 蒸发皿内，加入常温清水约 120mL，在 3min 内拌和稠浆。一次性浇注于两块耐热板上，其饼块直径 50～70mm，中心高 8～10mm。成饼后在室温下放置 5min，然后放入温度为 100℃～105℃烘箱中，烘干 4h 取出。

（四）结果评定

烘干后用肉眼检查饼块，饼块无溃散、裂纹、鼓包称为体积安定性合格；若出现三种现象中之一者，表示体积安定性不合格。

四、生石灰产浆量，未消化残渣含量测定

（一）试验原理

生石灰产浆量是生石灰和足够量的水作用，在规定时间内产生的石灰浆的体积，以升每 10 千克（L/kg）表示

（二）仪器设备

1. 生石灰消化器。如图 2.2 所示，生石灰消化器是由耐石灰腐蚀的金属制成的带盖双层容器，二层容器壁之间的空隙有保温材料矿渣棉填充，生石灰消化器每 2mm 高度产浆量为

1 L/kg。

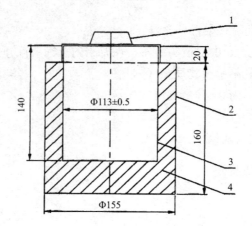

1—盖子；2—外筒；3—内筒；4—保温材料

图 2.2　生石灰消化器

2. 玻璃量筒：500mL。

3. 天平：称量 1000g，精确度 1g。

4. 搪瓷盘：200mm×300mm。

5. 钢板尺：量程为 300mm。

6. 烘箱：最高温度 200℃。

（三）试验步骤

在消化器中加入（320±1）mL，温度为（20±2）℃的水，然后加入（200±1）g 生石灰（块状石灰则碾碎成小于 5mm 的粒子）（M），慢慢搅拌混合物，然后根据生石灰的消化需要立即加入适量的水，继续搅拌片刻后，盖上生石灰消化器的盖子，静置 24h 后，取下盖子，若此时消化器内，石灰膏顶面上有不超过 40mL 的水，说明消化过程中加入的水是合适的，否则调整加水量，测定石灰膏的高度，结果取 4 次测定的平均值（H），计算产浆量（X）。

提起消化器内筒用清水冲洗筒内残渣，至水流不浑浊（冲洗用清水仍倒入筛筒内，水总体积控制在 3000mL），将渣移入搪瓷盘内，在 100℃～105℃烘箱中，烘干至恒重，冷却至室温后用 5mm 圆孔筛筛分。称量筛余物（M_3），计算未消化残渣含量（X_3）。

（四）结果计算

1. 以每 2mm 的浆体高度标识产浆量，按下式计算产浆量：

$$X = \frac{H}{2}$$

式中，X——产浆量，单位为升每 10 千克（L/10kg）；

　　　　H——四次测定的浆体高度平均值，单位为毫米（mm）。

2. 按下式计算未消化残渣百分含量：

$$X_3 = \frac{M_3}{M} \times 100$$

式中，X_3——未消化残渣百分含量（%）；

　　　　M_3——未消化残渣质量，单位为克（g）；

M——样品质量，单位为克（g）。

五、消石灰粉游离水含量测定

（一）试验原理

当消石灰样品加热到105℃，游离水逃逸，此温度下损失的质量百分数为消石灰游离水。

（二）仪器设备

1．电子分析天平：量程200g，分度值为0.1g。
2．称量瓶：30mm×60mm。
3．烘箱：最高温度200℃。

（三）试验步骤

称5g消石灰样品（M_4），精确到0.0001g，放入称量瓶中，在（105±5）℃烘箱内烘干到恒重后，立即放入干燥器中，冷却到室温（约需20min），称量（M_5）

（四）结果计算

消石灰粉游离水百分含量按下式计算：

$$W_F = \frac{M_4 - M_5}{M_4} \times 100$$

式中，W_F——消石灰游离水（%）；

M_4——干燥前样品重，单位为克（g）；

M_5——干燥后样品质量，单位为克（g）。

【自 我 测 验】

一、填空题

1．与建筑石灰相比，建筑石膏凝硬化后体积_____。
2．水玻璃硬化后的主要化学组成是_____。
3．石灰的陈伏处理主要是为了消除_____的危害。
4．石灰的熟化是指_____和_____发生作用生产熟石灰的过程。
5．生石灰的化学成分为_____，熟石灰的化学成分为_____。
6．水玻璃的模数越大，则水玻璃的黏度越_____。
9．石灰熟化时放出大量_____。
10．在石灰应用中常掺入纸筋、麻刀或砂子，是为了避免硬化后而产生的_____。

二、名词解释

1．气硬性胶凝材料
2．过火石灰
3．欠火石灰

三、判断题

1. 气硬性胶凝材料，既能在空气中硬化，又能在水中硬化。（　　）
2. 生石灰使用前的陈伏处理是为了消除欠火石灰。（　　）
3. 生石灰硬化时体积产生收缩。（　　）
4. 建筑石膏制品防火性能良好，可以在高温条件下长期使用。（　　）
5. 水玻璃硬化后耐水性好，因此可以涂刷在石膏制品的表面，以提高石膏制品的耐久性。
（　　）

四、单选题

1. 石灰在应时不能单独应用，因为（　　）。
A. 熟化时体积膨胀破坏   B. 硬化时体积收缩破坏
C. 过火石灰的危害   D. 欠火石灰的危害
2. 石灰是在_____中硬化的。
A. 干燥空气   B. 水蒸气   C. 水   D. 与空气隔绝的环境
3. 石膏制品的特性中正确的为（　　）。
A. 凝结硬化慢   B. 耐火性差   C. 耐水性差   D. 强度高
4. 石灰熟化过程中的陈伏是为了（　　）。
A. 利于结晶   B. 蒸发多余水分
C. 消除过火石灰的危害   D. 降低发热量
5. 水玻璃在空气中硬化很慢，通常一定要加入促硬剂才能正常硬化，其用的硬化剂是
（　　）。
A. NaF   B. NaSO4   C. NaSiF6   D. NaCl

五、问答题

1. 石灰具有哪些性能及用途？
2. 使用石灰膏时，为何要陈伏后才能使用？
3. 简述建筑石膏的特性及应用。
4. 简述水玻璃的特性及用途。

项目三　砂石骨料性能与检测

【知识目标】

1. 知道细骨料的种类及特性。
2. 熟知砂的技术性能特点。
3. 知道粗骨料的种类及特性。
4. 熟知卵石或碎石的技术性能特点。

【技能目标】

1. 能根据工程特点选择对应的细骨料、粗骨料。
2. 能够进行砂的筛分析试验。
3. 能够进行石子筛分试验。
4. 能够进行砂的含水率测定。

任务5　砂石骨料性能

一、细骨料

（一）细骨料的种类及特性

普通混凝土中的细骨料通常为砂。粒径为 0.16～4.75mm 的骨料称为细骨料，常称作砂。砂按产源分为天然砂和人工砂两类。天然砂是指自然生成的，经人工开采和筛分的粒径小于 4.75 mm 的岩石颗粒，包括河砂、湖砂、山砂、淡化海砂，但不包括软质、风化的岩石颗粒。

机制砂是指经除土处理，由机械破碎、筛分制成的，粒径小于 4.75 mm 的岩石、矿山尾矿或工业废渣颗粒，但不包括软质、风化的颗粒，俗称人工砂。

根据国家标准《建筑用砂》（GB/T14684—2011），砂按技术要求分Ⅰ类、Ⅱ类和Ⅲ类。Ⅰ类，宜用于强度等级大于 C60 的混凝土；Ⅱ类，宜用于强度等级 C30～C60 及抗冻抗渗或其他要求的混凝土；Ⅲ类，宜用于强度等级小于 C30 的混凝土和建筑砂浆。

（二）细骨料的技术要求

1. 砂的颗粒级配和粗细程度

（1）颗粒级配。砂的颗粒级配是指砂中不同粒径互相搭配的比例情况。如图 3.1（a）所示，则其空隙率很大，自然在混凝土中填充砂子的水泥浆用量就多；当用两种粒径的搭配，空隙就减少了，如图 3.1（b）所示，而用三种粒径的砂的组配，空隙会更少，如图 3.1（c）所示。由此可见，颗粒大小均匀的砂是级配不良的砂，当砂中含有较多粗颗粒，并以适量的中粗颗粒及少量的细颗粒填充其空隙，即具有良好的颗粒级配，则可使砂的空隙率和总表面面积均较小，这样的砂才是比较理想的。良好的级配能使骨料的空隙率和总表面积均较小，以保证减少水泥浆的用量，提高混凝土的密实度、强度等性能。

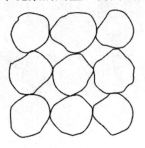 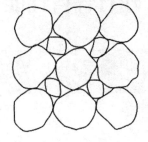 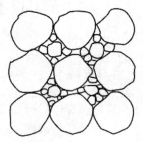

（a）粒径相同的砂组合　　（b）两种粒径的砂搭配　　（c）三种粒径的砂组配

图 3.1　骨料的颗粒级配

（2）粗细程度。砂的粗细程度是指不同粒径的砂混合在一起的总体粗细程度。通常用细度模数表示。其值并不等于平均粒径，但能较准确反映砂的粗细程度。细度模数 Mx 越大，表示砂越粗，单位重量总表面积（或比表面积）越小；Mx 越小，则砂比表面积越大。根据细度模数大小分有粗砂、中砂、细砂和特细砂。

（3）粗细程度和颗粒级配的确定。砂子的颗粒级配和粗细程度用筛分析的方法来确定。细度模数表示粗细程度，用级配区表示砂的级配。根据《建设用砂》，筛分试验是将预先通过 9.50mm 孔径的干砂，称取 500g 置于一套孔径为 4.75mm、2.36mm、1.18mm、0.60mm、0.30mm、0.15mm 的标准方孔筛上依次过筛，称量各筛上的筛余量 m_i（g），计算各筛上的分计筛余率 a_i（%）（各筛上的筛余量占砂样总重量的百分率），再计算累计筛余率 A_i（%）（各筛与比该筛粗的所有筛的分计筛余百分率之和）。a_i 和 A_i 的计算关系见表 3.1。

表 3.1　累计筛余与分计筛余计算关系

筛孔尺寸（mm）	筛余量（g）	分计筛余 a_i（%）	累计筛余 A_i（%）
4.75	m_1	a_1	$A_1 = a_1$
2.36	m_2	a_2	$A_2 = A_1 + a_2$
1.18	m_3	a_3	$A_3 = A_2 + a_3$
0.60	m_4	a_4	$A_4 = A_3 + a_4$
0.30	m_5	a_5	$A_5 = A_4 + a_5$
0.15	m_6	a_6	$A_6 = A_5 + a_6$
底盘	m_7		

细度模数根据下式计算（精确至 0.01）：

$$M_x = \frac{(A_2 + A_3 + A_4 + A_5 + A_6) - 5A_1}{100 - A_1}$$

式中，M_x——细度模数。

　　A_1、A_2、A_3、A_4、A_5、A_6——分别为 4.75mm、2.36mm、1.18mm、0.60mm、0.30mm、0.15mm 筛的累计筛余百分率。

　　根据细度模数 M_x 大小将砂按以下分类。

$M_x > 3.7$ 特粗砂；$M_x = 3.1 \sim 3.7$ 粗砂；$M_x = 3.0 \sim 2.3$ 中砂；$M_x = 2.2 \sim 1.6$ 细砂；$M_x = 1.5 \sim 0.7$ 特细砂。普通混凝土中在可能的情况下应选用粗砂或中砂，以节约水泥。

细度模数的数值主要决定于 0.15mm 孔径的筛到 2.36mm 孔径的筛 5 个累计筛余量，由于在累计筛余的总和中，粗颗粒分计筛余的"权"比细颗粒大（如 a_2 的权为 5，而 a_6 的权仅为 1），所以 M_x 的值很大程度上取决于粗颗粒的含量。此外，细度模数的数值与小于 0.15mm 的颗粒含量无关。可见，细度模数在一定程度上反映砂颗粒的平均粗细程度，但不能反映砂粒径的分布情况，不同粒径分布的砂可能有相同的细度模数。

根据计算和试验结果，《建设用砂》（GB/T14684—2011）规定将砂的合理级配以 0.6mm 级的累计筛余率为准，划分为三个级配区，分别称为 1 区、2 区、3 区，见表 3.2。任何一种砂，只要其累计筛余率 $A_1 \sim A_6$ 分别分布在某同一级配区的相应累计筛余率的范围内，即为级配合理，符合级配要求。具体评定时，除 4.75mm 及 0.6mm 级外，其他级的累计筛余率允许稍有超出，但超出总量不得大于 5%。由表 3.3 中数值可见，在三个级配区内，只有 0.6mm 级的累计筛余率是不重叠的，故称其为控制粒级，控制粒级使任何一个砂样只能处于某一级配区内，避免出现同属两个级配区的现象。砂的级配类别应符合表 3.3 的规定。

表 3.2　建设用砂的颗粒级配（GB/T 14684—2011）

砂的分类	天然砂			机制砂		
级配区	1 区	2 区	3 区	1 区	2 区	3 区
方孔筛	累计筛余/%					
4.75mm	10～0	10～0	10～0	10～0	10～0	10～0
2.36mm	35～5	25～0	15～0	35～5	25～0	15～0
1.18mm	65～35	50～10	25～0	65～35	50～10	25～0
600μm	85～71	70～41	40～16	85～71	70～41	40～16
300μm	95～80	92～70	85～55	95～80	92～70	85～55
150μm	100～90	100～90	100～90	97～85	94～80	94～75

表 3.3　级配类别

类　别	Ⅰ	Ⅱ	Ⅲ
级配区	2 区	1 区、2 区、3 区	

评定砂的颗粒级配，也可以采用作图法，以累计筛余百分率为纵坐标，筛孔尺寸为横坐标，可以画出砂子 3 个级配区的级配曲线（如图 3.2 所示）。

砂的筛分曲线应处于任何一个级配区内。1 区的砂较粗，以配置富混凝土和低流动性混凝土为宜；2 区砂为中砂，粗细适宜，配置混凝土宜优先选用 2 区砂；3 区砂颗粒偏细，配置的混凝土水泥用量较多，所配置混凝土粘聚性较大，保水性好，但硬化后干缩较大，表面易产生裂缝，使用时宜适当降低砂率；1 区右下方的砂过粗，不宜用于配置混凝土。

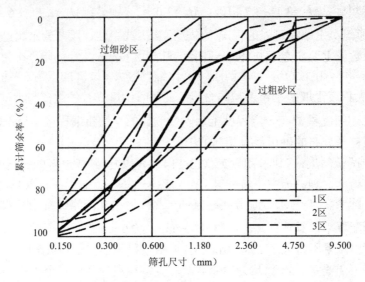

JIANZHU CAILIAO YU JIANCE

图 3.2　砂的 1、2、3 级配区曲线

2. 天然砂含泥量、石粉含量和泥块含量

含泥量：天然砂中粒径小于 75μm 的颗粒含量。其危害：增大骨料的总表面积，增加水泥浆的用量，加剧了混凝土的收缩；包裹砂石表面，妨碍了水泥石与骨料间的黏结，降低了混凝土的强度和耐久性。

泥块含量：砂中原粒径大于 1.18mm，经水浸洗、手捏后小于 600μm 的颗粒含量。其危害是在混凝土中形成薄弱部位，降低混凝土的强度和耐久性。

石粉含量：机制砂中粒径小于 75μm 的颗粒含量。其危害是增大混凝土拌和物需水量，影响和易性，降低混凝土强度

亚甲蓝（MB）值：用于判定机制砂中粒径小于 75μm 颗粒的吸附性能的指标。

天然砂的含泥量和泥块含量应符合表 3.4 规定。

机制砂 MB 值≤1.4 或快速法试验合格时，石粉含量和泥块含量应符合表 3.5 的规定；机制砂 MB 值>1.4 或快速法试验不合格时，石粉含量和泥块含量应符合表 3.6 的规定。

表 3.4　天然砂含泥量和泥块含量（GB/T 14684—2011）

类　别	I	II	III
含泥量（按质量计）（%）	≤1.0	≤3.0	≤5.0
泥块含量（按质量计）（%）	0	≤1.0	≤2.0

表 3.5　石粉含量和泥块含量（MB 值≤1.4 或快速法试验合格）（GB/T 14684—2011）

类　别	I	II	III
MB 值	≤0.5	≤1.0	≤1.4 或合格
石粉含量（按质量计）（%）	≤10.0		
泥块含量（按质量计）（%）	0	≤1.0	≤2.0

注：此指标根据使用地区和用途，经试验验证，可由供需双方协商确定。

表 3.6　石粉含量和泥块含量（MB 值>1.4 或快速法试验不合格）（GB/T 14684—2011）

类别	I	II	III
石粉含量（按质量计）%	≤1.0	≤3.0	≤5.0
泥块含量（按质量计）%	0	≤1.0	≤2.0

3. 有害物质

砂中如含有云母、轻物质、有机物、硫化物及硫酸盐、氯化物、贝壳，其限量应符合表 3.7 的规定。用矿山尾矿、工业废渣生产的机制砂有害物质除应符合 3.7 的规定外，还应符合我国环保和安全相关标准和规范，不应对人体、生物、环境及混凝土、砂浆性能产生有害影响。砂的放射性应符合国家标准规定。

以上物质的危害有以下几个方面。

（1）云母与水泥石间的黏结力极差，降低混凝土的强度、耐久性。

（2）硫化物及硫酸盐与水泥石中的水化铝酸钙反应生成钙矾石晶体，体积膨胀，引起混凝土安定性不良。

（3）轻物质，质量轻、颗粒软弱，与水泥石间黏结力差，妨碍骨料与水泥石间的黏结，降低混凝土的强度。

（4）有机物延缓水泥的水化，降低混凝土的强度，尤其是混凝土的早期强度。

（5）氯化物引起钢筋混凝土中的钢筋锈蚀，从而导致混凝土体积膨胀，造成开裂。

表 3.7　有害物质限量（GB/T 14684—2011）

类别	I	II	III
云母（按质量计）（%）	≤1.0	≤2.0	
轻物质（按质量计）（% a）	≤1.0		
有机物（按质量计）（%）	合格		
硫化物及硫酸盐（按 SO₃ 质量计）（%）	≤0.5		
氯化物（以氯离子质量计）（%）	≤0.01	≤0.02	≤0.06
贝壳（按质量计）（% b）	≤3.0	≤5.0	≤8.0

a　轻物质：砂中表观密度小于 2000 kg/m³ 的物质。

b　该指标仅适用于海砂，其他砂种不作要求。

4. 坚固性

砂的坚固性是指砂在自然风化和其他外界物理化学因素作用下抵抗破裂的能力。

天然砂采用硫酸钠溶液法进行检验，砂样经 5 次循环后，砂样的质量损失应符合表 3.8 的规定。机制砂除了要满足硫酸钠溶液法检验规定外，其压碎指标还应满足表 3.9 的规定。

表 3.8　天然砂的坚固性指标（GB/T 14684—2011）

类别	I	II	III
质量损失（%）	≤8		≤10

表 3.9　天然砂的压碎指标（GB/T 14684—2011）

类　别	I	II	III
单级最大压碎指标（%）	≤20	≤25	≤30

5. 砂的表观密度、堆积密度和空隙率

砂的表观密度大，说明砂粒结构的密实程度大。砂的堆积密度反映砂堆积起来后空隙率的大小。另外，砂的空隙率大小还与砂的颗粒形状及级配有关。一般带有棱角的砂，空隙率较大。

国家标准《建设用砂》规定：表观密度不小于 2500 kg/m³；松散堆积密度不小于 1400kg/m³；空隙率不大于 44%。

6. 碱集料反应

碱集料反应是指水泥、外加剂等混凝土组成物及环境中的碱（如 Na_2O、K_2O 等）与集料中碱活性矿物（如活性 SiO_2）在潮湿环境下缓慢发生反应，并发生导致混凝土开裂破坏的膨胀反应。

经碱集料反应试验后，试件应无裂缝、酥裂、胶体外溢等现象，在规定的试验龄期膨胀率应小于 0.10% 。

7. 砂的含水状态（如图 3.3 所示）

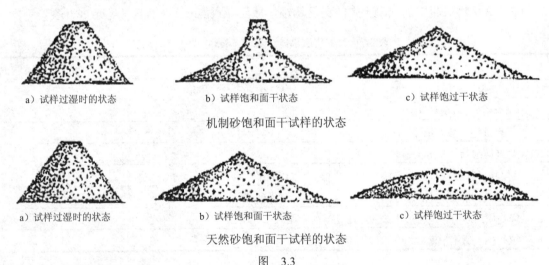

a）试样过湿时的状态　　　　b）试样饱和面干状态　　　　c）试样饱过干状态

机制砂饱和面干试样的状态

a）试样过湿时的状态　　　　b）试样饱和面干状态　　　　c）试样饱过干状态

天然砂饱和面干试样的状态

图　3.3

二、粗骨料

（一）粗骨料的分类与特征

普通混凝土常用的粗骨料有卵石（如图 3.4 所示）和碎石（如图 3.5 所示）。碎石是由天然岩石、卵石或矿山废石经机械破碎、筛分制成的粒径大于 4.75mm 的岩石颗粒。卵石是由天然岩石经自然风化、水流搬运和分选、堆积形成的粒径大于 4.75mm 的岩石颗粒。按其产源可分为河卵石、海卵石、山卵石等。天然卵石表面光滑，棱角少，空隙率及表面积小，拌制的混凝土和易性好，但与水泥的胶结能力较差；碎石表面粗糙，有棱角，与水泥浆黏结牢固，拌制的混凝土强度较高。使用时，应根据工程要求及就地取材的原则选用。

《建设用卵石、碎石》（GB/T14685—2011）将碎石、卵石按技术要求分为Ⅰ类、Ⅱ类和Ⅲ类。Ⅰ类用于强度等级大于 C60 的混凝土；Ⅱ类用于强度等级为 C30～C60 及抗冻、抗渗或有其他要求的混凝土；Ⅲ类适用于强度等级小于 C30 的混凝土。

图 3.4　卵石

图 3.5　碎石

（二）粗骨料的技术要求

按国家标准《建设用卵石、碎石》（GB/T14685—2011）的规定，粗骨料的技术要求如下。

1. 粗骨料的颗粒级配和最大粒径

粗骨料的级配原理与细骨料基本相同，良好的级配应当是：空隙率小，以减少水泥用量并保证混凝土的和易性、密实度和强度；总表面积小，以减少水泥浆用量，保证混凝土的经济性。与砂类似，粗骨料的颗粒级配也是用筛分试验来确定，所采用的标准筛孔径为 2.36mm、4.75mm、9.50mm、16.0mm、19.0mm、26.5mm、31.5mm、37.5mm、53.0mm、63.0mm、75.0mm、90.0mm 等 12 个。根据累计筛余百分率，卵石和碎石的颗粒级配应符合表 3.10 的规定。

表 3.10　建设用卵石、碎石的颗粒级配（GB/T14685—2011）

方孔筛（mm）		2.36	4.75	9.50	16.0	19.0	26.5	31.5	37.5	53.0	63.0	75.0	90.0
连续级配	5～16	95～100	85～100	30～60	0～10	0							
	5～20	95～100	90～100	40～80	—	0～10	0						
	5～25	95～100	90～100	—	30～70	—	0～5	0					
	5～31.5	95～100	90～100	70～90	—	15～45	—	0～5	0				
	5～40	—	95～100	70～90	—	30～65	—	—	0～5	0			
单粒级	5～10	95～100	80～100	0～15	0								
	10～16	—	95～100	80～100	0～15								
	10～20	—	95～100	85～100	—	0～15	0						
	16～25	—	—	95～100	55～70	25～40	0～10						
	16～31.5	—	95～100	—	85～100	—	—	0～10	0				
	20～40	—	—	95～100	—	80～100	—	—	0～10	0			
	40～80	—	—	—	—	95～100	—	—	70～100	—	30～60	0～10	0

粗骨料的颗粒级配按供应情况分为连续粒级和单粒粒级，按实际使用情况分为连续级配和间断级配。

连续粒级是石子的粒径从大到小连续分级，每一级都占适当的比例。连续级配的粗骨料配制的混凝土和易性良好，不易发生分层、离析现象，是建筑工程中最常用的级配方法。

间断级配是石子粒级不连续，人为剔去某些中间粒级的颗粒而形成的级配方式。间断级配的最大优点是它的空隙率低，可以制成密实高强的混凝土，而且水泥用量小，但是由于间断级配中石子颗粒粒径相差较大，容易使混凝土拌和物分层离析，施工难度增大；同时，因剔除某些中间颗粒，造成石子资源不能充分利用，故在工程中应用较少。间断级配较适宜于配制稠硬性拌和物，并须采用强力振捣。

最大粒径是指粗骨料公称粒级的上限。如粗骨料的公称粒级为 5~40mm，其上限粒径40mm 即为最大粒径。粗骨料的最大粒径越大，粗骨料的总表面积相应越小，如果级配良好，所需的水泥浆量相应越少。所以，在条件允许情况下，应尽量选择较大粒径的粗骨料，以节约水泥。按《混凝土结构工程施工规范》规定：混凝土用的粗骨料，其最大粒径不得超过结构截面最小尺寸的 1/4，同时不得超过钢筋最小净距的 3/4。对于混凝土实心板，粗骨料的最大粒径不宜超过板厚的 1/3，且不得超过 40mm。

2．含泥量和泥块含量

粗骨料中的含泥量是指粒径小于 75 μm 的颗粒含量，泥块含量是指原粒径大于 4.75 mm，经水浸洗、手捏后小于 2.36mm 的颗粒含量。卵石、碎石的含泥量和泥块含量应符合表 3.11 的规定。

表 3.11　卵石、碎石的含泥量和泥块含量（GB/T 14685—2011）

类别	I	II	III
含泥量（按质量计）（%）	≤0.5	≤1.0	≤1.5
泥块含量（按质量计）%	0	≤0.2	≤0.5

3．针、片状颗粒含量

卵石和碎石颗粒的长度大于该颗粒所属相应粒级的平均粒径 2.4 倍者为针状颗粒；厚度小于平均粒径 0.4 倍者为片状颗粒（平均粒径指该粒级上、下限粒径的平均值）。针片状颗粒易折断，且会增大骨料空隙率，使混凝土拌和物和易性变差，强度降低。其含量应符合表 3.12 的规定。

表 3.12　针、片状颗粒含量（GB/T 14685—2011）

类　别	I	II	III
针、片状颗粒总含量（按质量计）（%）	≤5	≤15	≤25

4．有害物质

卵石和碎石中不应混有草根、树叶、树枝、塑料、煤块和炉渣等杂物。其有害物质含量应符合表 3.13 的规定。

表 3.13　卵石和碎石中有害物质含量（GB/T 14685—2011）

类　别	I	II	III
有机物	合格	合格	合格
硫化物及硫酸盐（按SO3质量计）（%）	≤0.5	≤1.0	≤1.0

5. 坚固性

坚固性是指卵石、碎石在自然风化和其他外界物理力学因素作用下抵抗破裂的能力。采用硫酸钠溶液浸泡法来检验，卵石和碎石经 5 次循环后，其质量损失应符合表 3.14 的规定。

表 3.14　卵石和碎石的坚固性指标（GB/T 14685—2011）

类　别	I	II	III
质量损失（%）	≤5	≤8	≤12

6. 强度

粗骨料在混凝土中要形成坚硬的骨架，故其强度要满足一定的要求。粗骨料的强度有岩石立方体抗压强度和压碎指标两种。

岩石立方体抗压强度，是将骨料母体岩石制成标准试件（边长为50mm的立方体或直径与高均为50mm的圆柱体），在浸水饱和状态下，测得的抗压强度值。《建设用卵石、碎石》（GB/T14685—2011）规定：火成岩不小于80MPa，变质岩不小于60MPa，水成岩不小于30MPa。

压碎指标的测定是将质量为 G_1 的气干状态下的 9.5～19.0mm 的石子装入标准圆筒内（如图 3.6 所示），按 1kN/s 的速度均匀加荷至 200kN 并稳荷 5s，然后卸荷。再用孔径为 2.36mm 的筛筛除被压碎的细粒，称取留在筛上的试样质量 G_2，则压碎指标 Q_C 按下式计算：

$$Q_C = \frac{G_1 - G_2}{G_2} \times 100\%$$

图 3.6　石子压碎指标测定仪

压碎指标值越小，表示骨料抵抗受压碎裂的能力越强。粗骨料的压碎指标应符合表3.15的规定。

表 3.15　卵石和碎石的压碎指标（GB/T 14685—2011）

类别	I	II	III
碎石的压碎指标（%）	≤10	≤20	≤30
卵石的压碎指标（%）	≤12	≤16	≤16

7．表观密度、连续级配松散堆积空隙率

卵石、碎石的表观密度应不小于 2600 kg／m³，连续级配松散堆积空隙率 I 类应不大于 43%，II 类应不大于 45%，III 类应不大于 47%。

8．碱集料反应

经碱集料反应试验后由卵石、碎石制备的试件无裂纹、酥裂、胶体外溢等现象，在规定的试验龄期的膨胀率应小于 0.1%。

9．吸水率

石子的吸水率应符合表 3.16 的规定。

表 3.16　石子的吸水率（GB/T 14685—2011）

类别	I	II	III
吸水率（%）	≤1.0	≤2.0	≤2.0

任务 6　砂石骨料性能检测

一、砂的筛分析试验

国家标准《建设用砂》（GB/T 14684—2011）规定了砂的取样方法和取样数量。

（一）砂的取样方法

1．在料堆上取样时，取样部位应均匀分布。取样前先将取样部位表层铲除，然后从不同部位随机抽取大致等量的砂 8 份，组成一组样品。

2．从皮带运输机上取样时，应用与皮带等宽的接料器在皮带运输机机头出料处全断面定时随机抽取大致等量的砂 4 份，组成一组样品。

3．从火车、汽车、货船上取样时，从不同部位和深度随机抽取大致等量的砂 8 份，组成一组样品。

（二）砂的取样数量

单项试验的最少取样数量应符合标准规定。若进行几项试验时，如能保证试样经一项试验后不致影响另一项试验的结果，可用同一试样进行几项不同的试验。

（三）主要仪器设备

电热鼓风干燥箱[能使温度控制在（105±5℃）]；方孔筛：规格为 150μm、300μm、600μm、1.18mm、2.36mm、4.75mm 及 9.50mm 的筛各一只，并附有筛底和筛盖；天平：称量 1000g，感量 1g；摇筛机（如图 3.7 所示）、搪瓷盘、毛刷等。

（四）试样制备

按规定取样，筛除大于 9.50 mm 的颗粒（并算出其筛余百分率），并将试样缩分至约 1100g，放入电热鼓风干燥箱内于（105±5）℃下烘干至恒量，待冷却至室温后，分为大致相等的两份备用。注：恒量系指试样在烘干 3h 以上的情况下，其前后质量之差不大于该项试验所要求的称量精度。

（五）试验步骤

1. 称取试样 500 g，精确至 1g。将试样倒入按孔径大小从上到下组合的套筛（附筛底）上，然后进行筛分。

2. 将套筛置于摇筛机上，摇 10min；取下套筛，按筛孔大小顺序再逐个用手筛，筛至每分钟通过量小于试样总量的 0.1%为止。通过的试样并入下一号筛中，并和下一号筛中的试样一起过筛，这样顺序进行，直至各号筛全部筛完为止。

3. 称出各号筛的筛余量，精确至 1g，试样在各号筛上的筛余量不得超过按下式计算出的量。称取各号筛的筛余量，精确至 1g。试样在各号筛上的筛余量不得超过按下式计算出的质量。

$$G = \frac{A \cdot d^{\frac{1}{2}}}{200}$$

式中，G——在一个筛上的筛余量，单位为克（g）；

　　　A——筛面面积，单位为平方毫米（mm^2）；

　　　d——筛孔尺寸，单位为毫米（mm）。

图 3.7　摇筛机

超过时应按下列方法之一进行处理。

（1）将该粒级试样分成少于按式计算出的量，分别筛分，并以筛余量之和作为该号筛的筛余量。

（2）将该粒级及以下各粒级的筛余混合均匀，称出其质量，精确至 1g。再用四分法缩分为大致相等的两份，取其中一份，称出其质量，精确至 1g，继续筛分。计算该粒级及以下各粒级的分计筛余量时应根据缩分比例进行修正。

（六）结果评定

1. 计算分计筛余百分率

某号筛上的筛余质量占试样总质量的百分率，可按下式计算，精确至 0.1%。

$$a_i = \frac{m_i}{M} \times 100$$

式中，a_i——某号筛的分计筛余率（%）；

m_i——存留在某号筛上的质量（g）；

M——试样的总质量（g）。

2. 计算累计筛余百分率：该号筛的分计筛余百分率加上该号筛以上各分计筛余百分率之和，精确至 0.1%。筛分后，如每号筛的筛余量与筛底的剩余量之和同原试样质量之差超过 1%时，应重新试验。

累计筛余百分率，按下式计算：

$$A_i = a_1 + a_2 + \cdots + a_i$$

3. 砂的细度模数按下式计算，精确至 0.01。

$$M_x = \frac{(A_2 + A_3 + A_4 + A_5 + A_6) - 5A_1}{100 - A_1}$$

式中，M_x——细度模数；

A_1、A_2、A_3、A_4、A_5、A_6——分别为 4.75mm、2.36mm、1.18mm、0.60mm、0.30mm、0.15mm 筛的累计筛余百分率。

4. 累计筛余百分率取两次试验结果的算术平均值，精确至 1%。细度模数取两次试验结果的算术平均值，精确至 0.1；如两次试验的细度模数之差超过 0.20 时，应重新试验。

5. 根据各号筛的累计筛余百分率，采用修约值比较法评定该试样的颗粒级配。

【工程实例】在施工现场取砂试样，烘干至恒重后取 500g 砂试样做筛分析试验，筛分结果如表 3.17 所示。计算该砂试样的各筛分参数、细度模数，并判断该砂所属级配区，评价其粗细程度和级配情况。

表 3.17　砂的筛分试验数据

筛孔尺寸（mm）	4.75	2.36	1.18	0.600	0.300	0.150	底盘	合计
筛余量　g	29	58	73	157	119	56	7	499

解：该砂样分计筛余百分率和累计筛余百分率的计算结果列于表 3.18 中。该砂样在 600μm 筛上的累计筛余百分率 A_4=63 在表 3.2 中Ⅱ区，其他各筛上的累计筛余百分率也均在Ⅱ区范围内（也可根据试验数据绘制级配曲线评定）。

表 3.18　分计筛余和累计筛余计算结果

分计筛余百分率（%）	α_1	α_2	α_3	α_4	α_5	α_6
	5.8	11.6	14.6	31.4	23.8	11.2
累计筛余百分率（%）	A_1	A_2	A_3	A_4	A_5	A_6
	6	17	32	63	87	98

将各筛上的累计筛余百分率代入砂的细度模数公式得

$$M_x = \frac{(17 + 32 + 63 + 87 + 98) - 5 \times 6}{100 - 6} = 2.84$$

结果评定为：该砂属于中砂，位于Ⅱ区，级配符合规定要求，可用于拌制混凝土。

二、砂的含水率测定

（一）主要仪器设备

天平（称量 1kg，感量 1g）。烘箱、浅盘等。

（二）试验步骤

1. 取缩分后的试样一份约 500g，装入已称重量为 m_1 的浅盘中，称出试样连同浅盘的总重量 m_2（g）。然后摊开试样置于温度为（105±5）℃的烘箱中烘至恒重。

2. 称量烘干后的砂试样与浅盘的总重量 m_3（g）。

（三）结果计算

1. 按下式计算砂的含水率 W（精确至 0.1%）：

$$W = \frac{m_2 - m_3}{m_3 - m_1} \times 100 \quad (\%)$$

2. 以两次试验结果的算术平均值作为测定结果。通常也可采用炒干法代替烘干法测定砂的含水率。

三、石子筛分试验

（一）主要仪器设备

1. 石子试验筛，依据 GB/T14684 和 JGJ52 标准，采用孔径为 2.36mm、4.75mm、9.50mm、16.0mm、19.0mm、26.5mm、31.5mm、37.5mm、53.0mm、63.0mm、90mm 的方孔筛，并附有筛底和筛盖。

2. 电子天平及电子秤。称量随试样重量而定，精确至试样重量的 0.1%。

3. 摇筛机，电动振动筛，振幅 0.5±0.1mm，频率 50±3Hz。

（二）试验步骤

1. 按试样粒级要求选取不同孔径的石子筛，按孔径从大到小叠合，并附上筛底。

2. 按表 3.19 规定的试样量称取经缩分并烘干或风干的石子试样一份，倒入最上层筛中并加盖，然后进行筛分。

表 3.19　不同粒径的石子的试样量

石子最大粒径（mm）	10	16	20	25	31.5	40	63	80
筛分时每份试样量（kg）	2	4	4	10	10	15	20	30
表观密度每份试样量（kg）	2	2	2	3	3	4	6	6

3. 将套筛置于摇筛机紧固并筛分，摇筛 10min，取下套筛，按孔径大小顺序逐个再用手筛，筛至每分钟通过量小于试样总量的 1% 为止。通过的颗粒并入下一号筛中，并和下一号筛中的试样一起过筛，如此顺序进行，直至各号筛全部筛完为止。

4. 称取各筛筛余的重量，精确至试样总重量的 0.1%。

（三）结果计算与评定

1. 计算石子分计筛余百分率和累计筛余百分率，方法同砂筛分析。

2. 根据各筛的累计筛余百分率，按照标准规定的级配范围，评定该石子的颗粒级配是否合格。

3. 根据公称粒级确定石子的最大粒径。

【自 我 测 验】

一、填空题

1. 砂子的筛分曲线用来分析砂子的_____。

2. 压碎指标越小说明粗骨料抵抗受压破碎能力_____。

3. 细骨料按产地及来源一般可分为_____和_____。

4. 砂的粗细程度按细度模数分为_____、_____和_____三级。

5. 砂的细度模数，粗砂_____中砂_____细砂_____。

6. 筛分试验应该采用两个试样做平行试验，细度模数之差大于_____时应重新取样试验。

7. 砂按_____mm 筛孔累计筛余量（以重量的百分率计）分成三个级配区。

二、名词解释

1. 碎石

2. 卵石

3. 含泥量

4. 天然砂

5. 坚固性

三、判断题

1. 石子筛孔尺寸有 20mm 筛孔尺寸。（　　）

2. 砂也有单粒级配和连续级配。（　　）

3. 石子分为卵石和碎石。（　　）

4. JGJ53-92 为国家标准。（　　）

5. GB/T14685—2001 为行业标准。（　　）

6. 细度模数 3.0～2.3 为中砂。（　　）

7. 砼宜优先选用Ⅱ级砂。（　　）

8. 当采用Ⅲ区砂时宜适当增加砂率以保证砼强度。（　　）

9. 对于 C10 和 C10 以下砼用砂，根据水泥，其泥块含量可以放宽。（　　）

10. 对泵送砼用砂宜适用中砂。（　　）

四、选择题

1. 砂的筛分析试验中所用天平称量1000g感量（　　）。

A. 1000g　　　　B. 2000g　　　　C. 1g　　　　D. 0.1g

2. 计称砂的细度模数应精确到（　　）。

A. 0.1　　　　B. 0.01　　　　C. 0.001　　　　D. 0.0001

3. 在砂的筛分试验中，筛分时间为（　　）分钟左右。

A. 20　　　　B. 30　　　　C. 10　　　　D. 5

4. 砂的含泥量试验中，烘干试样置于容器中，浸泡时间为（　　）。

A. 30分钟　　　　B. 1h　　　　C. 2h　　　　D. 12h

5. 在石子的筛分析试验中，天平或容器应精确至试样量的（　　）%左右。

A. 1　　　　B. 0.5　　　　C. 0.1　　　　D. 10

五、问答题

1. 砂筛分试验检测方法原理。
2. 简述粗骨料的颗粒级配和最大粒径。
3. 简述粗骨料的分类与特征。
4. 简述细骨料的种类及特性。
5. 细骨料的技术要求有哪些？

六、计算题

检验某砂的级配，用500g试样筛分结果如下表所示，试求改砂的细度模数，分析该砂的级配和粗细程度。

筛孔尺寸（mm）	4.75	2.36	1.18	0.60	0.30	0.15	0.15以下
筛余量（g）	25	70	70	100	120	90	25

项目四　水泥的性能与检测

【知识目标】

1．知道硅酸盐水泥的分类、生产、凝结硬化过程。
2．熟知硅酸盐水泥熟料矿物的组成及其特性。
3．熟知通用水泥的技术性质及应用。
4．知道其他品种水泥的性能与应用。

【技能目标】

1．能够进行水泥细度的测定。
2．能够进行水泥比表面积的测定。
3．能够进行标准稠度用水量的测定。
4．能够进行水泥凝结时间测定。
5．能够进行水泥安定性测定。
6．能够对水泥进行正确的验收与保管。

任务7　水　泥　性　能

水泥是一种粉末状材料，当它与水混合后，在常温下经物理、化学作用，能有可塑性浆体逐渐凝结硬化成坚硬的石浆体，如前所述，能将散粒状态材料胶结成为整体，不仅能在空中凝结硬化，还能在水中胶结硬化并发展强度的材料，称为水硬性较凝材料。水泥属于水硬性胶凝材料。

水泥是最主要的建筑材料之一，广泛应用于工业与民用建筑、道路、水利和国防工程。作为胶凝材料，与骨料及增强材料制成混凝土、钢筋混凝土、预应力混凝土构件，也可配制砌筑砂浆、防水砂浆、装饰砂浆拥有建筑物的砌筑、抹面、装饰等。

水泥品种繁多，按其主要水硬性物质不同，可分为硅酸盐水泥、铝酸盐水泥、硫铝酸盐水泥、铁铝酸盐水泥等系列，期中硅酸盐系列水泥生产量大，应用最为广泛。

一、硅酸盐水泥

（一）硅酸盐类水泥的分类

硅酸盐类水泥是以水泥熟料（硅酸钙为主要成分）、适量的石膏及规定的混合材料制成的水硬性胶凝材料，硅酸盐类水泥的分类见表4.1。

表 4.1　硅酸盐类水泥的分类

硅酸盐类水泥	通用水泥	硅酸盐水泥
		普通硅酸盐水泥
		矿渣硅酸盐水泥
		火山灰硅酸盐水泥
		粉煤灰硅酸盐水泥
		复合硅酸盐水泥
	专用水泥	砌筑水泥
		道路水泥
		油井水泥
	特性水泥	快硬硅酸盐水泥
		白色硅酸盐水泥
		硅酸盐矿渣硅酸水泥
		中热、低热膨胀水泥
		低碱水泥

　　硅酸盐水泥（即国外通称的波特兰水泥）是通用硅酸盐水泥品种之一。根据现行国家标准《通用硅酸盐水泥》GB175—2007 的规定，硅酸盐水泥分类两种类型：一种是不掺加混合材料，全部用硅酸盐水泥熟料和石膏磨细制成的水硬性胶凝材料，成为Ⅰ型硅酸盐水泥，代号为 P·Ⅰ；另外一种是掺加不大于 5%的粒化高炉矿渣或者石灰石，与硅酸盐水泥熟料和石膏磨细制成的水硬性胶凝材料，成为Ⅱ型硅酸盐水泥，代号为 P·Ⅱ。

（二）硅酸盐水泥生产工艺概述

1. 硅酸盐水泥生产原料

　　生产硅酸盐水泥的原料主要是石灰质原料和黏土质原料两类。石灰质原料（石灰石、白垩、石灰质凝灰岩等）主要提供 CaO，黏土质原料（如黏土、黏土质页岩、黄土等）主要提供 SiO_2、Al_2O_3 和 Fe_2O_3，有时两种原料化学组成不能满足要求，还需要加入少量校正原料（如黄铁矿渣）来调整，生产硅酸盐水泥的化学成分见表 4.2。

表 4.2　硅酸盐水泥生产原料的化学成分

氧化物名称	化学成分	常用缩写	大致含量（%）
氧化钙	CaO	C	62～67
氧化硅	SiO_2	S	19～24
氧化铝	Al_2O_3	A	4～7
氧化铁	Fe_2O_3	F	2～5

2. 硅酸盐水泥生产过程

　　首先将几种原材料按适当比例配合在研磨机中磨成粉状生料，然后将制备好的生料入窑进行煅烧，至 1450℃左右生成以硅酸钙为主要成分的硅酸盐熟料。为调节水泥的凝结时间，在烧成的熟料中加入 3%左右的石膏共同磨细，即为硅酸盐水泥，因此硅酸盐水泥的生产工艺可概括为"两磨一烧"，即生料的磨细、生料的煅烧和熟料的磨细三个步骤，工艺流程如图 4.1 所示。

图 4.1　硅酸盐水泥生产工艺流程

（三）硅酸盐水泥熟料的矿物组成

硅酸盐水泥熟料由 CaO、SiO₂、Al₂O₃、Fe₂O₃ 的原料，按照适当比例磨成细粉烧至部分熔融所得以硅酸钙为主要矿物成分的水硬性胶凝材料。其中硅酸钙含量（质量分数）不小于66%，氧化钙和氧化硅质量比不小于 2.0 。

1. 硅酸盐水泥的熟料矿物组成

硅酸盐水泥原料的主要化学成分是氧化钙（CaO）、氧化硅（SiO₂）、氧化铝（Al₂O₃）和氧化铁（Fe₂O₃）。经过高温煅烧后，CaO、SiO₂，Al₂O₃、Fe₂O₃四种成分化合为熟料中的主要矿物组成。

（1）硅酸三钙（$3CaO \cdot SiO_2$，简写 C_3S）。

（2）硅酸二钙（$2CaO \cdot SiO_2$，简写 C_2S）。

（3）铝酸三钙（$3CaO \cdot Al_2O_3$，简写 C_3A）。

（4）铁铝酸四钙（$4CaO \cdot Al_2O_3 \cdot Fe_2O_3$，简写 C_4AF）。

硅酸盐水泥熟料四种矿物组成与含量见表 4.3。

表 4.3　硅酸盐水泥熟料的主要矿物名称、简式和含量

矿物名称	化学式	简式	含量
硅酸三钙	$3CaO \cdot SiO_2$	C_3S	36%～60%
硅酸二钙	$2CaO \cdot SiO_2$	C_2S	15%～38%
铝酸二钙	$3CaO \cdot Al_2O_3$	C_3A	7%～15%
铁铝酸四钙	$4CaO \cdot Al_2O_3 \cdot Fe_2O_3$	C_4AF	10%～18%

2. 硅酸盐水泥熟料主要矿物质的性质

（1）硅酸三钙。硅酸三钙是硅酸盐水泥中最主要的矿物组分，其含量通常在 50%左右，它对硅酸盐水泥性质有重要影响。硅酸三钙水花速度较快，水化热高；早期强度高，28d 强度可达一年强度的 70%～80%。

（2）硅酸二钙。硅酸二钙在硅酸盐水泥中的含量为 15%～37%，也是主要矿物组分，遇水时与水反应较慢，水化热很，硅酸二钙的早期强度较低而后期强度高，耐化学侵蚀性和干缩性较好。

（3）铝酸三钙。铝酸三钙在硅酸盐水泥中的含量通常在 15%以下，它是四种组分中遇水反应速度最快、水化热最高的组分。铝酸三钙的含量决定水泥的凝结速度和释热量。通常为调节水泥凝结速度需掺加石膏或者硅酸三钙与石膏形成的水化产物，对提高水泥早期强度起

一定作用，耐化学侵蚀性差，干缩性大。

（4）铁铝酸四钙。铁铝酸四钙在硅酸盐水泥中通常含量为 $10\%\sim18\%$。遇水反应较快，水化热较高。强度较低，对水泥抗折强度起重要作用，耐化学侵蚀性好，干缩性小。

3．硅酸盐水泥熟料主要矿物质的性质比较

硅酸盐水泥熟料中这四种矿物组成的主要有以下特性。

（1）反应速度。C_3A 最快，C_3S 较快，C_4AF 也较快，C_2S 最慢。

（2）释热量。C_3A 最大，C_3S 较大，C_4AF 居中，C_2S 最小。

（3）强度。C_3S 最高，C_2S 早期低，但后期增长率较大，故 C_3S 和 C_2S 为水泥强度主要来源。C_3A 强度不高，C_4AF 含量对抗折强度有利。

（4）耐化学侵蚀性。C_4AF 最优，其次为 C_2S，C_3S，C_3A 最差。

（5）干缩性：C_4AF 和 C_2S 最小，C_3S 居中，C_3A 最大。

硅酸盐水泥的主要矿物质的组成与特性归纳见表 4.4。

表 4.4 硅酸盐水泥的主要矿物质的组成与特性

矿物组成		硅酸三钙（C_3S）	硅酸二钙（C_2S）	铝酸三钙（C_3A）	铁铝酸四钙（C_4AF）
与水反应速度		快	慢	最快	中
水化热		大	低	最大	中
对强度作用	早期	高	低	低	中
	后期	高	高	低	低
耐化学侵蚀性		中	良	差	优
干缩性		中	小	大	小

水泥中矿物成分水化后抗压强度和释热量随龄期的增长的变化，如图 4.2 和图 4.3 所示。

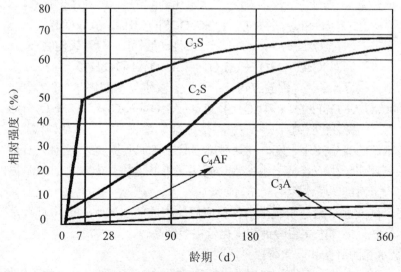

图 4.2 水泥熟料矿物不同龄期抗压强度

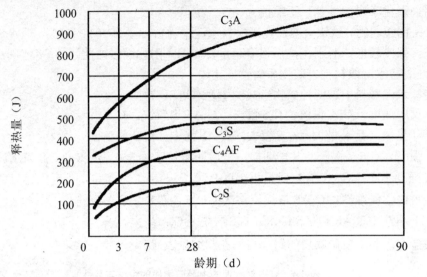

图 4.3 水泥熟料矿物不同龄期释热量

（四）硅酸盐水泥的凝结和硬化

水泥加水拌和后称为可塑的水泥浆，由于水泥的水化作用，水泥浆逐渐变稠失去流动性和可塑性而未具强度的过程，称为水泥的"凝结"；随后产生强度逐渐发展成为坚硬的人造石的过程称为水泥的"硬化"。水泥的凝结和硬化是人为划分的两个阶段，实际上是一个连续而复杂的物理化学变化过程。

1. 硅酸盐水泥的水化

水泥加水后，水泥颗粒被水包围，其熟料矿物颗粒表面立即与水发生化学反应，生成了一系列新的化合物，并放出一定的热量。其反应如下：

$$2(3CaO \cdot SiO_2) + 6H_2O = 3CaO \cdot 2SiO_2 \cdot 3H_2O + 3Ca(OH)_2$$

硅酸三钙　　　　　　水化硅酸钙　　　氢氧化钙

$$2(2CaO \cdot SiO_2) + 4H_2O = 3CaO \cdot 2SiO_2 \cdot 3H_2O + Ca(OH)_2$$

硅酸二钙　　　　　　水化硅酸钙　　　氢氧化钙

$$3CaO \cdot Al_2O_3 + 6H_2O = 3CaO \cdot Al_2O_3 \cdot 6H_2O$$

铝酸三钙　　　　　　　水化铝酸钙

$$4CaO \cdot Al_2O_3 \cdot Fe_2O_3 + 7H_2O = 3CaO \cdot Al_2O_3 \cdot 6H_2O + CaO \cdot Fe_2O_3 \cdot H_2O$$

铁铝酸四钙　　　　　　水化铝酸钙　　　水化铁酸钙

为了调节水泥的凝结硬化速度，在熟料磨细时应掺加适量（3%左右）石膏，这些石膏与部分水化铝酸钙反应，生成难溶于水的水化硫铝酸钙并覆盖于未水化的水泥颗粒表面，阻止水泥快速水化，因而延缓了水泥的凝结时间。

综上所述，硅酸盐水泥与水发生水化反应后，生成的主要水化产物有水化硅酸钙和水化铁酸钙胶体；氢氧化钙、水化铝酸钙和水化硫铝酸钙晶体。

2. 硅酸盐水泥的凝结和硬化阶段

水泥浆体由可塑态性进而硬化产生强度的物理化学过程，可以分为如下四个阶段：

（1）初始反应期。水泥与水接触后立即发生水反应。初期 C_3S 水化，释放出 $Ca(OH)_2$，立即溶解于溶液中，浓度达到过饱和后，$Ca(OH)_2$ 结晶析出。暴露在水泥颗粒表面的铝酸三钙也溶解于水，并与已溶解的石膏反应，生成钙矾石结晶析出，在此阶段的1%左右的水泥产生水化。

（2）诱导期。在初始反应期后，水泥微粒表面覆盖一层以 C-S-H 凝胶为主的渗透膜，使水化反应缓慢进行。这期间生成的水化产物数量不多，水泥颗粒仍然分散，水泥浆体基本保持塑性。

（3）凝结期。由于渗透压的作用，包裹在水泥微粒表面的渗透膜破裂，水泥微粒进一步水化，除继续生成 $Ca(OH)_2$ 及钙矾石外，还生成了大量的 C-S-H 凝胶。水泥水化产物不断填充了水泥颗粒之间的空气，随着接触点的增多，结构趋向密实，使水泥浆体逐渐失去塑性。

（4）硬化期。水泥继续水化，除已生成的水化产物的数量继续增加外，C_4AF 的水化物也开始形成，硅酸钙继续进行水化。水化生成物以凝胶与结晶状态进一步填充孔隙，水泥浆体逐渐产生强度，进入硬化阶段。只要温度、湿度适合且无外界腐蚀，水泥强度在几年、甚至几十年后还能继续增长，如图4.4所示为硅酸盐水泥凝结硬化过程示意图。

 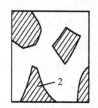  

（a）分散在水中　　　（b）在水泥颗粒表面形　　（c）膜层长大并互相连　　（d）水化物进一步发展，
　未水化的水泥颗粒　　　成水化物膜层　　　　　接（凝结）　　　　　　填充毛细孔（硬化）

1—水泥颗粒；2—水泥凝胶体；3—水化产物结晶体；4—毛细管孔隙

图4.4　硅酸盐水泥凝结硬化过程示意图

3．影响硅酸盐水泥凝结硬化的因素

水泥石硬化程度越大，凝胶体含量越多，未水化的水泥颗粒内核和毛细孔所占的比例就越少，则水泥石越密实，强度越高。影响水泥石硬化的因素主要有以下几个。

（1）矿物组成。不同矿物成分和水起反应时所表现出来的特点是不同的，如 C_3A 水化速率最快，放热量最大而强度不高；C_2S 水化速率最慢，放热量最少，早期强度低，后期强度增长迅速等。因此，改变水泥的矿物组成，其凝结硬化情况将产生明显变化。水泥的矿物组成是影响水泥凝结硬化的最重要的因素。

（2）水泥浆的水灰比。水泥浆的水灰比是指水泥浆中水与水泥的质量之比。当水泥浆中加水较多时，水灰比较大，此时水泥的初期水化反应得以充分进行；但水泥颗粒间原来被水隔开的距离较远，颗粒间相互连接形成骨架结构所需的凝结时间长，所以水泥浆凝结较慢。水泥浆的水灰比较大时，多余的水分蒸发后形成的孔隙较多造成水泥石的强度较低，因此水泥浆的水灰比过大时，会明显降低水泥石的强度。

（3）石膏掺量。石膏起缓凝作用的机理：水泥水化时，石膏能很快与铝酸三钙作用生成水化硫铝酸钙（钙矾石），钙矾石很难溶解于水，它沉淀在水泥颗粒表面上形成保护膜，从而阻碍了铝酸三钙的水化反应，控制了水泥的水化反应速度，延缓了凝结时间。

（4）水泥的细度。在矿物组成相同的条件下，水泥磨得越细，水泥颗粒平均粒径越小，比表面积越大，水化时与水的接触面大，水化速度快，相应地水泥凝结硬化速度就快，早期强度就高。

（5）环境温度和湿度。在适当温度条件下，水泥的水化、凝结和硬化速度较快。反应产物增长较快，凝结硬化加速，水化热较多；相反，温度降低，则水化反应减慢，强度增长变缓。但高温养护往往导致水泥后期强度增长缓慢，甚至下降。水的存在是水泥水化反应的必要条件。当环境湿度十分干燥时，水泥中的水分将很快蒸发，以致水泥不能充分水化，硬化也将停止；反之，水泥的水化将得以充分进行，强度正常增长。

（6）龄期（时间）。水泥的凝结硬化是随时间延长而渐进的过程，只要温度、湿度适宜，水泥强度的增长就可持续若干年。

（五）硅酸盐水泥的技术性质和技术标准

1. 技术性质

（1）化学性质

水泥的化学指标主要是控制水泥中有害的化学成分含量，其含量若超过最大允许限量，即意味着对水泥性能和质量可能产生有害或潜在的影响。

①氧化镁含量。在水泥熟料中，常含有少量未与其他矿物结合的游离氧化镁，这种多余的氧化镁是高温时形成的方镁石，它水化为氢氧化镁的速度很慢，常在水泥硬化以后才开始水化，产生体积膨胀，可导致水泥石结构产生裂缝甚至破坏，因此它是引起水泥安定性不良的原因之一。

②三氧化硫含量。水泥中的三氧化硫主要是在生产时为调节凝结时间加入石膏而产生的。石膏超过一定限量后，水泥性能会变化，甚至引起硬化后水泥石体积膨胀，导致结构物破坏。

③烧失量。水泥煅烧不佳者或受潮以后，均会导致失量增加。烧失量测定是以水泥试样在 950℃～1000℃下灼烧 15～20min 冷却至室温称量。如此反复灼烧，直至恒重，计算灼烧前后质量损失百分率。

④不溶物。水泥中不溶物质量是用盐酸溶解水泥滤去不溶残渣，经碳酸钠处理再用盐酸中和，高温灼烧至恒重后称量所得，灼烧后不溶物质量占试样总质量比例为不溶物含量。

⑤氯离子。水泥中的氯离子含量过高，其主要原因是掺加了混合材料和外加剂（如工业废渣、助磨剂等）。由于氯离子是混凝土中钢筋锈蚀的重要因素，所以我国现行标准《通用硅酸盐水泥》规定：水泥生产中允许加入≤0.5%的助磨剂，水泥中的氯离子含量必须≤0.06%。

（2）物理性质

①细度。细度是指水泥颗粒的粗细程度。细度越小，水泥与水起反应的面积越大，水化越充分，水化速度越快。所以相同矿物组成的水泥，细度越大，早期强度越高，凝结速度越快，吸水量减少。实践表明，细度提高，可使水泥混凝土的强度提高，工作性得到改善。但是，水泥细度提高，在空气中的硬化收缩也加大，水泥发生裂缝的可能性也会增加。因此，对水泥细度必须予以合理控制。水泥细度有筛析法和比表面积法两种表示方法。

a．筛析法。以 80μm 方孔筛上的筛余量百分率表示。我国现行行业标准《水泥细度检验方法筛析法》（GB/T1345—2005）规定，筛析法有负压筛法和水筛法两种，有争议时，以负压筛法为准。

b．比表面积法。以每千克水泥总表面积（m^2）表示，其测定采用勃氏透气法。我国现行标准《通用硅酸盐水泥》规定："硅酸盐水泥细度以比表面积表示，不小于 300 m^2/kg。"

②水泥净浆标准稠度。水泥净浆标准稠度是对水泥净浆以标准方法拌制、测试达到规定的可塑性程度时的稠度。

③凝结时间。水泥的凝结时间是从指加水开始到水泥浆失去可塑性所需的时间，分为初

凝时间和终凝时间。初凝时间是指水泥全部加入水中至初凝状态所经历的时间，用 min 计。

④体积安定性。水泥体积安定性是反映水泥浆在凝结硬化过程中，体积膨胀变形的均匀程度。各种水泥在凝结硬化过程中，如果产生不均匀变形或变形太大，使构件产生膨胀裂缝，就是水泥体积安定性不良，会影响工程质量。

⑤强度。强度是水泥技术要求中最基本的指标，也是水泥的重要技术性质之一。水泥强度除了与水泥本身的性质（熟料矿物成分、细度等）有关外，还与水灰比、试件制作方法、养护条件和时间有关。按行业标准规定，用水泥胶砂强度法作为水泥强度的标准检验方法。此方法是以 1∶3 的水泥和中国 ISO 标准砂，按规定的水灰比为 0.5，用标准制作方法，制成 40mm×40mm×160mm 的标准试件，达到规定龄期（3d，28d）时，测其抗折强度和抗压强度，按国家标准《通用硅酸盐水泥》规定的最低强度值来评定其所属强度等级。

在进行水泥胶砂强度试验时，要用到中国 ISO 标准砂。此砂的粒径为 0.08～2.0mm，分粗、中、细三级，各占三分之一。其中粗砂为 1.0～2.0mm；中砂为 0.5～1.0mm；细砂为 0.08～0.5mm。ISO 标准砂颗粒分布见表 4.5 。

表 4.5 ISO 标准砂颗粒分布

方孔边长（mm）	累计筛余	方孔边长（mm）	累计筛余
2.0	0	0.5	67±5
1.6	7±5	0.16	87±5
1.0	33±5	0.08	99±1

a. 水泥强度等级。按规定龄期抗压强度和抗折强度来划分，硅酸盐水泥各龄期强度不低于表 4.6 数值。在规定各龄期的抗压强度和抗折强度均符合某一强度等级的最低强度值要求时，以 28d 抗压强度值（MPa）作为强度等级，硅酸盐水泥强度等级分为 42.5、42.5R、52.5、52.5R、62.5、62.5R 六个强度等级。

表 4.6 硅酸盐水泥的强度指标（GBl75—2007）

品 种	强度等级	抗 压 强 度		抗 折 强 度	
		3d	28d	3d	28d
硅酸盐水泥	42.5	≥17.0	≥42.5	≥3.5	≥6.5
	42.5R	≥22.0		≥4.0	
	52.5	≥23.0	≥52.5	≥4.0	≥7.0
	52.5R	≥27.0		≥5.0	
	62.5	≥28.0	≥62.5	≥5.0	≥8.0
	62.5R	≥32.0		≥5.5	

b. 水泥型号。为提高水泥早期强度，我国现行标准将水泥分为普通型和早强型（或称 R 型）两个型号。早强型水泥 3d 的抗压强度较同强度等级的普通型强度提高 10%～24%；早强型水泥的 3d 抗压强度可达 28d 抗压强度的 50%，水泥混凝土路面用水泥，在供应条件允许时，应尽量优先选用早强型水泥，以缩短混凝土养护时间，提早通车。

2. 技术标准

硅酸盐水泥的技术标准，按我国现行国标《通用硅酸盐水泥》的有关规定见表 4.7。

表 4.7　通用硅酸盐水泥的技术标准

品种	代号	不溶物（质量分数）	烧失量（质量分数）	三氧化硫（质量分数）	氧化镁（质量分数）	氯离子（质量分数）	安定性	细度	凝结时间（min）		碱含量
									初凝	终凝	
硅酸盐水泥	P·I	≤0.75	≤3.0	≤3.5	≤5.0ᵃ	≤0.06ᶜ	沸煮法合格	比表面积>300（m²/kg）	≥45	≤390	Na₂O+0.0658 K₂O <0.6%
	P·II	≤1.50	≤3.5								
普通硅酸盐水泥	P·O	—	≤5.0		≤5.0						<0.6%
矿渣硅酸盐水泥	P·S·A	—	—	≤4.0	≤6.0ᵇ			细孔（80μm方孔筛）筛余≤10%	≥45	≤600	按 Na₂O+0.0658 K₂O 计，由供需双方商定
	P·S·B	—	—		—						
火山灰质硅酸盐水泥	P·P	—	—	≤3.5	—						
粉煤灰硅酸盐水泥	P·F			≤3.5	≤6.0ᵇ						
复合硅酸盐水泥	P·C	—	—								

a. 如果水泥压蒸试验合格，则水泥中氧化镁的含量（质量分数）允许放宽至 6.0%。

b. 如果水泥中氧化镁的含量（质量分数）大于 6.0%时，需进行水泥压蒸安定性试验并合格。

c. 当有更低要求时，该指标由买卖双方协商确定。

现行国家标准《通用硅酸盐水泥》（GB175—2007）规定：检查结果符合不溶物、烧失量、氧化镁、三氧化硫、氯离子、初凝时间、终凝时间、安定性及强度的规定为合格品；检查结果不符合上述规定中的任一项技术要求为不合格品。碱含量和细度为选择性指标，不作为评定水泥是否合格的依据。

（六）硅酸盐水泥石的腐蚀及其防止

1．水泥石的腐蚀

用硅酸盐类水泥配制成的混凝土在正常环境中，水泥石强度将不断增长，但在某些环境中水泥石的强度反而降低，甚至引起混凝土结构的破坏，这种现象称为水泥石的腐蚀。水泥石的腐蚀一般有以下几种类型。

（1）溶析性的侵蚀。其又称溶出侵蚀或软水侵蚀，是指硬化后混凝土中的水泥水化产物被淡水溶解而带走的一种侵蚀现象。

氢氧化钙结晶体是构成水泥石结构的主要水化产物之一，它需要一定浓度的氢氧化钙溶液中才能稳定存在；如果水泥石结构所处环境的溶液（如软水）中氢氧化钙浓度低于其饱和浓度，期中氢氧化钙将被溶解或分解，从而造成水泥石结构的破坏。

软水是不含或者仅含少量钙、镁等可溶性盐的水。雨水、雪水、蒸馏水、工厂冷凝水以及含重碳酸盐甚少的河水与湖水等均属软水。软水能使水化产物中的氢氧化钙溶解，并使水泥石中其他水化产物发生分解。

当环境水中含有碳酸氢盐时，碳酸氢盐可与水泥石中的氢氧化钙产生反应，并生产几乎不溶于水的碳酸钙，其反应式为：

$$Ca(OH)_2 + Ca(HCO_3)_2 \rightarrow 2CaCO_3 + 2H_2O$$

所生成的碳酸钙沉积在已硬化水泥石中的孔隙内起密实作用，从而可阻止外界水的继续侵入及内部氢氧化钙的扩散析出。因此，对需与软水接触的混凝土，如果预先在空气中硬化和存放一段时间，那么就可以使其经碳化作用而形成碳酸钙外壳，这将对溶出性侵蚀起到一定的阻止效果。

（2）酸类侵蚀（溶解性侵蚀）

硅酸盐水泥水化产物显碱性，期中含有较多的 $Ca(OH)_2$，当遇到酸类或酸性水时则会发生中和反应，生成比 $Ca(OH)_2$ 溶解度大的盐类，导致水泥石受损破坏。

①碳酸的侵蚀。在工业污水，地下水中常溶解有较多的二氧化碳，这种碳酸水对水泥石的侵蚀作用如下：

$$Ca(OH)_2 + CO_2 + H_2O \rightarrow CaCO_3 + 2H_2O$$

最初生成的 $CaCO_3$ 溶解度不大，但是继续处于浓度较高的碳酸水中，则碳酸钙与碳酸水进一步反应，其反应式如下：

$$CaCO_3 + CO_2 + H_2O \rightarrow Ca(HCO_3)_2$$

此反应为可逆反应，当水中溶有较多的 CO_2 时，则上述反应向右进行，所生成的碳酸氢钙溶解度大。水泥石中的 $Ca(OH)_2$ 因与碳酸水反应生成碳酸氢钙而溶失，$Ca(OH)_2$ 浓度的降低又会导致其他水化产物的分解，腐蚀作用加剧。

②一般酸的腐蚀。工业废水、地下水、沼泽水中常含有多种无机酸、有机酸。工业窑炉中的烟气常含有二氧化硫，遇水后生成亚硫酸。各种酸类与水泥石中的氢氧化钙作用，生成化合物或者易溶于水，或者体积膨胀而导致水泥石破坏。

对水泥石腐蚀作用最快的是无机酸中的盐酸、氢氟酸、硝酸、硫酸和有机酸中的醋酸、蚁酸和乳酸等

（3）盐类侵蚀

①硫酸盐的侵蚀。海水、沼泽水、工业污水中，常含有易溶的硫酸盐类，它们与水泥石中的氢氧化钙反应生成硫酸钙。硫酸钙在水泥石孔隙中结晶时体积膨胀，且石膏与水泥中的水化铝酸钙作用，生成水化硫铝酸钙（即钙矾石），其体积可增大 1.5 倍，在水泥石中产生很大的内应力，使混凝土结构的强度降低，甚至被破坏。

②镁盐侵蚀。海水、地下水或矿泉水中常含有较多的镁盐，如氯化镁、硫酸镁。镁盐与水泥石中的氢氧化钙反应生成无胶结能力、极易溶于水的氯化钙，或生成二水石膏导致水泥石结构被破坏。

（4）强碱侵蚀

碱类溶液如浓度不大时一般是无害的，但是铝酸盐含量较高的硅酸盐水水泥遇到强碱（如氢氧化钠）作用后也会破坏。氢氧化钠与水泥熟料中未水化的铝酸盐作用，生成易溶的铝酸钠，当水泥石被氢氧化钠浸透后又在空气中干燥，与空气中的二氧化碳作用而生成碳酸钠，碳酸钠在水泥石毛细孔中结晶沉积，使水泥石胀裂。

2．水泥石的腐蚀的原因

（1）水泥石中存在有引起腐蚀的组分氢氧化钠和水化铝酸钙。

（2）水泥石本身不密实，有很多毛细孔通道，侵蚀介质易进入其内部。

（3）腐蚀与通道相互作用。

3．水泥石的防腐措施

（1）根据建筑物所处的环境特点，合理选择水泥品种

根据侵蚀环境特点合理选择水泥品种，这是防止水泥石腐蚀的重要措施。如在软水或者浓度很小的一般酸侵蚀条件下的工程，宜选用水化物中 $Ca(OH)_2$ 含量较少的水泥（即掺大量混合材料的水泥）；在有硫酸盐侵蚀的工程，宜选用铝酸钙含量低于 5%的抗硫酸盐水泥。通用水泥中，硅酸盐水泥是耐侵蚀性最差的一种。有侵蚀情况时，如无可靠防护措施，应尽量避免使用。

（2）提高水泥石的密实度，减少侵蚀介质渗透作用

水泥石内部存在的孔隙是水泥石产生腐蚀的内因之一。通过采取诸如合理设计混凝土配合比、降低水灰比、合理选择骨料、掺外加剂及改善施工方法等，可以提高水泥石的密实度，增强其抗腐蚀能力。另外，也可以对水泥石表面进行处理，如碳化等，增加其表层密实度，从而达到防腐的目的。

（3）结构表面做保护层

当水泥石所处的侵蚀环境不能完全避免腐蚀时，可采用耐腐蚀的石料、陶瓷、塑料、沥青等覆盖于水泥石表面，形成一个不透水的保护层，防止腐蚀介质与水泥石直接接触。

二、掺混合材料的硅酸盐水泥

为了改善硅酸盐水泥的某些性能，同时为了增加产量和降低成本的目的，在硅酸盐水泥熟料中掺加适量的各种混合材料与石膏共同磨细的水硬性胶凝材料，称为掺混合材料的硅酸盐水泥。

（一）混合材料

在硅酸盐水泥中掺加一定量的混合材料，能改善硅酸盐水泥的性能，增加水泥品种，提高产量，调节水泥强度等级，扩大水泥的使用范围，常把加到水泥中的矿物质材料称为混合材料。常用的水泥混合材料分为活性混合材料和非活性混合材料两大类。

1．活性混合材料

常温下能与氢氧化钠和水发生水化反应，生成水硬性水化产物，并能逐渐凝结硬化产生强度的混合材料称为活性混合材料。活性混合材料的主要作用是改善水泥的某些性能，同时还具有扩大水泥强度等级范围、降低水化热、增加产量和降低成本的作用。

（1）粒化高炉矿渣及粒化高炉矿渣粉。将高炉炼铁矿渣在高温液态排出时经冷淬处理，使其成为颗粒状态，质地疏松、多孔，称为粒化高炉矿渣；细粉状则为粒化高炉矿渣粉，其

主要化学成分为 CaO、SiO_2、Al_2O_3，它们的总含量约在 90%以上，此外还有 MgO、FeO 和一些硫化物。其中 CaO 和 SiO_2 含量均可高达 40%或更高，自身具有一定水硬性。

（2）火山灰质混合材料。火山灰质混合材料是指具有火山灰性质的天然或人工矿物质材料。火山灰、凝灰岩、硅藻石、烧黏土、煤渣、煤矸石渣等都是属于火山灰质混合材料。这些材料都含有活性二氧化硅和活性氧化铝，经磨细后，在 $Ca(OH)_2$ 的碱性作用下，可在空气中硬化，而后在水中继续硬化增加强度。

（3）粉煤灰。火电厂的燃料煤粉燃烧后收集的飞灰称粉煤灰。粉煤灰中含有较多的 SiO_2、Al_2O_3 与 $Ca(OH)_2$，化合能力较强，具有较高的活性。

2. 非活性混合材料

非活性混合材料经磨细后加入水泥中不具有或只具有微弱的化学活性，在水泥水化中基本上不参加化学反应，仅起提高产量、调节水泥强度等级、节约水泥熟料的作用，因此又称为填充型混合材料。常用的非活性混合材料主要有石灰石、石英砂、自然冷却的矿渣等。

（二）普通硅酸盐水泥

普通硅酸盐水泥（简称普通水泥），代号 P·O。我国现行标准《通用硅酸盐水泥》规定：普通硅酸盐水泥组分中熟料和石膏≥80%且<95%，掺加>5%且≤20%的粒化高炉矿渣、火山灰质混合材料和粉煤灰等活性混合材料，其中允许用不超过水泥质量 8%的非活性混合材料或不超过水泥质量 5%的窑灰代替。

1. 普通硅酸盐水泥的技术要求

国家标准《通用硅酸盐水泥》（GB175—2007）对普通硅酸盐水泥的技术有如下要求。

（1）细度。以比表面积表示，不小于 $300m^2/kg$。

（2）凝结时间。初凝不小于 45min，终凝不大于 600min。

（3）安定性。沸煮法必须合格。为了保证水泥长期安定性，水泥中氧化镁含量不得超过 5.0%，如果水泥经压蒸安定性试验合格，则水泥中氧化镁含量允许放宽到 6.0%；水泥中三氧化硫含量不得超过 3.5%。

（4）强度等级。普通硅酸盐水泥由于掺加混合材料的数量较少，性质与不掺加混合材料的硅酸盐水泥相近，根据 3d 和 28d 龄期的抗折和抗压强度，将普通硅酸盐水泥分为 42.5、42.5R、52.5、52.5R 四个强度等级。各强度等级在规定龄期的抗压和抗折强度不得低于表 4.8 中的值。

表 4.8　普通硅酸盐水泥各龄期强度

品　种	强度等级	抗压强度		抗折强度	
		3d	28d	3d	28d
普通硅酸盐水泥	42.5	≥17.0	≥42.5	≥3.5	≥6.5
	42.5R	≥22.0		≥4.0	
	52.5	≥23.0	≥52.5	≥4.0	≥7.0
	52.5R	≥27.0		≥5.0	

普通硅酸盐水泥的主要特性及适用范围参见表 4.10。

（三）矿渣、火山灰、粉煤灰硅酸盐水泥

1. 矿渣硅酸盐水泥

矿渣硅酸盐水泥简称矿渣水泥，矿渣硅酸盐水泥分两种类型：一种是熟料和石膏≥50%且

＜80%，掺加＞20%且≤50%的粒化高炉矿渣，其中允许用不超过水泥质量的8%的其他活性混合材料、非活性混合材料或窑灰中的任何一种材料代替，代号为P.S.A；另一种是熟料和石膏≥30%且＜50%，掺加＞50%且≤70%的粒化高炉矿渣，其中允许用不超过水泥质量的8%的其他活性混合材料、非活性混合材料或窑灰中的任何一种材料代替，代号为P.S.B。

2．火山灰硅酸盐水泥

火山灰硅酸盐水泥简称火山灰水泥，代号为P·P。我国现行标准《通用硅酸盐水泥》规定：火山灰质硅酸盐水泥中熟料和石膏≥60%且＜80%，掺加＞20%且≤40%的火山灰质活性混合材料。

3．粉煤灰硅酸盐水泥

粉煤灰硅酸盐水泥（简称粉煤灰水泥），代号为P·F。我国现行标准《通用硅酸盐水泥》规定：粉煤灰硅酸盐水泥中熟料和石膏≥60%且＜80%，掺加＞20%且≤40%的活性粉煤灰。

4．三种水泥的技术要求

国家标准《通用硅酸盐水泥》（GB175—2007）对普通硅酸盐水泥的技术有如下要求。

（1）细度。以筛余表示，80μm方孔筛筛余不大于10%或45μm方孔筛筛余不大于30%。

（2）凝结时间。初凝不小于45min，终凝不大于600min。

（3）安定性。沸煮法必须合格。

（4）强度等级。矿渣、火山灰、粉煤灰硅酸盐水泥按3d和28d龄期的抗折和抗压强度，将普通硅酸盐水泥分为 32.5、32.5R、42.5、42.5R、52.5、52.5R 六个强度等级。各强度等级在规定龄期的抗压和抗折强度不得低于表4.9中的值。

表4.9　矿渣、火山灰、粉煤灰硅酸盐水泥各强度等级、各龄期强度

品　种	强度等级	抗压强度		抗折强度	
		3d	28d	3d	28d
矿渣硅酸盐水泥 火山灰硅酸盐水泥 粉煤灰硅酸盐水泥	32.5	≥10.0	≥32.5	≥2.5	≥5.5
	32.5R	≥15.0		≥3.5	
	42.5	≥15.0	≥42.5	≥3.5	≥6.5
	42.5R	≥19.0		≥4.0	
	52.5	≥21.0	≥52.5	≥4.0	≥7.0
	52.5R	≥23.0		≥4.5	

5．三种水泥特性及应用的异同点

由于三种水泥均掺入大量的混合材料，所以这些水泥有许多共同特性，又因掺入的混合材料品种不同，故各品种水泥性质也有一定差异。

（1）共同特性

①早期强度低、后期强度发展高。掺大量混合材料的水泥凝结硬化慢，早期强度低，但是硬化后期可以赶上甚至超过同强度等级的硅酸盐水泥，这三种水泥不适合用于早期强度要求高的混凝土工程，如冬季施工、现浇工程等。

②水化热低。由于水泥中熟料含量较少，水化放热高的C_3S、C_3A矿物含量较少，而且二次反应速度慢，所以水化热低，这些水泥不宜用于冬季施工。但水化热低，不致引起混凝土内外温差过大，所以适合用于大体积混凝土工程。

③耐腐蚀性好。这些水泥硬化后，在水泥石中 $C_3(OH)_2$、C_3A 含量少，抵抗软水、酸类、盐类侵蚀能力明显提高。用于有一般侵蚀性要求的工程时，比硅酸盐水泥耐久性好。

④蒸汽养护效果好。在蒸汽养护高温高湿环境中，活性混合材料参与二次反应会加速进行，强度提高幅度较大，效果好。

⑤抗冻性、耐磨性差。与硅酸盐水泥相比，抗冻性、耐磨性差，不适用于反复冻融作用的工程和有耐磨性要求的工程。

⑥抗碳化能力差。这类水泥硬化后的水泥石碱度低、抗碳化能力差，对防止钢筋锈蚀不利，不宜用于重要钢筋混凝土结构和预应力混凝土。

（2）各自特性

①矿渣水泥。矿渣为玻璃态物质，难磨细，对水的吸附能力差，故矿渣水泥保水性差，泌水性大。在混凝土施工中由于泌水而形成毛细管通道，水分的蒸发又容易引起干缩，影响混凝土的抗渗性、抗冻性及耐磨性等，由于矿渣经过高温，矿渣水泥硬化后氢氧化钙的含量又比较少，因此耐热性较好。

②火山灰水泥。火山灰混合材料的结构特点就是疏松多孔，内比表面积大。火山灰水泥的特色是易吸水、易反应。在潮湿的条件下养护，可形成较多的水化产物，水泥石结构致密，从而具有较高的抗渗性和耐水性。如处于干燥环境中，所吸收的水分蒸发，体积收缩，产生裂缝。因此，火山灰质水泥不宜用于长期处于干燥环境和水位变化区的混凝土工程。火山灰水泥抗硫酸盐性能随成分而异。如活性混合材料中氧化铝的含量较多，熟料中又含有较多的 C_3A 时，其抗硫酸盐能力较差。

③粉煤灰水泥。粉煤灰与其他天然火山灰相比，结构较致密，内比表面积小，有很多球形颗粒，吸水能力较弱。因此，粉煤灰水泥需水量比较低，抗裂性较好，尤其适合于大体积水工混凝土以及地下和海港工程等。

（四）复合硅酸盐水泥

复合硅酸盐水泥（简称复合水泥），代号 P·C。我国现行标准《通用硅酸盐水泥》规定：复合硅酸盐水泥中熟料和石膏≥50%且<80%，掺加两种或两种以上的活性或非活性混合材料，掺加量>20%且≤50%，其中允许用不超过水泥质量的 8%的窑灰代替，掺矿渣时混合材料掺量不得与矿渣硅酸盐水泥重复。

按我国现行标准《通用硅酸盐水泥》规定：矿渣硅酸盐水泥、火山灰质硅酸盐水泥、粉煤灰硅酸盐水泥和复合硅酸盐水泥的技术要求都是相同的。其强度等级分为 32.5、32.5R、42.5、42.5R、52.5、52.5R 六个等级，其各龄期强度值和技术指标与矿渣、火山灰、粉煤灰水泥一样。

复合水泥中掺入两种或者两种以上的混合材料。复掺混合材料，可以明显改善水泥性能，如单掺矿渣，水泥浆容易泌水；单掺火山灰，往往水泥浆黏度大；二者混掺则水泥浆工作性能好，有利于施工。若掺入惰性石灰石，则可起微集料作用。

复合水泥早期强度高于矿渣硅酸盐水泥、火山灰质硅酸盐水泥、粉煤灰硅酸盐水泥，与普通水泥相同甚至略高。其他性质与矿渣硅酸盐水泥、火山灰质硅酸盐水泥相近或略好。使用范围一般同掺大量混合材料的其他水泥。

（五）通用水泥的特性及适用范围

通用硅酸盐水泥中的硅酸盐水泥、普通硅酸盐水泥、矿渣硅酸盐水泥、火山灰质硅酸盐水泥、粉煤灰硅酸盐水泥和复合硅酸盐水泥是在土建工程中应用最广的品种，此六种水泥的特性及适用范围列于表 4.10 中。

表 4.10 六种水泥的主要特性及适用范围

	硅酸盐水泥	普通水泥	矿渣水泥	火山灰水泥	粉煤灰水泥	复合水泥
主要特性	①凝结硬化快、早期强度高 ②水化热大 ③抗冻性好 ④耐热性差 ⑤耐蚀性差 ⑥干缩性较小	①凝结硬化较快、早期强度较高 ②水化热较大 ③抗冻性较好 ④耐热性较差 ⑤耐蚀性较差 ⑥干缩性较小	①凝结硬化慢、早期强度低，后期强度增长较快 ②水化热较小 ③抗冻性差 ④耐热性好 ⑤耐蚀性较好 ⑥干缩性较大 ⑦泌水性大、抗渗性差	①凝结硬化慢、早期强度低，后期强度增长较快 ②水化热较小 ③抗冻性差 ④耐热性较差 ⑤耐蚀性较好 ⑥干缩性较大 ⑦抗渗性较好	①凝结硬化慢、早期强度低，后期强度增长较快 ②水化热较小 ③抗冻性差 ④耐热性较差 ⑤耐蚀性较好 ⑥干缩性较小 ⑦抗裂性较高	①凝结硬化慢、早期强度低，后期强度增长较快 ②水化热较小 ③抗冻性差 ④耐蚀性较好 ⑤其他性能与所掺入的两种或两种以上混合材料的种类、掺量有关
适用范围	早期强度要求高的工程，一般混凝土及预应力混凝土工程，受反复冰冻作用结构，高强度混凝土	同硅酸盐水泥	水下混凝土工程，有抗硫酸盐、软水侵蚀要求的工程，大体积混凝土结构，高温养护的混凝土，有耐热要求的结构	水下混凝土工程，有抗硫酸盐、软水侵蚀要求的工程，大体积混凝土结构，高温养护的混凝土，有抗渗要求的结构	水下混凝土工程，有抗硫酸盐、软水侵蚀要求的工程，大体积混凝土结构，高温养护的混凝土，有抗裂要求的结构	水下混凝土工程，有侵蚀要求较高的工程，大体积混凝土结构，高温养护的混凝土
不适用范围	大体积混凝土、受化学侵蚀及海水侵蚀工程，受流动或者压力软水作用的工程	同硅酸盐水泥	早期要求强度高的工程，有抗冻要求的工程，低温或冬季施工的工程，有抗碳化要求的工程，有耐磨性要求的工程，干燥环境中的工程，有抗渗要求的工程	早期要求强度高的工程，有抗冻要求的工程，低温或冬季施工的工程，有抗碳化要求的工程，有耐磨性要求的工程，干燥环境中的工程	早期要求强度高的工程，有抗冻要求的工程，低温或冬季施工的工程，有抗碳化要求的工程	早期要求强度高的工程，有抗冻要求的工程，低温或冬季施工的工程，有抗碳化要求的工程

三、通用硅酸盐水泥的验收和保管

（一）通用水泥的验收

由于水泥有效期短，质量极容易变化，因此，对进入施工现场的水泥必须进行验收，以检测水泥是否合格，确定水泥是否能够用于工程中。水泥的验收包括标志验收、数量验收、质量验收三个方面。

1. 包装标志的验收（包装有袋装和散装两种）

根据供货单位的发货明细或入库通知单及质量合格证，分别核对水泥包装袋上所瞩目的水泥品种、代号、净含量、强度等级、生产许可证标志（QS）、生产者名称和地址、出厂编号、执行标准号、包装年月日等。掺火山灰质混合材料的普通硅酸盐水泥，必须在包装上标上"掺火山灰"字样。包装袋两侧应印有水泥名称和强度等级。硅酸盐水泥和普通硅酸盐水泥印刷采用红色，矿渣硅酸盐水泥印刷采用绿色；火山灰质硅酸盐水泥、粉煤灰硅酸盐水泥和复合水泥印刷采用黑色或者蓝色。散装水泥供应时须提交与袋装水泥标志内容相同的卡片。

2. 数量的验收

水泥可以散装或袋装，袋装水泥每袋净含量为 50kg，且应不少于标志质量的 99%；随机抽取 20 袋总质量（含包装袋）应不少于 1000kg。其他包装形式由供需双方协商确定，但有关袋装质量要求，应符合上述规定。

3. 质量的验收

检查出厂合格证和出厂检验报告：水泥出厂应有水泥生产厂家的出厂合格证。内容包括厂别、品种、出厂日期、出厂编号和检验报告。检验报告内容应包括出厂检验项目、细度、混合材料品种和掺加量、石膏和助磨剂的品种及掺加量、属旋窑或立窑生产及合同约定的其他技术要求。当用户需要时，生产者应在水泥发出之日起 7d 内寄发除 28d 强度以外的各项检验结果，32d 内补报 28d 强度的检验结果。

4. 交货与验收

交货时水泥的质量验收可抽取实物试样以其检验结果为依据，也可以生产者同编号水泥的检验报告为依据。采取何种方法验收由买卖双方商定，并在合同或协议中注明。

以抽取实物试样的检验结果为验收依据时，买卖双方应在发货前或交货地共同取样和签封。取样方法按 GB12573—2008 进行，取样数量为 20kg，缩分为二等份。一份由卖方保存 40d，一份由买方按《通用硅酸盐水泥》（GB175—2007）规定的项目和方法进行检验。在 40d 以内，买方检验认为产品质量不符合标准要求，而卖方又有异议时，则双方应将卖方保存的另一份试样送省级或省级以上国家认可的水泥质量监督检验机构进行仲裁检验。水泥安定性仲裁检验时，应在取样之日起 10d 以内完成。

以水泥厂同编号水泥的检验报告为验收依据时，在发货前或交货时，买方在同编号水泥中取样，双方共同签封后由卖方保存 90d，或认可卖方自行取样、签封并保存 90d 的同编号水泥的封存样。在 90d 内，买方对水泥质量有疑问时，则买卖双方应将共同认可的试样送省级或省级以上国家认可的水泥质量监督检验机构进行仲裁检验。

5. 复验

按照《混凝土结构工程施工质量规范》（GB50204—2015）以及工程质量管理的有关规定，用于承重结构的水泥，用于使用部位有强度等级要求的混凝土用水泥，出厂超过 3 个月（快硬硅酸盐水泥超过 1 个月）时，应进行复验，并提供试验报告。水泥的抽样复验应符合见证取样送检的有关规定。水泥复验的项目，通常只检测水泥的安定性、强度和其他必要的性能指标。经确认水泥各项技术指标及包装质量符合要求时方可出厂。

（二）通用水泥的保管

入库的水泥应按品种、强度等级、出厂日期分别堆放，并树立标志。做到先到先用，并防止混掺使用。为了防止水泥受潮，现场仓库应尽量密闭。包装水泥存放时，应垫起地面约30cm，离墙亦应在30cm以上。堆放高度一般不要超过10包。临时露天暂存水泥也应用防雨篷布盖严，底板要垫高，并采取防潮措施。

水泥储存时间不宜过长，以免结块降低强度。常用水泥在正常环境中存放3个月，强度会降低10%～20%；存放6个月，强度将降低15%～30%。为此，水泥存放时间按出厂日期起算，超过3个月应视为过期水泥，使用时必须重新检验确定其强度等级。

四、其他品种水泥

（一）道路硅酸盐水泥

以适当成分的生料烧至部分熔融，所得以硅酸钙为主要成分并含有较多量的铁铝酸钙的硅酸盐水泥熟料称为道路硅酸盐水泥熟料。由道路硅酸盐水泥熟料、0%～10%活性混合材料和适量石膏磨细制成的水硬性胶凝材料，称为道路硅酸盐水泥（简称道路水泥）。

1. 技术要求

各交通等级路面所使用水泥的化学成分和物理指标等要求符合表4.11的规定。

表4.11 各交通等级路面所使用水泥的化学成分和物理指标

水泥性能	特重、重交通路面	中、轻交通路面
铝酸三钙	不宜>7.0%	不宜>9.0%
铁铝酸四钙	不宜<15.0%	不宜<12.0%
游离氧化钙	不得>1.0%	不得>1.5%
氧化镁	不得>5.0%	不得>6.0%
三氧化硫	不得>3.5%	不得>4.0%
碱含量	$Na_2O+0.658K_2O \leq 0.6\%$	怀疑有碱活性集料时，≤0.6%；无碱活性集料时，≤1.0%
混合材料种类	不得掺窑灰、煤矸石、火山灰和黏土，有抗盐冻要求时不得掺石灰、石粉	不得掺窑灰、煤矸石、火山灰和黏土，有抗盐冻要求时不得掺石灰、石粉
出磨时安定性	雷氏夹或蒸煮法检验必须合格	蒸煮法检验必须合格
标准稠度需水量	不宜>28%	不宜>30%
烧失量	不得>3.0%	不得>5.0%
比表面积	宜在300～450m²/kg	宜在300～450m²/kg
细度（80μm）	筛余量不得>10%	筛余量不得>10%
初凝时间	不早于1.5h	不早于1.5h
终凝时间	不迟于10h	不迟于10h
28d干缩率	不得>0.09%	不得>0.10%
耐磨性	不得>3.6kg/m²	不得>3.6kg/m²

2．工程应用

道路水泥是一种强度高、特别是抗折强度高，耐磨性好，干缩性小，抗冲击性好，抗冻性和抗硫酸性比较好的专用水泥。它适用于道路路面、机场跑道道面、城市广场等工程。由于道路水泥具有干缩性小、耐磨、抗冲击等特性，可减少水泥混凝土路面的裂缝和磨耗等病害，减少维修。延长路面使用年限，因而可获得显著的社会效益和经济效益。

（二）快硬硅酸盐水泥

凡以硅酸盐水泥熟料和适量石膏磨细制成，以 3d 抗压强度表示强度等级的水硬性胶凝材料称为快硬硅酸盐水泥（简称快硬水泥）。

1．化学性质

（1）氧化镁含量。熟料中氧化镁的含量不得超过 5.0%。如水泥压蒸发安定性试验合格，则熟料中氧化镁的含量允许放宽到 6.0%。

（2）三氧化硫含量。水泥中三氧化硫含量不得超过 4.0%。

2．物理性质

（1）细度。用筛析方法，80 μm 方孔筛筛余量不得大于 10%。

（2）凝结时间。初凝不早于 45min，终凝不得迟于 600min。

（3）安定性。沸煮法检验必须合格。

（4）强度。以 3d 强度表示强度等级，各龄期强度不得低于规定数值。快硬硅酸盐水泥各强度等级各龄期强度值，见表 4.12。

表 4.12　快硬硅酸盐水泥各强度等级各龄期强度值

强度等级	抗压强度（MPa）			抗折强度（MPa）		
	1d	3d	28d	1d	3d	28d
32.5	15.0	32.5	52.5	3.5	5.0	7.2
37.5	17.0	37.5	57.5	4.0	6.0	7.6
42.5	19.0	42.5	62.5	4.5	6.4	8.0

3．工程应用

快硬水泥可用来配置早强、高标号混凝土，适用于紧急抢修工程、低温施工工程和高标号混凝土预制件等。

快硬水泥凝结时间正常，而且终凝和初凝之间的时间间隔很短，早期强度发展很快，后期强度持续增长。用快硬水泥可以配置高早强混凝土。该水泥还适用于制作蒸养条件下的混凝土制品，快硬水泥得其他性能，如干缩、与钢筋黏结等与硅酸盐水泥相似。与使用普通水泥相比，可加快施工进度，加快模板周转，提高工程和制品质量，具有较好的技术经济效益和社会效益。　因水化放热比较集中，不宜用于大体积混凝土工程。

快硬水泥易受潮变质，在运输和贮存时，必须特别注意防潮，并应与其他品种水泥分开贮、运。不得混杂。贮存期不易太长，出厂一个月使用时必须重新进行强度检验。

（三）砌筑水泥

凡由一种或一种以上的水泥混合材料，加入适量硅酸盐水泥熟料和石膏，共同磨细制成的和易性较好的水硬性胶凝材料，称为砌筑水泥，代号 M。水泥中混合材料掺加量按质量百分比计应大于 50%，允许掺入适量的石灰石或窑灰。水泥中混合材料掺加量不得与矿渣硅酸盐水泥重复。

砌筑水泥分为12.5和22.5两个强度等级，初凝时间不小于60min，终凝时间不大于720min。砌筑水泥主要用于砌筑砂浆、抹面砂浆垫层混凝土等，不应用于结构混凝土工程。

（四）铝酸盐水泥

铝酸盐水泥是以铝矾土和石灰石为原料，经煅烧制得的以铝酸钙为主要成分、氧化铝含量约 50%的熟料，再磨制成的水硬性胶凝材料。铝酸盐水泥常为黄或褐色，也有呈灰色的。铝酸盐水泥的主要矿物成为铝酸一钙（$CaO \cdot Al_2O_3$，简写 CA）及其他的铝酸盐，以及少量的硅酸二钙（$2CaO \cdot SiO_2$）等。颜色多为灰色与白色。

铝酸盐水泥有以下性能特点。

（1）铝酸盐水泥凝结硬化速度快。1d 强度可达最高强度的 80%以上，主要用于工期紧急的工程，如国防、道路和特殊抢修工程等。

（2）铝酸盐水泥水化热大，且放热量集中。1d 内放出的水化热为总量的 70%～80%，使混凝土内部温度上升较高，即使在-10℃下施工，铝酸盐水泥也能很快凝结硬化，可用于冬季施工的工程。

（3）铝酸盐水泥在普通硬化条件下，由于水泥石中不含铝酸三钙和氢氧化钙，且密实度较大，因此具有很强的抗硫酸盐腐蚀作用。

（4）铝酸盐水泥具有较高的耐热性。如采用耐火粗细骨料（如铬铁矿等）可制成使用温度达 1300℃～1400℃的耐热混凝土。

但铝酸盐水泥的长期强度及其他性能有降低的趋势，长期强度约降低 40%～50%左右，因此铝酸盐水泥不宜用于长期承重的结构及处在高温高湿环境的工程中，它只适用于紧急军事工程（筑路、桥）、抢修工程（堵漏等）、临时性工程，以及配制耐热混凝土等。

另外，铝酸盐水泥与硅酸盐水泥或石灰相混不但产生闪凝，而且由于生成高碱性的水化铝酸钙，使混凝土开裂，甚至破坏。因此施工时除不得与石灰或硅酸盐水泥混合外，也不得与未硬化的硅酸盐水泥接触使用。

（五）膨胀型水泥及自应力水泥

膨胀水泥，是在水化和硬化过程中产生体积膨胀的水泥。膨胀水泥可以在凝结硬化时能产生一定量的膨胀，从而消除混凝 土因收缩而引起的各种弊病的一种水泥。

1. 主要性能

（1）由膨胀水泥配制的混凝土在水中自由膨胀率为$(8～10)\times10^{-4}$，可在混凝土中建立 0.2～0.6MPa 的自应力，满足补偿收缩要求，可减少或防止混凝土收缩开裂。

（2）膨胀水泥混凝土抗渗标号大于 S30，又称自防水混凝土。用该水泥配制自防水混凝土，省工省料、缩短工期，且耐久性好。

（3）新型膨胀水泥早期强度高，后期强度增长较大，长期强度稳定上升。

（4）膨胀水泥配制的混凝土因内部建立有膨胀自应力，与钢筋产生更强的握裹力。

（5）不含氯盐，对钢筋无锈蚀。

2．分类

（1）按用途分类

无论补偿收缩或预应力混凝土，一般都需在一定限制下工作，以便混凝土硬化后，由限制物所贮存的能量使混凝土建立不同的受压状态。从使用角度看，做如下分类。

①配置补偿收缩混凝土用的膨胀水泥。

②配置自应力混凝土用的自应力水泥。

（2）按引起的化学反应分类

①以形成钙矾石相位膨胀组分的膨胀水泥。

②利用氧化钙水化的膨胀水泥。

③利用氧化镁水化的膨胀水泥。

④利用金属氧化的膨胀水泥。

⑤复合膨胀剂。

（3）按水泥熟料矿物组成分类

①以硅酸盐水泥为基础的膨胀剂。

②以高铝水泥为基础的膨胀水泥。

③以硫铝酸盐水泥熟料为基础的膨胀水泥。

④以铁铝酸盐水泥熟料为基础的膨胀水泥。

⑤以高炉矿渣为基础的膨胀水泥。

（4）膨胀机理

膨胀水泥是由胶凝物质和膨胀剂混合组成的，其膨胀作用是由于水化过程中形成大量膨胀性的物质（如产生较多的膨胀型水化硫铝酸钙）使这种水泥在硬化初期体积膨胀。由于这一过程是在水泥硬化初期进行的，因此并不会引起有害内应力，而仅使硬化的水泥体积膨胀。当水泥膨胀率较大时，在限制膨胀的情况下，能产生一定的自应力。

（5）工程应用

①硅酸盐膨胀水泥

主要是用于制造防水砂浆和防水混凝土。适用于加固结构、浇筑机器底座或固结地脚螺栓，并可用于接缝及修补工程。但禁止在有硫酸盐侵蚀的水中工程中使用。

②低热微膨胀水泥

主要用于较低水化热和要求补偿收缩的混凝土、大体积混凝土，也适用于要求抗渗和抗硫酸盐侵蚀的工程

③硫铝酸盐膨胀水泥

主要用于浇筑构件节点及应用于抗渗和补偿收缩的混凝土工程中。

④自应力水泥

主要用于自应力钢筋混凝土压力管及其配件

任务8　水泥性能检测

水泥试验依据 GB1346—2011《水泥的标准稠度用水量、凝结时间、安定性检验方法》、GB/T17671—1999《水泥胶砂强度试验方法（ISO 法）》、GB/T1345—2005《水泥细度检验方法

筛析法》和 GB/T8074—2008《水泥比表面积测定方法（勃氏法）》进行。试验结果须满足 GB175—2007 标准中规定的质量指标。水泥性能检测的一般规定按如下所述。

1. 取样方法，以同一水泥厂、同品种、同强度等级、同期到达的水泥进行取样和编号。袋装不超过 200t、散装不超过 500t 为一批，每批抽样不少于一次。取样应具有代表性，可连续取，也可在 20 个以上不同部位抽取等量的样品，总量不少于 10kg。

2. 将所取得的样品应充分混合后通过 0.9mm 的方孔筛均分成试验样和封存样。封存样密封保存 3 个月。

3. 试验用水必须是洁净的淡水。

4. 试验室温度应为（20±2）℃，相对湿度应不低于 50%；养护箱温度为（20±1）℃，相对湿度应不低于 90%；养护池水温为（20±1）℃。

5. 水泥试样、标准砂、拌和水及仪器用具的温度应与试验室温度相同。

一、水泥细度测定

水泥细度检验分水筛法和负压筛法两种。如对两种方法检验结果有争议时，以负压筛法为准。硅酸盐水泥细度用比表面积表示。

（一）主要仪器设备

1. 试验筛。试验筛由圆形筛框和筛网组成，筛孔尺寸为 80μm 或 45μm，有负压筛、水筛和手工筛。负压筛应附有透明筛盖，筛盖与筛上口应有良好的密封性。筛网应紧绷在筛框上，筛网和筛框接触处，应用防水胶密封，防止水泥嵌入。

2. 负压筛析仪。负压筛析仪由筛座、负压筛、负压源及收尘器组成，其中筛座由转速为 30±2r/min 的喷气嘴、负压表、控制板、微电机及壳体等构成，筛析仪负压可调范围为 4000～6000Pa。

3. 天平（称量为 100g，感量为 0.01g），烘箱等。

（二）试验准备

将烘干试样通过 0.9mm 的方孔筛，试验时，80μm 筛称取试样 25g，45μm 筛称取试样 10g，均精确至 0.01mm。

（三）试验方法与步骤

1. 负压筛析法

（1）把负压筛放在筛座上，盖上筛盖，接通电源，检查控制系统，调节负压至 4000～6000Pa 范围内。

（2）称取过筛的水泥试样，置于洁净的负压筛中，并放于筛座上，盖上筛盖。

（3）开动筛析仪，并连续筛析 2min，在此期间如有试样黏附于筛盖，可轻轻敲击使试样落下。

（4）筛毕取下，用天平称量筛余物的质量（g），精确至 0.01g。

2. 水筛法

（1）筛析试验前，应检查水中无泥、砂，调整好水压及水筛的位置，使其能正常运转。并控制喷头底面和筛网之间距离为 35～75mm。

（2）称取试样 10g，精度至 0.01g，置于洁净的水筛中，立即用淡水冲洗至大部分细粉通过后，放在水筛架上，用水压为 0.05±0.02MPa 的喷头连续冲洗 3min。筛毕，用少量水把筛余物冲至蒸发皿中，等水泥颗粒全部沉淀后，小心倒出清水，烘干并用天平称量全部筛余物。

（四）结果计算

水泥试样筛余百分数 F（%）按下式计算（精确至 0.1%）：

$$F = R_s / W \times 100\%$$

式中，F——水泥试样的筛余百分率（%）；

R_s——水泥筛余物的质量（g）；

W——水泥试样的质量（g）。

筛析结果应进行修正，修正的方法是将水泥试样筛余百分数乘上试验筛的标定修正系数。

（五）结果评定

每个样品应称取两个试样分别筛析，取筛余平均值为筛析结果。若两次筛余结果绝对误差大于 0.5%时（筛余值大于 5.0%时可放至 1.0%），应再做一次，取两次相近结果的算术平均值，作为最终结果。

二、水泥比表面积测定

水泥比表面积是指单位质量的水泥粉末具有的总表面积，以 m^2/kg 表示。其测定原理是以一定量的空气，透过具有一定空隙率和一定厚度的压实粉层时所受阻力不同而进行测定的。并采用已知比表面积的标准物料对仪器进行校准。

（一）主要仪器

电动勃氏透气比表面仪，由透气圆筒、压力计和抽气装置三部分组成。分析天平（精确至 0.001g）、秒表（精确到 0.5s）、烘箱、滤纸等。

（二）试验步骤

1. 首先用已知密度、比表面积等参数的标准粉对仪器进行校正，用水银排代法测粉料层的体积，同时须进行漏气检查。

2. 根据所测试样的密度和试料层体积等计算出试样量，称取烘干备用的水泥试样，制备粉料层。

3. 进行透气试验，开动抽气泵，使比表面仪压力计中液面上升到一定高度，关闭旋塞和气泵，记录压力计中液面由指定高度下降至一定距离时的时间，同时记录试验温度。

（三）结果计算

当试验时温差≤3℃，且试样与标准粉具有相同的孔隙率时，水泥比表面积 S 可按下式计算（精确至 $10\,cm^2/g$）：

$$S = \frac{S_s \rho_s \sqrt{T}}{\rho \sqrt{T_s}} \quad (cm^2/g)$$

式中，ρ、ρ_s——分别为水泥与标准试样的密度（g/cm^3）；

T、T_s——分别为水泥试样与标准试样在透气试验中测得的时间（s）；

S_s——标准试样的比表面积（cm^2/g）。

当试验温差>3℃、试料层的空隙率与标准试样不同时，应按 GB/T8074—2008 中具体步骤进行测定。水泥比表面积应由二次试验结果的平均值确定，如两次试验结果相差 2%以上时，应重新试验。并将结果换算成 m²/kg 为单位。

三、水泥标准稠度用水量测定（标准法）

水泥标准稠度净浆对标准试杆的沉入具有一定阻力。通过试验不同含水量水泥浆的穿透性，以确定水泥标准稠度净浆中所需加入的水量。

（一）主要仪器设备

1．水泥净浆搅拌机。由主机、搅拌叶 搅拌锅组成。搅拌叶片以双转双速转动。其质量符合 JC/T729 的要求。

2．标准法维卡仪。如图 4.5 所示，标准稠度测定用试杆有效长度为 50±1mm、由直径为 Φ10±0.05mm 的圆柱形耐腐蚀金属制成。测定凝结时间时取下试杆，用试针代替试杆。试针由钢制成，其有效长度初凝针为 50±1mm、终凝针为 30±1mm、直径为 Φ1.13±0.05mm 的圆柱体。滑动部分的总质量为 300±1g。与试杆、试针联结的滑动杆表面应光滑，能靠重力自由下落，不得有紧涩和旷动现象。盛装水泥净浆的试模应由耐腐蚀的、有足够硬度的金属制成。试模为深 40±0.2mm、顶内径Φ65±0.5mm、底内径Φ75±0.5mm 的截顶圆锥体。每个试模应配备一个边长约 100mm，厚度 4mm～5mm 的平板玻璃底板或金属底板。

3．天平、铲子、小刀、量筒等。

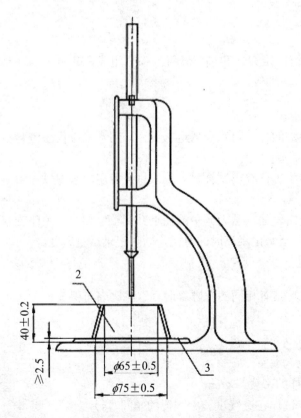
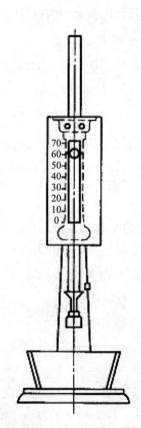

（a）初凝时间测定用立式试模侧视图　　（b）终凝时间测定用反转式试模前视图

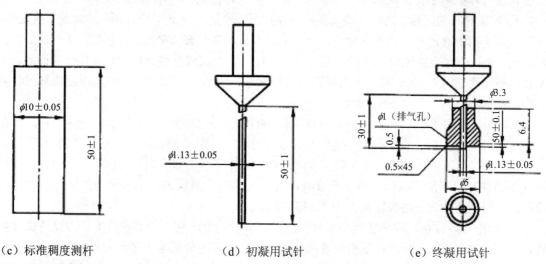

（c）标准稠度测杆　　　　　（d）初凝用试针　　　　　（e）终凝用试针

图 4.5　测定水泥标准稠度用水量和凝结时间的维卡仪

（二）试验步骤

1. 试验前的准备工作

维卡仪金属棒能自由滑动；调整至试杆接触玻璃板时指针对准零点；搅拌机运行正常。

2. 水泥净浆的拌制

用水泥净浆搅拌机搅拌，搅拌锅和搅拌叶片先用湿布擦过，将拌和水倒入搅拌锅内，然后在 5s～10s 内小心将称好的 500g 水泥加入水中，防止水和水泥溅出；拌和时，先将锅放在搅拌机的锅座上，升至搅拌位置，启动搅拌机，低速搅拌 120s，停 15s，同时将叶片和锅壁上的水泥浆刮入锅中间，接着高速搅拌 120s 停机。

3. 标准稠度用水量的测定步骤

拌和结束后，立即将拌制好的水泥净浆装入已置于玻璃底板上的试模中，用小刀插捣，轻轻振动数次，刮去多余的净浆；抹平后迅速将试模和底板移动到维卡仪上，并将其中心定在试杆下，降低试杆直至与水泥净浆表面接触，拧紧螺丝 1～2s 后，突然放松，使试杆垂直自由地深入水泥净浆中。在试杆停止沉入或释放试杆 30s 时记录试杆距底板之间的距离，升起试杆后，立即控净；整个操作应在搅拌后 1.5min 内完成。以试杆沉入净浆并距底板 6±1mm 的水泥净浆为标准稠度净浆。其拌和水量为水泥的标准稠度用水量（P），按水泥质量的百分比计。

四、水泥凝结时间测定

（一）主要仪器设备

标准法维卡仪，如图 4.5 所示，其他仪器设备同标准稠度测定。

（二）试验步骤

1. 测定前的准备工作。 调整凝结时间测定仪的试针接触玻璃板时，指针对准零点。

2. 试件制备。 以标准稠度用水量制成标准稠度净浆，一次装满试模，振动数次刮平，立即放入湿气养护箱中。记录水泥全部加入水中的时间作为凝结时间的起始时间。

3.初凝时间的测定。试件在湿气养护中养护至加水后 30min 时进行第一次测定。测定时，从湿气养护箱中取出试模放到试针下，降低试针与水泥净浆表面接触。拧紧螺丝 1~2s 后，突然放松，试针垂直自由地沉入水泥净浆。观察试针停止下沉或释放试针 30s 时指针的读数。当试针沉到距底板 4±1mm 时，为水泥达到初凝状态；由水泥全部加入水中至初凝状态的时间为水泥的初凝时间，用"min"表示。

4.终凝时间的测定。为了准确测试针沉入的状况，在终凝针上安装了一个环形附件。在完成初凝时间测定后，立即将试模连同浆体以平移的方式从玻璃板取下，翻转 180°，直径大端向上，小端向下放在玻璃板上，再放入湿气养护箱中继续养护，当试针沉入试体 0.5mm 时，即环形附件开始不能在试体上留下痕迹时，为水泥达到终凝状态，由水泥全部加入水中至终凝状态的时间为水泥的终凝时间，用"min"表示。

5.测定时应注意，在最初测定的操作时应轻轻扶持金属柱，使其徐徐下降，以防试针撞弯，但结果以自由下落为准；在整个测试过程中试针沉入的位置至少要距试模内壁 10min。临近初凝时，每隔 5min 测定一次，临近终凝时每隔 15min 测定一次，到达初凝或终凝时应立即重复一次，当两次结论相同时才能定为到达初凝或终凝状态。每次测定不能让试针落入原针孔，每次测试完毕须将试针擦净并将试模放回湿气养护箱内，整个测试过程要防止试模受振。

五、水泥安定性测定

用沸煮法鉴定游离氧化钙对水泥安定性的影响。安定性试验分雷氏法和试饼法（代用法）两种，有争议时以雷氏法为准。

（一）主要仪器设备

1.沸煮箱。有效容积为 410mm×240mm×310mm，内设篦板及加热器两组，能在 30±5min 内将一定量的水由 20℃升至沸腾，并保持恒沸 3h。

2.雷氏夹。不锈钢或铜质材料制成，形状如图4.6（a）所示，当用 300g 砝码校正时，二根针的针尖距离增加应在 17.5±2.5mm 范围内，如图4.6（b）所示。

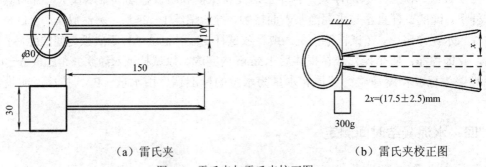

（a）雷氏夹　　　　　　　　　　　　　（b）雷氏夹校正图

图4.6　雷氏夹与雷氏夹校正图

3.雷氏夹膨胀测定仪。标尺最小刻度为 1mm。

4.净浆搅拌机、天平、标准养护箱、小刀等。

（二）试验步骤

1．试饼法（代用法）

（1）将制备好的标准稠度的水泥净浆取出约 150g，分成两等份，使之呈球形，放在已涂油的玻璃板上，用手轻振玻璃板使水泥浆摊开，并用小刀由边缘向中央抹动，做成直径 70～80mm、中心厚约 10mm 边缘渐薄、表面光滑的试饼，放入标准养护箱内标养 24±2h。

（2）除去玻璃板并编号，先检查试饼，在无缺陷的情况下放于沸煮箱的篦板上，调好水位与水温，接通电源，在 30±5min 内加热至沸并恒沸 180±5min。

（3）沸煮结束后放掉热水、冷却至室温，用目测未发现裂纹，用直尺检查平面也无弯曲现象时为安定性合格，反之为不合格。当两个试饼判别结果有矛盾时，也判为不合格。

2．雷氏法

（1）每个雷氏夹应配备重量为 75～85g 玻璃板两块，一垫一盖，每组成型两个试件，先将雷氏夹与玻璃板表面涂上一薄层机油。

（2）将制备好的标准稠度的水泥浆装满雷氏夹圆模，并轻扶雷氏夹，用小刀插捣 15 次左右后抹平，并盖上涂油的玻璃板。随即将成型好的试模移至标养箱内，养护 24±2h。

（3）除去玻璃板，测量雷氏夹指针尖端间的距离（A），精确至 0.5mm，接着将试件放在沸煮箱内水中篦板上，针尖朝上，与试饼法相同的方法沸煮。

（4）取出沸煮后冷却到室温的试件，用膨胀值测定仪测量试件雷氏夹指针两针尖之间的距离（C），计算膨胀值（C－A），取 2 个试件膨胀值的算术平均值，若不大于 5mm 时，则判定该水泥安定性合格。若 2 块膨胀值相差超过 4mm 时，应用同种水泥重做试验。再如此，则认为该水泥安定性不合格。

六、水泥胶砂强度测定

（一）主要仪器设备

1．行星式胶砂搅拌机（ISO679），由胶砂搅拌锅和搅拌叶片相应的机构组成，搅拌叶片呈扇形，工作时搅拌叶片既绕自身轴线自转又沿搅拌锅周边公转，并且具有高低两种速度，自转低速时为 140±5r/min，高速时为 285±10r/min；公转低速时为 62±5r/min，高速时为 125±10r/min。叶片与锅底、锅壁的工作间隙为 3±1mm。

2．胶砂试件成型振实台（ISO679）。由可以跳动的台盘和使其跳动的凸轮等组成，振实台振幅 15±0.3mm，振动频率 60 次/（60±2）s。

3．胶砂振动台。可作为振实台的代用设备，其振幅为 0.75±0.02mm，频率为 2800～3000 次/min。台面装有卡具。

4．试模。可装拆的三联模，模内腔尺寸为 40mm×40mm×160mm，如图 4.7 和图 4.8 所示。

5．下料漏斗。下料口宽为 4～5mm；二个播料器和一个刮平直尺。

6．水泥电动抗折试验机。游铊移动速度为 5cm/min。

7．压力试验机与抗压夹具。压力机最大荷载以 200～300kN 为宜，误差不大于±1%，并有按 2.4±0.5kN/s 速率加荷功能，抗压夹具由硬钢制成，加压板受压面积为 40mm×40mm，加压面必须磨平。

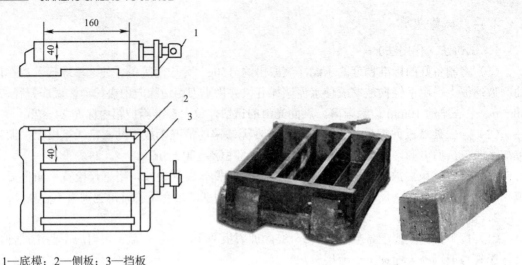

1—底模；2—侧板；3—挡板

图 4.7　试模　　　　　　　图 4.8　标准水泥试模与水泥胶砂试块

（二）胶砂制备与试件成型

1．将试模擦净、模板四周与底座的接触面上应涂黄油、紧密装配、防止漏浆。内壁均匀刷一薄层机油。

2．标准砂应符合 GB/T17671—1999 中国 ISO 标准砂的质量要求。试验采用灰砂比为 1∶3，水灰比 0.50。

3．每成型 3 条试件需称量：水泥 450g、标准砂 1350g、水 225ml。

4．胶砂搅拌。用 ISO 胶砂搅拌机进行，先把水加入锅内，再加入水泥，把锅放在固定器上，上升至固定位置然后立即开动机器，低速搅拌 30s 后，在第二个 30s 开始的同时均匀地将砂子加入（一般是先粗后细），再高速搅拌 30s 后，停拌 90s，在第一个 15s 内用一胶皮刮具将叶片和锅壁上的胶砂刮入锅中间，在调整下继续搅拌 60s。各个搅拌阶段，时间误差应在 ±1s 以内。

5．试件用振实台成型时，将空试模和套模固定在振实台上，用勺子直接从搅拌锅内将胶砂分两层装模。装第一层时，每个槽里约放入 300g 胶砂，并用大播料器播平，接着振动 60 次，再装入第二层胶砂，用小播料器播平，再振动 60s。移走套模，从振实台上取下试模，用一金属尺近似 90° 的角度架在试模模顶的一端，沿试模长度方向以横向锯割动作慢慢向另一端移动，一次将超过试模部分的胶砂刮去，并用同一直尺以近乎水平的情况下将试件表面抹平。

（三）试件养护

1．将成型好的试件连模放入标准养护箱（室）内养护，在温度为（20±1）℃、相对湿度不低于 90% 的条件下养护 20～24h 之间脱模（对于龄期为 24h 的应在破型试验前 20min 内脱模）。

2．将试件从养护箱（室）中取出，用墨笔编号，编号时应将每只模中三条试件编在两龄期内，同时编上成型与测试日期。然后脱膜，脱模时应防止损伤试件。硬化较慢的水泥允许 24h 以后脱模，但须记录脱模时间。

3．试件脱模后立即水平或竖直放入水槽中养护，养护水温为（20±1）℃，水平放置时刮平面应朝上，试件之间留有间隙，水面至少高出试件 5mm。最初用自来水装满水池，并随时加水以保持恒定水位，不允许在养护期间全部换水。

（四）水泥抗折强度试验

1. 各龄期的试件，必须在规定的时间 $24\pm15min$、$48\pm30min$、$72\pm45min$、$7d\pm2h$、$28d\pm8h$ 内进行强度测试，于试验前 15min 从水中取出三条试件。

2. 测试前须先擦去试件表面的水分和砂粒，清除夹具上圆柱表面黏着的杂物，然后将试件安放到抗折夹具内，应使试件侧面与圆柱接触。

3. 调节抗折仪零点与平衡，开动电机以（50 ± 10）N/s 速度加荷，直至试件折断，记录抗折破坏荷载 F_f（N）。

4. 按下式计算抗折强度 f_f（精确至 0.1MPa）。

$$f_f = \frac{3F_f L}{2bh^2}$$

式中，L——抗折支撑圆柱中心距，$L=100mm$；

b、h——分别为试件的宽度和高度，均为 40mm。

5. 抗折强度结果取三块试件的平均值。当三块试件中有一块超过平均值的 $\pm10\%$ 时，应予剔除，取其余两块的平均值作为抗折强度试验结果。

（五）水泥抗压强度试验

1. 抗折试验后的六个断块试件应保持潮湿状态，并立即进行抗压试验，抗压试验须用抗压夹具进行。清除试件受压面与加压板间的砂粒杂物，以试件侧面作受压面，并将夹具置于压力机承压板中央。

2. 开动试验机，以 $2.4\pm0.2kN/s$ 的速度进行加荷，直至试件破坏。记录最大抗压破坏荷载 F_c（N）。

3. 按下式计算抗压强度 f_c（精确至 0.1MPa）。

$$f_c = \frac{F_C}{A}$$

式中，A——试件的受压面积，即 $40mm\times40mm=1600mm^2$。

4. 六个抗压强度试验结果中，有一个超过六个算术平均值的 $\pm10\%$ 时，剔除最大超过值，以其余五个的算术平均值作为抗压强度试验结果，如五个测定值中再有超过它们平均数 $\pm10\%$ 时，则此组结果作废。

【自 我 测 验 】

一、填空

1. 普通水泥的细度用＿＿＿＿＿＿＿＿＿＿表示。

2. 但当石膏掺量过多时，易导致水泥的＿＿＿＿＿＿＿＿不合格。

3. 硅酸盐水泥熟料中，C3S、C3A 含量越多，其水化热越＿＿＿＿＿；凝结硬化越＿＿＿＿；抗侵蚀性越＿＿＿＿。

4. 常用的活性混合材料的种类有_____、_____、_____。

5. 硅酸盐水泥的矿物中对水泥后期强度提高有较大影响的是_____矿物。

6. 国家标准规定：硅酸盐水泥的初凝时间不得早于_____，终凝时间不得迟于_____。

7. 活性混合材的主要化学成分是_____。

8. 生产硅酸盐水泥时掺入适量石膏的目的是起_____作用。

9. 与硅酸盐水泥相比，火山灰水泥的水化热_____。

10. 硅酸盐水泥的强度等级是以_____确定的。

二、名词解释

1. 安定性
2. 水泥石腐蚀
3. 活性混合材料
4. 非活性混合材料

三、判断题

1. 粒化高炉矿渣是一种非活性混合材料。（   ）

2. 硅酸盐水泥不适用于有防腐要求的混凝土工程。（   ）

3. 硅酸盐水泥抗冻性好，因此特别适用于冬季施工。（   ）

4. 有抗渗性要求的混凝土不宜选用矿渣硅酸盐水泥。（   ）

5. 粉煤灰水泥与硅酸盐水泥相比，因为掺入了大量的混合材，故其强度也降低了。（   ）

6. 火山灰水泥适合于有抗渗要求的混凝土工程。（   ）

7. 火山灰水泥虽然耐热性差，但可用于蒸汽养护。（   ）

8. 水泥的强度等级不符合标准可以降低等级使用。（   ）

9. 水泥的体积安定性不合格可以降低等级使用。（   ）

10. 水泥储存超过三个月，应重新检测，才能决定如何使用。（   ）

四、单选题

1. 下列哪种工程中宜优先选用硅酸盐水泥？（   ）

A. 地下室混凝土   B. 耐碱混凝土

C. 耐酸混凝土   D. 预应力混凝土

2. 国家规范中规定，水泥（   ）检验不合格，需作废品处理。

A. 强度   B. 细度   C. 初凝时间   D. 终凝时间

3. 在水泥中掺入部分优质生石灰，由于生石灰消解时体积膨胀（   ）。

A. 会使水泥安定性不良   B. 会使水泥无法正常凝结

C. 对水泥安定性没有影响   D. 对水泥凝结没有影响。

4. 以下水泥熟料矿物中早期强度及后期强度都比较高的是（   ）。

A. C_3S B. C_2S C. C_3A D. C_4AF

5. 下列水泥中，耐磨性最好的是（   ）。

A. 硅酸盐水泥   B. 粉煤灰水泥   C. 矿渣水泥   D. 火山灰水泥

6. 硅酸盐水泥熟料矿物中，水化热最高的是（   ）。

A. C_3S B. C_2S C. C_3A[D. C_4AF

7. 砼大坝内部不宜选用以下哪种水泥？（   ）

A. 普通水泥   B. 粉煤灰水泥   C. 矿渣水泥   D. 火山灰水泥

8. 在正常条件下，通用水泥的使用有效期限为（   ）月。

A. 3   B. 6   C. 9   D. 12

9. 干燥环境中有抗裂要求的混凝土宜选择的水泥是（   ）。

A. 矿渣水泥   B. 普通水泥   C. 粉煤灰水泥   D. 火山灰水泥

10. 冬季施工混凝土结构工程优先选用的水泥（   ）。

A. 硅酸盐水泥   B. 普通硅酸盐水泥   C. 矿渣硅酸盐水泥   D. 火山灰质硅酸盐水泥

11. 硅酸盐水泥石耐热性差，主要是因为水泥石中含有较多的（   ）。

A. 水化铝酸钙   B. 水化铁酸钙   C. 氢氧化钙   D. 水化硅酸钙

五、问答题

1. 某住宅工程工期较短，现有强度等级同为 42.5 硅酸盐水泥和矿渣水泥可选用。从有利于完成工期的角度来看，选用哪种水泥更为有利？

2. 为什么说硅酸盐水泥不宜用于大体积工程？

3. 现有甲、乙两厂生产的硅酸盐水泥熟料，其矿物成分如下表，试估计和比较这两厂所生产的硅酸盐水泥的性能有何差异？

生产厂	熟料矿物成分（%）			
	C_3S	C_2S	C_3A	C_4AF
甲	56	17	12	15
乙	42	35	7	16

4. 什么是水泥的体积安定性？造成水泥体积安定性不良的原因有哪些？

5. 硅酸盐水泥的侵蚀有哪些类型？内因是什么？防止腐蚀的措施有哪些？

6. 影响常用水泥性能的因素有哪些？

7. 何谓活性混合材料和非活性混合材料？它们加入硅酸盐水泥中各起什么作用？硅酸盐水泥常掺入哪几种活性混合材料？

项目五　砂浆的性能与检测

【知识目标】

1. 知道砌筑砂浆的分类和组成材料的技术要求。
2. 熟知砌筑砂浆的技术性质，熟悉其配合比设计的方法和步骤。
3. 知道抹面砂浆的分类和主要技术要求。
4. 知道保温砂浆的性质和工程应用。

【技能目标】

1. 砌筑砂浆的稠度试验。
2. 建筑砂浆分层度测定。
3. 砌筑砂浆的保水性试验。
4. 建筑砂浆的抗压强度测定。

任务 9　砂 浆 性 能

砂浆是由胶凝材料、细骨料、掺加料和水配制而成的建筑工程材料。它与普通混凝土的主要区别是组成材料中是否有粗骨料，因此，建筑砂浆也称为细骨料混凝土。建筑砂浆的作用主要有以下几个方面：在结构工程中，把单块的砖、石、砌块等胶结起来构成砌体，砖墙的勾缝、大型墙板和各种构件的接缝也离不开砂浆；在装饰工程中，墙面、地面及梁柱结构等表面的抹灰，镶贴天然石材、人造石材、瓷砖、锦砖等也都要使用砂浆。

根据用途不同，建筑砂浆可分为砌筑砂浆、抹面砂浆（普通抹面砂浆、装饰砂浆等）、特种砂浆（防水砂浆、隔热砂浆、耐腐蚀砂浆、吸声砂浆等）；根据胶凝材料不同，可分为水泥砂浆、石灰砂浆、聚合物砂浆和混合砂浆等；根据生产方式不同，分为现场配制砂浆和预拌砂浆。

一、砌筑砂浆

在砌体结构中，将砖、石、砌块等块体材料黏结成为砌体的砂浆称为砌筑砂浆。它起着黏结、铺垫和传力作用。是砌体的重要组成部分。

（一）砌筑砂浆的组成材料

1. 胶凝材料

（1）胶凝材料及掺加料砌筑砂浆常用的胶凝材料是水泥，其品种应根据砂浆的用途及使用环境来选择。水泥强度等级宜为砂浆强度等级的 4～5 倍，用于配制水泥砂浆的水泥强度等级不宜大于 32.5R，用于配制水泥混合砂浆的水泥强度等级不宜大于 42.5R。若水泥强度过高，应加掺加料予以调整。

为改善砂浆的和易性，降低水泥用量，往往在水泥砂浆中加入石灰膏、电石膏、粉煤灰、黏土膏等掺加料。常用胶凝材料及掺加料质量要求见表5.1。

表5.1　砂浆胶凝材料及掺加料的选用及质凸要求

胶凝材料种类	常用胶凝材料	质量要求
水泥	普通水泥、矿渣水泥、粉煤灰水泥、复合水泥、火山灰水泥、砌筑水泥	（1）水泥品种、强度等级应符合设计要求 （2）出厂超过三个月的水泥应经检验后方可使用 （3）受潮结块的水泥应过筛并检验后使用
石灰	块状生石灰经熟化成石灰膏后使用	（1）消化时应用孔径不大于3mm×3mm的网过滤，消化时间不得少于7d （2）石灰膏应洁白、细腻，不得含有未消化颗粒。已冻结风化或脱水硬化的石灰膏不得使用 （3）消石灰粉不得直接用于砌筑砂浆中
石膏	建筑石膏、电石膏	凝结时间应符合有关规定，电石渣应经20min加热至70℃没有乙炔味方可使用
黏土	砂质黏土	（1）采用干法时，应将黏土烘干磨细后，直接投入搅拌机 （2）采用湿法时，应将黏土加水淋浆，通过孔径不大于3mm×3mm的网过筛，沉淀后投入搅拌

2．细骨料（砂）

细骨料砌筑砂浆用细骨料主要为天然砂，宜选用中砂，应符合《建设用砂》（GB/T14684—2011）的规定，且应全部通过4.75mm的筛孔。其中毛石砌体宜选用粗砂。砂的含泥量，对水泥砂浆和强度等级不小于M5的水泥混合砂浆不应超过5%，强度等级小于M5的水泥混合砂浆，不应超过10%。这里应指出，砂的含泥量与砂浆中掺入黏土膏是不同的两种物理概念，砂子含泥量是包裹在砂子表面的泥，会增加水泥用量，使砂浆收缩值增大，耐水性降低，影响砌筑质量。而黏土膏是高度分散的土颗粒，并且土颗粒表面有一层水膜，可以改善砂浆和易性、填充孔隙。

3．掺合料与外加剂

为了改善砂浆的和易性和节约水泥、降低砂浆成本，在配制砂浆时，常在砂浆中掺入适量的磨细生石灰、石灰膏、电石膏、粉煤灰、粒化高炉矿渣粉、硅灰、天然沸石粉等物质作为掺合料。应符合下列规定。

（1）生石灰先熟化成石灰膏，应用孔径不大于3mm×3mm的网过滤，且熟化时间不得少于7d；磨细生石灰粉的熟化时间不得小于2d。沉淀池中储存的石灰膏，应采取防止干燥、冻结和污染的措施。严禁使用脱水硬化的石灰膏，因为脱水硬化的石灰膏不但起不到塑化作用，还会影响砂浆的强度。磨细生灰粉必须熟化成石灰膏才可以使用。严寒地区，磨细生石灰粉直接加入砌筑砂浆中属冬季施工措施。

（2）制作电石膏的电石渣应用孔径不大于3mm×3mm的网过滤，检验时应加热至70℃并保持20min，没有乙炔气味后，方可使用。

（3）消石灰粉不得直接用于砌筑砂浆中。消石灰粉是未充分熟化的石灰，颗粒太粗，起不到改善和易性的作用，还会大幅度降低砂浆强度。

（4）石灰膏、电石膏试配时的稠度，应为 120±5mm。如稠度不在规定范围内，可按表 5.2 进行换算。

表 5.2　石灰膏不同稠度时的换算系数

石灰膏稠度（mm）	120	110	100	90	80	70	60	50	40	30
换算系数	1.00	0.99	0.97	0.95	0.93	0.92	0.99	0.88	0.87	0.86

（5）砌筑砂浆中的水泥和石灰膏、电石膏等材料的用量可按表 5.3 选用。

表 5.3　砌筑砂浆材料用量（JCJ/T 98—2010）

砂浆种类	材料用量（kg·m⁻³）
水泥砂浆	≥200
水泥混合砂浆	≥350
预拌砌筑砂浆	≥200

注：1. 水泥砂浆中的材料用量指水泥用量。

2. 水泥混合砂浆中的材料用量指水泥和石灰膏、电石膏的材料总量。

3. 预拌砌筑砂浆中的材料用量指胶凝材料用量，包括水泥和替代水泥的粉煤灰等活性矿物掺合料

（6）粉煤灰、粒化高炉矿渣粉、硅灰、天然沸石粉应分别符合国家现行标准《用于水泥和混凝土中的粉煤灰》（GB/T1596—2005）、《用于水泥和混凝土的粒化高炉矿渣粉》（GB/T18046—2008）、《高强度性能混凝土用矿物外加剂》（GB/T18736—2002）等的规定。当采用其他品种矿物掺合料时，应有可靠的技术依据，并应在使用前进行试验验证。

（7）采用保水增稠材料（改善砂浆可操作性及保水性能的非石灰类材料）时，应在使用前进行试验验证，并应有完整的型式检验报告。

（8）外加剂应符合国家现行有关标准的规定，引气型外加剂还应有完整的型式检验报告。

4. 拌和用水

拌制砂浆用水与混凝土拌和用水的要求相同，应满足《混凝土用水标准》（JGJ63—2006）规定的质量要求。

（二）砌筑砂浆的基本要求

1. 表观密度。拌和物硬化后。在荷载作用下，温度、湿度发生变化时，会产生变形。如果变形过大或变形不均匀，砌体的整体性下降，产生沉陷或裂缝，影响到整个砌体的质量。因此，砂浆拌和物必须具有一定的表观密度，以保证硬化后的密实度，各种变形的影响，满足砌体力学性能的要求。砌筑砂浆拌和物的表观密度宜符号表 5.4 的规定。

表 5.4　砌筑砂浆的表观密度

砂浆种类	材料用量（kg·m⁻³）
水泥砂浆	≥1900
水泥混合砂浆	≥1800
预拌砌筑砂浆	≥1800

2. 和易性

新拌砂浆应具有良好的和易性。和易性良好的砂浆易在粗糙的砖、石基面上铺成均匀的薄层，且能与基层紧密黏结，这样，既便于施工操作，提高劳动生产率，又能保证工程质量。砂浆的和易性包括稠度（流动性）和保水性两方面的含义。

（1）流动性（砂浆稠度）是指砂浆在自重或外力作用下产生流动的性质。稠度用砂浆稠度测定仪测定，以沉入度（mm）表示。影响砂浆稠度的因素很多，如胶凝材料种类及用量、用水量、砂子粗细和粒形、级配、搅拌时间等。砂浆稠度的选择与砌体材料以及施工气候情况有关，一般可根据施工操作经验来确定，具体可按表 5.5 选择。

表 5.5　砌筑砂浆的施工稠度〔JGJ/T98—2010〕

砌体种类	砂浆稠度（mm）
烧结普通砖砌体、粉煤灰砖砌体	70～90
混凝土砖砌体、普通混凝土小型空心砌块砌体、灰砂砖砌体	50～70
烧结多孔砖、烧结空心砖砌体、轻集料小型混凝土空心砖块砌体、蒸压加气混凝土砌块砌体	60～80
石砌体	30～50

（2）保水性。砂浆的保水性是指新拌砂浆保持其内部水分的性能。保水性不好的砂浆在运输、停放和施工过程中，不仅容易产生离析和泌水现象，如果铺抹在吸水的基层上，还会因水分被吸收，砂浆变的干稠，既造成施工困难，又影响胶凝材料正常水化硬化，使强度和黏结力下降。为了提高砂浆的保水性，往往掺入适量的石灰膏和保水增稠材料。砂浆的保水性用保水率表示。保水率值越大，表明砂浆保持水分的能力越强。《砌筑砂浆配合比设计规程》（JGJ/T 98—2010）对砌筑砂浆的保水率规定见表 5.6。

表 5.6　砌筑砂浆的保水率

砂浆种类	保水率（%）
水泥砂浆	≥80
水泥混合砂浆	≥84
预拌砌筑砂浆	≥88

砂浆保水性性能用砂浆保水率表示，其计算公式为（精确至 0.1%）：

$$W = \left(1 - \frac{m_4 - m_2}{\alpha \times (m_3 - m_1)}\right) \times 100\%$$

式中，W——保水率（%）；

　　m_1——底部不透水片与干燥试模质量（g），精确至 1g；

　　m_2——15 片纸滤纸吸水钱前的质量（g），精确至 0.1g；

　　m_3——试模，底部不透水片与砂浆总质量（g），精确至 1g；

　　m_4——15 片滤纸吸水后的质量（g），精确至 1g；

　　α——砂浆含水率（%）。

大量试验及工程施工实例表明，为了保证砂浆的保水性能，满足保水率的要求，砌筑砂浆的胶凝材料及掺和材料总用量要满足一定的要求，见表5.7。

表5.7　砌筑砂浆的胶凝材料和掺和材料总用量

砂浆种类	1m³砂浆的材料用量（kg）	材料种类
水泥砂浆	≥200	水泥
水泥混合砂浆	≥350	水泥和石灰膏、电石膏等材料
预拌砌筑砂浆	≥200	胶凝材料包括水泥、粉煤灰等所有活性矿物掺和材料

3．强度及强度等级

砂浆在砌体结构中主要起着传递应力的作用，因此，工程上常以抗压强度作为砂浆的主要技术指标。《砌筑砂浆基本性能试验方法标准》（JGJ/T70—2009）规定，砂浆强度等级是以70.7mm×70.7mm×70.7mm 的 3 个立方体试件，在标准条件[试件在室温为（20±5）℃的环境下静置 24±2h，拆模后立即放入温度为 20±2℃，相对湿度为 90%以上的标准养护室]下，用标准试验方法测得 28d 龄期的抗压强度的平均值来划分。水泥砂浆的强度等级共分 M_5、$M_{7.5}$、M_{10}、M_{15}、M_{20}、M_{25}、M_{30} 七个等级，混合砂浆的强度等级共分为 M_5、$M_{7.5}$、M_{10}、M_{15} 四个等级，砌筑砂浆强度等级为 M_{10} 及 M_{10} 以下，宜采用水泥砂浆混合砂浆。

影响砌筑砂浆强度的因素有材料性质、配比、施工质量等，此外还受基层材料表面吸水性的影响。

（1）不吸水基层（如致密石材），这时影响砂浆强度的主要因素与混凝土基本相同，即主要决定于水泥强度和水灰比。计算公式为

$$f_{m,k} = 0.29 f_{ce}(\frac{C}{W} - 0.40)$$

式中，$f_{m,k}$——砂浆 28d 的抗压强度（MPa）；

f_{ce}——水泥 28d 实测强度（MPa）；

$\dfrac{C}{W}$——为砂浆的胶水比。

（2）吸水基层，用于吸水基层（砖和其他多孔材料）时，砂浆的水分要被底面的材料吸去一些，由于砂浆具有保水性，因而不论拌和时加入多少水，经底面吸水后保留在砂浆中的水量大致相同。在这种情况下，砂浆的强度主要决定于水泥强度等级和水泥用量，而与水灰比无关，计算公式为

$$f_{m,k} = \frac{\alpha f_{ce} Q_C}{1000} + \beta$$

式中，$f_{m,k}$——砂浆 28d 的抗压强度（MPa）；

f_{ce}——水泥 28d 实测强度（MPa）；

Q_C——每立方米砂浆的水泥用量（kg）；

α、β——砂浆的特征系数，其中 $\alpha = 3.03$，$\beta = -15.09$。

砂浆强度试块的留置规定：每一层楼或每 250m³ 砌体中的各种设计强度等级的砂浆，至少制作一组试块（每组 6 块），若砂浆强度等级或配合比变更时，还应制作试块。

4．砂浆的黏结性

砖石砌体是靠砖浆把许多块状材料黏结成为一坚固整体的，因此要求砂浆对于砖石要有

一定的黏结力。一般情况，砂浆的抗压强度越高其黏结力越大。此外，砂浆的黏结力与砖石表面状态、清洁程度、湿润情况以及施工养护条件等都有相当关系。如砌砖前要先浇水湿润，表面不沾泥土，就可以提高砂浆的黏结力，保证砌体的质量。

5．变形性

砂浆在随荷载或温度情况变化时，容易变形。如果变形过大或不均匀，则会降低砌体及表面质量，引起沉陷或开裂。在使用轻骨料拌制的砂浆时，其收缩变形比普通砂浆大。

6．砂浆的抗冻性

有抗冻性要求的砌体工程，砌筑砂浆应进行冻融试验。砌筑砂浆的抗，冻性应符合表5.8规定，如果对抗冻性有明确的设计要求，还应符合设计规定。

表5.8　砌筑砂浆的抗冻性（JGJ/T98—2010）

使用条件	抗冻指数	质量损失（%）	强度损失（%）
夏热冬暖地区	F15		
夏热冬冷地区	F25	≤5	≤25
寒冷地区	F35		
严寒地区	F50		

（三）普通砌筑砂浆的配合比设计

砌筑砂浆要根据工程类别及砌体部位的设计要求，选择其强度等级，再按砂浆强度等级来确定配合比。

确定砂浆配合比，一般通过查有关资料或手册来选取，重要工程用砂浆或者无参考资料时，可根据《砌筑砂浆配合比设计规程》（JGJ/T98—2010）中的设计方法进行计算，然后再进行试拌调整。具体的步骤如下。

1．吸水基层水泥混合砂浆配合比计算

（1）确定砂浆的试配制度（$f_{m,0}$），砂浆的试配强度应按下式计算：

$$f_{m,0} = kf_2$$

式中，$f_{m,0}$——砂浆试配强度，应精确至0.1MPa；

f_2——砂浆的强度等级，应精确至0.1MPa；

k——系数，按表5.9取值。

表5.9　砂浆强度标准差 σ 及 k 值

强度等级 施工水平	强度标准差 σ （MPa）							系数 k
	M5	M7.5	M10	M15	M20	M25	M30	
优良	1.00	1.50	2.00	3.00	4.00	5.00	6.00	1.15
一般	1.25	1.88	2.50	3.75	5.00	6.25	7.50	1.20
较差	1.50	2.25	3.00	4.50	6.00	7.50	9.00	1.25

砂浆现场强度等级标准差的确定应符合下列规定。

① 当有统计资料时，砂浆强度标准差 σ 应按下式计算。

$$\sigma = \sqrt{\frac{\sum_{i=1}^{n} f_{m,i}^2 - nu_{fm}^2}{n-1}}$$

式中，$f_{m,i}$——统计周期内的同一品种砂浆第 i 组试件的强度（MPa）；

u_{fm}——统计周期内同一品种砂浆 n 组试件强度的平均值（MPa）；

n ——统计周期内同一品种砂浆试件的总组数，$n \geqslant 25$。

② 当无统计资料时，砂浆强度标准差可按表 5.9 取值。

（2）水泥用量计算。水泥用量的计算应符合下列规定。

①每立方米砂浆中的水泥用量，按下式计算：

$$Q_c = \frac{1000(f_{m,o} - \beta)}{\alpha \cdot f_{ce}}$$

式中，Q_c——每立方米砂浆的水泥用量（kg）；

$f_{m,o}$——砂浆的试配强度（MPa），精确至 0.1 MPa；

f_{ce}——水泥 28d 时的实测强度值（MPa），精确至 0.1 MPa；

α、β——砂浆的特征系数，其中 $\alpha = 3.03$，$\beta = -15.09$。

②在无法取得水泥实测强度值时，可按下式计算：

$$f_{ce} = \gamma_c f_{ce, k}$$

式中，$f_{ce, k}$——水泥强度等级值（MPa）；

γ_c——水泥强度等级值的富余系数，宜按实际统计资料确定，无统计资料时，可取 1.0。

（3）确定砂浆的石灰膏用量（Q_D）每立方米砂浆中石灰膏用量按下式计算：

$$Q_D = Q_A - Q_C$$

式中，Q_D——每立方米砂浆中石灰膏用量（kg），应精确至 1kg（石灰膏使用时的稠度宜为 120mm±5mm）；

Q_C——每立方米砂浆中水泥用量（kg），应精确至 1kg；

Q_A——每立方米砂浆中水泥和石灰膏总量，应精确至 1kg，可为 350kg。

（4）砂用量计算。

确定砂浆的砂子用量（Q_S）。每立方米砂浆中的用砂量，应按干燥状态砂（含水率小于0.5%）的堆积密度值作为计算值（kg）。

（5）确定砂浆的用水量（Q_W）。每立方米砂浆中的用水量，可根据砂浆稠度等要求选用210～310kg。混合砂浆中的用水量，不包括石灰膏中的水；当采用细砂或粗砂时，用水量分别取上限或下限，稠度小于 70mm 时，用水量可小于下限；施工现场气候炎热或干燥季节，可酌量增加用水量。

（6）提出砂浆的初步配合比。

通过上述五个步骤，可获取水泥、石灰膏、砂和水的用量，得到初步配合比。

水泥：石灰膏：砂：水=Q_C：Q_D：Q_S：Q_W

（7）现场配制水泥砂浆的试配应符合表 5.10 和表 5.11 的规定。

表 5.10　每立方米水泥砂浆材料用量（kg/m³）

强度等级	水泥	砂	用水量
M5	200～300		
M7.5	230～260		
M10	260～290		
M15	290～330	1 立方米砂的堆积密度值	270～330
M20	340～400		
M25	360～410		
M30	420～480		

注：1. M15 及 M15 以下强度等级水泥砂浆，水泥强度等级为 32.5 级；M15 以上强度等级水泥砂浆，水泥强度等级为 42.5 级。

2. 当采用细砂或粗砂时，用水量分别取上限或下限。

3. 稠度小于 70mm 时，用水量可小于下限。

4. 施工现场气候炎热或干燥季节，可酌量增加用水量。

表 5.11　每立方米水泥粉煤灰砂浆材料用量

强度等级	水泥粉煤灰总量	粉煤灰	砂	用水量
M5	210～240			
M7.5	240～270	粉煤灰掺量可占胶凝材料总量的 15%～25%	1 立方米砂的堆积密度值	270～330
M10	270～300			
M15	300～330			

注：1. 表中水泥强度等级为 32.5 级。

2. 当采用细砂或粗砂时，用水量分别取上限或下限。

3. 稠度小于 70mm 时，用水量可小于下限。

4. 施工现场气候炎热或干燥季节，可酌量增加用水量。

（8）配合比的试配、调整与确定。

①试配。试验所用原材料应与现场使用材料一致，按计算或查表所得配合比进行试拌，采用机械搅拌，搅拌的用量宜为搅拌机容量的 30%～70%，搅拌时间自开始加水算起，水泥砂浆和水泥混合砂浆不得少于 120s，对于预拌砌筑砂浆和掺有粉煤灰、外加剂、保水增稠材料等的砂浆不得少于 180s。

②检测和易性、确定基准配合比。按《建筑砂浆基本性能试验方法标准》（JGJ/T70—2009）测定砂浆拌和物的稠度和保水率。当稠度和保水率不能满足要求时，应调整材料用量，直到符合要求为止，然后确定为试配时的砂浆基准配合比。

③复核强度，确定试配配合比。试配时至少采用三个不同的配合比，其中一个配合比采用基准配合比，其余两个配合比的水泥用量应按基准配合比分别增加及减少 10%。按《建筑砂浆基本性能试验方法标准》（JGJ/T70—2009）分别测定不同配合比砂浆的表观密度（ρ_c）及强度；选定符号强度及和易性要求、水泥用量最低的配合比作为砂浆的试配配合比。

④数据校正，确定设计配合比。当砂浆的表观密度实测值（ρ_c）与理论（ρ_t）值之差的绝

对值不超过理论值的 2%时可将试配配合比确定为砂浆设计配合比；当超过 2%时，应将试配配合比中每项材料用量乘以校正系数 δ 后，才为确定的砂浆设计配合比。校正系数 δ 为：

$$\delta = \frac{\rho_c}{\rho_t}$$

式中，$\rho_t = Q_C : Q_D : Q_S : Q_W$

　　ρ_t——砂浆的理论表观密度值（kg/m^3），应精确到 $10\,kg/m^3$；

　　ρ_c——砂浆的实测表观密度值（kg/m^3），应精确到 $10\,kg/m^3$。

（四）普通砌筑砂浆的配合比设计实例

某工程要求用于砌筑砖墙的砂浆为 M7.5 强度等级，稠度为 70~90mm 的水泥石灰混合砂浆。水泥采用 32.5 级矿渣硅酸盐水泥，砂为中砂，堆积密度为 $1450kg/m^3$，含水率为 2%；石灰膏的稠度为 100mm；施工水平一般。

解：（1）确定砂浆的适配制度（$f_{m.0}$）。

$$f_{m.0} = k\,f_2 = 1.20 \times 7.5 = 9.0\ （MPa）$$

（2）确定砂浆的水泥用量（Q_c）。

$$Q_c = \frac{1000(f_{m,o} - \beta)}{\alpha \cdot f_{ce}}，\ 取 \alpha = 3.03，\ \beta = -15.09，$$

$$Q_c = \frac{1000(9.0 + 15.09)}{3.03 \times 32.5 \times 1.0} = 245\ （kg）$$

（3）确定砂浆的石灰膏用量（Q_D）。标准稠度的石灰膏用量为

$$Q_D = Q_A - Q_C = 350 - 245 = 105\ （kg）$$

应根据表 5.2 的换算系数，计算稠度值为 100mm 的石灰膏用量：$Q_D = 0.97 \times 105 \approx 102\,（kg）$

（4）确定砂浆的砂子用量（Q_S）。砂子用量为：$Q_S = 1450 \times （1+2\%）= 1479\,（kg）$

（5）确定砂浆的用水量（Q_W）。根据砂浆稠度要求，选择用水量 $Q_W = 280\,（kg）$

假设，经试配和强度检测，上述材料能满足设计要求，则该水泥石灰砂浆的设计配合比如下。

　　水泥：石灰膏：砂：水 = 245：105：1479：300 = 1：0.43：6.04：1.14

二、其他建筑砂浆

（一）抹面砂浆

普通抹面砂浆也称抹灰砂浆，以薄层抹在建筑物内外表面，保持建筑物不受风、雨、雪、大气等有害介质侵蚀，提高建筑物的耐久性，同时使表面平整、美观。

常用的抹面砂浆有石灰砂浆、水泥混合砂浆、水泥砂浆、麻刀石灰浆（简称麻刀灰）和纸筋石灰浆（简称纸筋灰）等。

为了保证砂浆层与基层黏结牢固，表面平整，防止灰层开裂，应采用分层薄涂的方法。通常分底层、中层和面层施工。各层抹面的作用和要求不同，所以每层所选用的砂浆也不一样。同时，基层材料的特性和工程部位不同，对砂浆技术性能要求也不同，这也是选择砂浆种类的主要依据。

底层抹灰的作用是使砂浆与基面能牢固地黏结。中层抹灰主要是为了找平，有时可省略。

面层抹灰是为了获得平整光洁的表面效果。

用于砖墙的底层抹灰，多为石灰砂浆；有防水、防潮要求时用水泥砂浆；用于混凝土基层的底层抹灰，多为水泥混合砂浆；中层抹灰多用水泥混合砂浆或石灰砂浆；面层抹灰多用水泥混合砂浆、麻刀灰或纸筋灰。水泥砂浆不得涂抹在石灰砂浆层上。

在容易碰撞或潮湿部位，应采用水泥砂浆，如墙裙、踢脚板、地面、雨篷、窗台，以及水池、水井等处。在硅酸盐砌块墙面上做砂浆抹面或粘贴饰面材料时，最好在砂浆层内夹一层事先固定好的钢丝网，以免久后剥落。普通抹面砂浆的流动性及骨料最大粒径要求见表 5.12，其配合比及应用范围可见表 5.13。

表 5.12　抹面砂浆流动性及骨料最大粒径

抹灰砂浆品种	施工稠度/mm	砂的最大粒径/mm
底层	90～110	2.5
中层	70～90	2.5
面层	70～80	1.2

表 5.13　常用抹面砂浆配合比及应用范围

抹面砂浆组成材料	配合比（体积比）	应用范围
石灰：砂	1：2～1：4	用于砖石墙面（干燥环境）
石灰：黏土：砂	1：1：4～1：1：8	干燥环境表面
石灰：石膏：砂	1：0.4：2～1：1：3	用于不潮湿房间的墙和天花板
石灰：石膏：砂	1：2：2～1：2：4	用于不潮湿房间的线脚及其他装饰工程
石灰：水泥：砂	1：0.5：4.5～1：1：5	用于檐口、勒脚、女儿墙及比较潮湿的部位
水泥：砂	1：3～1：2.5	用于浴室、潮湿车间等墙裙、勒脚或地面面层
水泥：砂	1：2～1：1.5	用于地面、顶棚及墙面面层
水泥：砂	1：0.5～1：1	用于混凝土地面随时压光
石灰：石膏：砂：锯末	1：1：3：5	用于吸声粉刷
水泥：白石子	1：2～1：1	用于水面上（打底用 1：2.5 水泥砂浆）
水泥：白石子	1：1.5	用于斩假石（打底用 1：2～1：2.5 水泥砂浆）
白灰：麻刀	100：2.5（质量比）	用于板条顶棚底层
石灰膏：麻刀	100：13（质量比）	用于板条顶棚面层（或 100kg 石灰膏加 3.8kg 纸筋）
纸筋：白灰浆	灰膏 0.1m³、纸筋 0.36kg	较高级墙板、顶棚

（二）装饰抹面砂浆

装饰抹面砂浆是用于室内外装饰，以增加建筑物美观为主的抹面砂浆。装饰抹面砂浆的底层和中层抹灰与普通抹面砂浆基本相同，主要是装饰砂浆的面层选材有所不同。为了提高装饰抹面砂浆的装饰艺术效果，一般面层选用具有一定颜色的胶凝材料和骨料并采用某些特殊的操作工艺，使装饰面层呈现出各种不同的色彩、线条与花纹等。

装饰抹面砂浆多采用的胶凝材料有白色水泥、彩色水泥或在常用的水泥中掺加耐碱矿物颜料配制成彩色的水泥以及石灰、石膏等。骨料多为白色、浅色或彩色的天然砂，彩色大理石或花岗石碎屑，陶瓷碎粒或特制的塑料色粒等。

根据砂浆的组成材料不同，常将其分为灰浆类和石渣类砂浆饰面。

灰浆类砂浆饰面是以水泥砂浆、石灰砂浆以及混合砂浆作为装饰材料，通过各种工艺手段直接形成饰面层。饰面层做法除了普通砂浆抹面外，还有搓毛面、拉毛灰、甩毛、扒拉灰、假面砖、拉条等做法。

石渣类砂浆饰面是用水泥（普通水泥、白色水泥或彩色水泥）、石渣、水制成石渣浆，用不同的做法，造成石渣不同的外露形式以及水泥与石渣的色泽对比，构成不同的装饰效果。

建筑工程中几种常见装饰砂浆的工艺做法有如下几种。

（1）拉毛灰。先用水泥砂浆做底层，再用水泥石灰砂浆做面层，在砂浆尚未凝结前，用抹刀将表面拍拉成凹凸不平的形状。表面拉毛花纹，斑点分布均匀，颜色一致，具有装饰和吸声作用，一般用于外墙面及有吸声要求的内墙面和顶棚的饰面。

（2）水磨石。水磨石是一种人造石，用普通水泥、白色水泥或彩色水泥拌和各种色彩的大理石渣做面层，硬化后用机械磨平抛光表面。水磨石多用于室内地面装饰。

（3）水刷石。水刷石是将水泥和石渣（粒径约为 5mm）按比例配合并加水拌和，制成水泥石渣浆，用于建筑物表面的面层抹灰。待水泥浆初凝后，立即用清水冲刷表面水泥浆，使石渣半露，达到装饰效果，水刷石多用于外墙饰面。

（4）斩假石。是一种假石饰面。制作与水刷石基本相同。在水泥硬化后，用斧刃将表面剁毛并露出石渣。斩假石表面具有粗面花岗石的效果。

（5）喷涂。喷涂是用挤压式砂浆泵或喷斗，将聚合物水泥砂浆喷涂在墙面基层或者底灰上，形成饰面层。为提高涂层的耐久性和减少墙面污染，在涂层表面再喷涂一层甲基硅醇钠或甲基硅树脂疏水剂。喷涂多用于外墙饰面。

（6）弹涂。弹涂是在墙体表面刷一道聚合物水泥色浆后，用弹力器将水泥色浆弹涂到墙面上，形成 1～3mm 的大小近似、颜色不同、相互交错的圆状色点，在喷罩一层甲基硅树脂，提高耐污染性能。弹涂常用语内外墙饰面。

（三）特殊功能砂浆

1. 防水砂浆

防水砂浆是在水泥砂浆中掺入防水剂、膨胀剂或聚合物等配制而成的具有一定防水、防潮和抗渗透能力的砂浆。防水砂浆在工程中用于刚性防水层，其防水作用主要依靠砂浆本身的渗水性和硬化砂浆的结构密实性实现的。

2. 保温砂浆

保温砂浆是以水泥、石灰、石膏等为胶凝材料，与膨胀珍珠岩、膨胀蛭石、陶粒等轻质多孔集料按一定比例配制而成的砂浆，又称绝热砂浆。保温砂浆具有轻质、保温隔热、吸声等性能，其热导率为 0.07～0.1 W/（m·K）。保温砂浆常用于现浇屋面保温层、保温墙壁及供热管道的绝热保护层等施工。

3. 吸声砂浆

吸声砂浆是由轻质多孔的集料制成的具有吸声性能的砂浆。工程中还可以用水泥、石膏、砂、锯末等按体积比 1：1：3：5 配制成吸声砂浆，或在石灰、石膏砂浆中掺入玻璃纤维、矿棉等松软纤维制成吸声砂浆。吸声砂浆主要是用于室内墙壁和平顶的吸声材料。

任务 10　砂浆的性能检测

一、砌筑砂浆稠度测定

（一）试验目的

测定建筑砂浆的稠度，作为确定配合比或施工过程中控制用水量的依据。

（二）试验仪器设备

砂浆稠度测定仪（如图 5.1 所示），试验用砂浆搅拌机，钢制捣棒（直径 100mm，长 350mm，端部磨圆），拌和铁板（约 1.5m×2m，厚约 3mm），磅秤（称量 50kg，感量 5g），台秤（称量 10kg，感量 5g），拌铲、抹刀、量筒、盛器、秒表等。

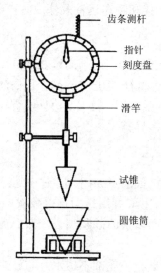

图 5.1　砂浆稠度测定仪

（三）试验步骤

1. 试样制备。实验室制备砂浆试样时，所用材料应提前 24h 运入室内。拌和时，试验室温度应保持在（20±5）℃。试验所用原材料应与现场使用材料一致，砂应通过 4.75mm 的筛。拌制砂浆时，材料用量以质量计，称量精度为：水泥、外加剂、掺合料等为±0.5%；砂为±1%。试验室搅拌砂浆时应采用机械搅拌，搅拌机应符合标准《试验用砂浆搅拌机》的规定。搅拌的用量宜为搅拌机容量的 30%～70%，搅拌时间不应少于 120s，掺有掺合料和外加剂的砂浆，其搅拌时间不应少于 180s。

2. 试验测定。①将砂浆稠度仪的容器和试锥表面用湿布擦净，滑竿能自由滑动。②将拌好的砂浆一次装入容器内，使砂浆表面低于容器口约 10mm，用捣棒自容器中心向边缘插捣 25 次，然后将容器振动或轻敲 5 或 6 下，使砂浆表面平整，随后置于稠度测定仪的底座上。③放松试锥滑竿的制动螺丝，使试尖端与砂浆表面接触，拧紧制动螺丝，将齿条测杆下端接触滑竿上端，并将指针对准零点，④突然松开制动螺丝，使试锥自由沉入砂浆中，同时计时，

10s 时立即固定螺丝,将齿条测杆下端接触滑竿上端,从刻度盘上读出下沉深度(精确至 1mm),即为砂浆的稠度值。⑤圆锥筒内的砂浆只允许测定一次稠度,重复测定时,应重新取样。

（四）结果评定

取两次试验结果的算术平均值,计算值精确到 1mm。两次试验值之差如大于 10mm,则应重新配料测定。

试验所测稠度值越大,则砂浆的流动性越大。但砂浆流动性过大,硬化后砂浆强度将会降低,若流动性过小,则不利于施工操作。影响砂浆稠度的因素很多,如胶凝材料种类及用量、用水量、砂子、粗细和粒形、级配、搅拌时间等。

二、砌筑砂浆保水性测定

（一）试验目的

测定砂浆保水性,以判定砂浆拌和物在运输及停放时内部组分的稳定性。

（二）试验仪器设备

金属或硬塑料圆环试模(内径 100mm,内部高度 25mm),可密封的取样容器;重物(2kg),金属滤网(网格尺寸 45μm,圆形,直径 110±1mm),超白滤纸(化学分析中速定性滤纸,直径 110mm,200g/m²),不透水金属或玻璃片(2 片,边长或直径大于 110mm),天平(量程 200g,感量 0.1g;量程 2000g,感量 1g),烘箱。

（三）试验步骤

1. 称量底部不透水片与干燥试模质量 m_1 和 15 片中速定性滤纸质量 m_2。

2. 将砂浆拌和物一次性填入试模,并用抹刀插捣数次,当装入的砂浆略高于试模边缘时,用抹刀以 45° 角一次性将试模表面多余的砂浆刮去,然后再用抹刀以较平的角度在试模表面反方向将砂浆刮平。

3. 抹掉试模边的砂浆,称量试模、底部不透水片与砂浆总质量 m_3。

4. 用金属滤网覆盖在砂浆表面,再在滤网表面放上 15 片滤纸,用上部不透水片盖在滤纸表面,以 2kg 的重物把上部不透水片压住。

5. 静止 2min 后移走重物及上部不透水片,取出滤纸(不包括滤网),迅速称量滤纸质量 m_4。

6. 按砂浆的配比及加水量计算砂浆的含水率,若无法计算,可按以下规定测定。

秤取 100g 砂浆拌和物试样,置于一干燥并已称重的盘中,在(105±5)℃的烘箱中烘干至恒重,砂浆含水率应按下式计算(精确至 0.1%):

$$\alpha = \frac{m_5}{m_6} \times 100\%$$

式中, α ——砂浆含水率(%);

m_5——烘干后砂浆样本损失的质量(g)

m_6——砂浆样本的总质量(g)。

（四）结果评定

1. 砂浆保水性应按下式计算（精确至 0.1%）

$$W = \left(1 - \frac{m_4 - m_2}{\alpha \times (m_3 - m_1)}\right) \times 100\%$$

式中，W——保水率（%）；

　　　m_1——底部不透水片与干燥试模质量（g）；

　　　m_2——15 片纸滤纸吸水钱前的质量（g）；

　　　m_3——试模，底部不透水片与砂浆总质量（g）；

　　　m_4——15 片滤纸吸水后的质量（%）；

　　　α——砂浆含水率（%）。

2. 取两次实验结果的算术平均值作为砂浆的保水率，且第二次实验应重新取样测定。当两个测定值之差超过平均值的 2%时，此组实验结果无效。砌筑砂浆保水率应符合表 5.14 的规定。

表 5.14　砌筑砂浆保水率（JGJ/T98—2010）

砂浆种类	保水率（%）
水泥砂浆	≥80
水泥混合砂浆	≥84
预拌砌筑砂浆	≥88

三、建筑砂浆分层度测定

（一）试验目的

测定砂浆拌和物在运输及停放过程中的保水性，评定建筑砂浆的和易性。

（二）主要仪器设备

砂浆分层度仪（如图 5.2 所示）。为圆筒形，其内径为 150mm，上节（无底）高 200mm，下节（带底）净高 100mm，用金属制成。其他需用仪器同砂浆稠度试验。

图 5.2　砂浆分层度测定仪

（三）试验步骤

1. 将拌和好的砂浆，立即分两层装入分层度仪中，每层用捣棒插捣 25 次，最后抹平，移至稠度仪上，测定其稠度 K_1。

2. 静置 30min 后，除去上节 200mm 砂浆，将剩下的 100mm 砂浆重新拌和后测定其稠度 K_2。

3. 两次测定的稠度值之差（K_1-K_2），即为砂浆的分层度值（精确至 1mm）。

（四）结果计算

取两次测试值的平均值，作为所测砂浆的分层度值。两次测试值之差若大于 20mm，应重做试验。

四、建筑砂浆抗压强度测定

（一）试验目的

测定砂浆立方抗压强度，确定砂浆是否达到设计要求的强度，作为调整砂浆质量的主要依据。

（二）实验仪器设备

压力试验机，砂浆试模（有底或无底的立方体金属模，内壁边长为 70.7mm，每组两个三联模），振动台（振幅 0.5±0.05mm，空载频率 50±3Hz），捣棒、抹刀、油灰刀、垫板等。

（三）实验步骤

1. 采用立方体试件，每组试件三个。

2. 应用黄油等密封材料涂抹试模的外接缝，试模内刷薄层机油或脱模剂。应将拌制好的砂浆一次性装满砂浆试模，成型方法根据稠度确定。当稠度大于 50mm 时，采用人工振捣成型，当稠度≤50mm 时，宜采用振动台成型。人工振捣时，采用捣棒均匀地由边缘向中心按螺旋方式插捣 25 次，插捣过程中如砂浆沉落低于试模时，应随时添加砂浆，可用油灰刀插捣数次，并用手将试模一边抬高 5~10mm 各振动台 5 次，使砂浆高出试模顶面 6~8mm。机械振动时，将砂浆一次装满试模，放置到振动台上，振动时试模不得跳动，振动 5~10 s 或持续到表面出浆为止，不得过振。

3. 待表面水分稍干后，将高出试模部分的砂浆沿试模顶面刮去并抹平。

4. 试件制作后在室温（20±5）℃的环境下静置 24±2h，对试件进行编号、拆模。当气温较低时，可适当延长时间，但不应超过 2d。试件拆模后应立即放入恒温（20±2）℃、相对湿度为 90%以上的标准养护室中养护。养护期间，试件彼此间隔不小于 10mm。

5. 试件从养护地点取出后应及时进行实验。实验前将试件表面搽试干净，测量尺寸，并检查其外观，据此计算试件的承压面积。如实测尺寸之差与公称尺寸不超过 1mm，可按公称尺寸进行计算。

6. 以砂浆试件侧面为承压面，将试件放在实验机压板的正中。开动试验机，当上压板与试件或上垫板接近时，调整球座，使接触面均衡受压。应连续而均匀地加荷，加荷速度应为 0.25~1.5kN/s（砂浆强度不大于 5MPa 时，宜取下限，砂浆强度大于 5MPa，宜取上限），当试件接近破坏而开始迅速变形时，停止调整实验机油门，直至试件破坏，然后记录破坏荷载。

（四）结果评定

1. 按下列计算式的抗压强度（精确至 0.1MPa）：

$$f_{m,cu}=k\frac{N_u}{A}$$

式中，$f_{m,cu}$——砂浆立方体试件抗压强度（MPa）；

N_u——立方体试件破坏荷载（N）；

A——试件承压面积（mm^2）；

k——换算系数，取 1.35。

2. 以三个试件测值的算术平均值，作为该试件的砂浆立方体试件抗压强度平均值（精确至 0.1MPa）。

3. 当三个测值的最大值或最小值中有一个与中间值的差值超过中间值的 15% 时，则最大值及最小值一并舍除，取中间值作为该组试件的抗压强度值。当两个测值与中间值的差值均超过中间值的 15%时，该组试件的实验结果无效。

【自 我 测 验】

一、填空题

1. 砂浆按所用胶凝材料分为 _____、_____和_____等。

2. 砂浆的黏结强度、耐久性均随抗压强度的增大而_____。

3. 根据抹面砂浆功能的不同，可将抹面砂浆分为_____、_____和具有某些特殊功能的抹面砂浆。

4. 砂浆的和易性包括_____和_____，分别用什么指标表示_____和_____。

5. 抹面砂浆一般分两层或三层薄抹，中层砂浆起_____作用。

6. 用于混凝土基层的底层抹灰，常为_____砂浆。

7. 水泥砂浆的配合比一般为水泥∶砂=_____，水胶比应控制在_____，应选用强度等级在_____级及以上的普通硅酸盐水泥和级配良好的中砂。

二、名词解释

1. 砂浆

2. 砂浆的和易性

3. 保温砂浆

4. 抹面砂浆

三、判断题

1. 砌筑砂浆的强度，无论其底面是否吸水，砂浆的强度主要取决于水泥强度及水灰比。（　　）

2. 用于不水基底的砂浆强度，主要决定于水泥强度和水灰比。（　　）

3．分层度愈小，砂浆的保水性愈差。（　　）

4．砂浆的和易性内容与商品混凝土的完全相同。（　　）

5．混合砂浆的强度比水泥砂浆的强度大。（　　）

6．砂浆的和易性包括流动性、粘聚性和保水性三方面的含义。（　　）

四、单选题

1．砌筑砂浆为改善其和易性和节约水泥用量，常掺入（　　）。

A．纤维　　　　　　　B．麻刀　　　　　　　C．石膏　　　　　　　D．黏土膏

2．用于砌筑砖砌体的砂浆强度主要取决于（　　）。

A．用水量　　　　　　B．砂子用量　　　　　C．水灰比　　　　　　D．水泥强度等级

3．用于石砌体的砂浆强度主要决定于（　　）。

A．水泥用量　　　　　B．砂子用量　　　　　C．用水量　　　　　　D．水泥强度等级

4．测定砌筑砂浆抗压强度采用的立方体试件的棱长为（　　）mm。

A．100　　　　　　　　B．150　　　　　　　　C．200　　　　　　　　D．70.7

5．砌筑砂浆的流动性指标用（　　）表示。

A．坍落度　　　　　　B．维勃稠度　　　　　C．沉入度　　　　　　D．分层度

6．砌筑砂浆的保水性一般采用（　　）表示。

A．坍落度　　　　　　B．维勃稠度　　　　　C．沉入度　　　　　　D．分层度

7．抹面砂浆的配合比一般用（　　）表示。

A．质量　　　　　　　B．体积　　　　　　　C．质量比　　　　　　D．体积比

8．在抹面砂浆中掺入纤维材料可以提高砂浆的（　　）。

A．抗压强度　　　　　B．抗拉强度　　　　　C．黏结性　　　　　　D．分层度

9．在水泥砂浆中掺入石灰膏配成混合砂浆，可显著提高砂浆的（　　）。

A．吸湿性　　　　　　B．耐水性　　　　　　C．耐久性　　　　　　D．和易性

五、问答题

1．砂浆强度检测试件与商品混凝土强度检测试件有何不同？

2．为什么砌筑工程一般采用混合砂浆？

3．新拌砂浆的和易性包括哪两个方面的含义？如何通过试验测定？

项目六　混凝土的性能与检测

【知识目标】

1．知道水泥混凝土的分类、优缺点及其发展趋势。
2．熟知混凝土各组成材料所起的作用及其技术要求。
3．熟知水泥混凝土和易性的含义和评价方法。
4．熟知立方体抗压强度的含义、影响混凝土强度的因素及提高其强度的措施。
5．熟知混凝土长期性能和耐久性能的含义及其影响因素。会进行混凝土抗渗性和抗冻性的评价。
6．知道混凝土强度的非统计方法评定。
7．熟知混凝土配合比设计的方法步骤及配合比的调整。
8．知道商品混凝土、轻骨料混凝土和纤维混凝土的含义及工程应用。

【技能目标】

1．能够进行普通混凝土主要技术性质检测。
2．能够进行普通混凝土配合比设计。
3．能够进行混凝土质量的评定。

任务 11　混凝土性能

一、混凝土的概述

（一）混凝土的含义、分类

混凝土是由胶凝材料、粗骨料、细骨料和水（或不加水）按适当的比例配合、拌和制成混合物，经一定时间后硬化而成的人造石材。目前，混凝土技术正朝着超高强、轻质、高耐久性、多功能和智能化方向发展。混凝土可按其组成、特性和功能等从不同角度进行分类。

1．按胶凝材料的品种分类

通常根据主要胶凝材料的品种，并以其名称命名，如水泥混凝土、石膏混凝土、水玻璃混凝土、硅酸盐混凝土、沥青混凝土、聚合物混凝土等。有时也以加入的特种改性材料命名。例如，水泥混凝土中掺入钢纤维时，称为钢纤维混凝土；水泥混凝土中掺大量粉煤灰时，则称为粉煤灰混凝土等。

2．按使用功能和特性分类

按使用部位、功能和特性通常可分为结构混凝土、道路混凝土、水工混凝土、耐热混凝土、耐酸混凝土、防辐射混凝土、补偿收缩混凝土、防水混凝土、泵送混凝土、自密实混凝土、纤维混凝土、聚合物混凝土、高强混凝土、高性能混凝土等。

3．按表观密度分类

重混凝土：是表观密度大于 2500kg/m³，用特别密实和特别重的骨料制成的混凝土。例如，重晶石混凝土、钢屑混凝土等，它们具有不透 X 射线和 γ 射线的性能。

普通混凝土：是在建筑中常用的混凝土，表观密度为 1900～2500kg/m³，骨料为砂、石。

轻质混凝土：是表观密度小于 1900kg/m³ 的混凝土。

（二）混凝土的优缺点及发展趋势

1．混凝土的优点

（1）混凝土的组成材料砂石来源丰富，就地取材，因此造价低廉。

（2）新拌混凝土具有良好的可塑性，可以制作各种形状。

（3）与钢筋等有良好的粘结力，通常用于钢筋混凝土构件。

（4）混凝土的耐久性好，维修费用少。

（5）代替木、钢结构。可根据使用性能的要求与设计来配制相应的混凝土。

2．混凝土的缺点

（1）混凝土的表观密度大，自重大。

（2）抗拉强度较低，变形能力差。

（3）混凝土的生产周期长、质量波动较大。

3．发展趋势

现代科学技术的发展，混凝土的缺点逐渐被克服，如采用轻混凝土可显著降低混凝土的自重，提高比强度；掺入纤维或聚合物，可提高抗拉强度；降低混凝土的脆性，掺入减水剂、早强剂等外加剂，可显著缩短硬化时间。由于混凝土具有以上特点，广泛用于工业与民用建筑、道路、桥梁等工程。混凝土的发展方向是节能、多功能、快硬、轻质、高强、高耐久性等。

（三）混凝土的质量要求

工程中，混凝土必须满足以下质量要求。

（1）满足施工所需的和易性。

（2）满足设计要求的强度。

（3）满足于环境相适应的耐久性。

（4）经济上应合理，即水泥用量应少。

要满足上述要求就必须合理选择原材料并控制原材料质量，合理地设计混凝土的配合比，严格控制和管理施工质量。

二、普通混凝土的组成材料

普通混凝土的组成材料主要有水泥、水、粗骨料（碎石、卵石）、细骨料（砂）。有时，为了改善混凝土某方面性能，需加入外加剂或掺合料。

在混凝土中水泥和水形成的水泥浆体，包裹在骨料表面并填充骨料颗粒之间的空隙，在混凝土硬化前起润滑作用，赋予混凝土拌和物一定流动性，硬化后起胶结作用，将砂石骨料胶结成具有一定强度的整体；粗、细骨料（又称集料）在混凝土中起骨架、支撑和稳定体积（减少水泥在凝结硬化时的体积变化）的作用；外加剂和掺合料起着改善混凝土性能、降低混凝土成本的作用。为了确保混凝土的质量，各组成材料必须满足相应的技术要求。

（一）水泥

1. 水泥品种的选择

水泥品种的选择首先要考虑混凝土工程特点及所处的环境条件；其次再考虑水泥的价格，以满足混凝土经济性的要求。通常情况下，六大通用水泥都可以用于混凝土工程中，但使用较多的是硅酸盐水泥，普通硅酸盐水泥和矿渣硅酸盐水泥，必要时可选用专用水泥和特种水泥。常用水泥品种的选用见表6.1。

表 6.1 水泥混凝土的类型

混凝土工程特点及所处环境条件		优先选用	可以选用	不宜选用
混凝土环境	普通气候环境中的混凝土	普通硅酸盐水泥	矿渣硅酸盐水泥、火山灰质硅酸盐水泥、粉煤灰硅酸盐水泥、复合桂酸盐水泥	
	干燥环境中的混凝土	普通硅酸盐水泥	矿渣硅酸盐水泥	火山灰质硅酸盐水泥、粉煤灰硅酸盐水泥
	高湿度环境中或长期处于水中的混凝土	矿渣硅酸水泥、火山灰硅酸盐水泥、粉煤灰硅酸盐水泥、复合硅酸盐水泥	普通硅酸盐水泥	
	严寒地区的露天凝土、寒冷地区处于水位升降范围内的混凝土	普通硅酸盐水泥	矿渣硅酸盐水泥（强度等级＞32.5级）	火山灰质硅酸盐水泥、粉煤灰硅酸盐水泥
	严寒地区处于水位升降范围内的混凝土	普通硅酸盐水泥		矿渣硅酸盐水泥、火山灰质硅酸盐水泥、粉煤灰硅酸盐水泥、复合硅酸盐水泥
	受侵蚀性介质作用的混凝土	矿渣硅酸盐水泥、火山灰质硅酸盐水泥、粉煤灰硅酸盐水泥、复合硅酸盐水泥		硅酸盐水泥
混凝土工程特点	早强快硬混凝土	快硬硅酸盐水泥、硅酸盐水泥	普通水泥	矿渣硅酸盐水泥、火山灰质硅酸盐水泥、粉煤灰硅酸盐水泥、复合水泥
	厚大体积的混凝土	矿渣硅酸盐水泥、火山灰质硅酸盐水泥、粉煤灰质硅酸盐水泥、复合硅酸盐水泥	普通水泥	硅酸盐水泥、快硬硅酸盐水泥
	蒸汽（压）养护的混凝土	矿渣硅酸盐水泥、火山灰质硅酸盐水泥、粉煤灰质硅酸盐水泥、复合硅酸盐水泥		硅酸盐水泥、普通硅酸盐水泥
	有抗渗要求的混凝土	硅酸盐水泥、普通硅酸盐水泥		矿渣硅酸盐水泥
	有耐磨要求的混凝土	硅酸盐水泥、普通硅酸盐水泥		
	高强混凝土	硅酸盐水泥	普通硅酸盐水泥、矿渣硅酸盐水泥	火山灰质硅酸盐水泥、粉煤灰质硅酸盐水泥

注：当水泥中掺有黏土质混合材料时，则不耐硫酸盐腐蚀。

2. 水泥强度等级的选择

水泥强度等级的选择要综合考虑混凝土的设计强度及工程实际情况。应该注意的是，为综合考虑混凝土强度、耐久性和经济性的要求，原则上低强度等级的水泥不能用于配制高强度等级的混凝土，否则水泥的使用量较大，硬化后将产生较大的收缩，影响混凝土的强度和经济性；高强度等级的水泥不宜用于配制低强度等级的混凝土，否则水泥的使用量小，砂浆量不足，混凝土的黏聚性差。对于高强和超高强混凝土，由于采取了特殊的施工工艺，并使用了高效外加剂，因此强度不受上述比例限制。在满足使用环境要求的条件下，预配制混凝土的强度等级与推荐使用的水泥强度等级可参考表 6.2 选择。

表 6.2　预配制混凝土的强度等级与推荐使用的水泥强度等级

预配制混凝土强度等级		选用水泥强度等级	
C10	C25	32.5	
C30		32.5	42.5
C35	C45	42.5	
C50	C60	52.5	
C65		52.5	62.5
C70	C80	62.5	

（二）细骨料

混凝土用细骨料一般采用粒径小于 4.75mm 的级配良好、质地坚硬、颗粒洁净的天然砂（如河砂、海砂、山砂），也可采用机制砂。根据《建设用砂》（GB/T14884—2011）和《普通混凝土用砂、石质量及检验方法标准》（JGJ52—2006），砂按技术要求分为Ⅰ类、Ⅱ类、Ⅲ类。Ⅰ类砂用于强度等级大于 C60 的混凝土，Ⅱ类砂用于强度等级等于 C30～C60 的混凝土，Ⅲ类砂用于强度等级小于 C30 的混凝土。普通混凝土所用细骨料需要满足的技术要求参考项目三：砂石骨料性能检测（细骨料的技术要求）。

（三）粗骨料

普通混凝土常用的粗骨料是指粒径大于 4.75mm 的碎石和卵石。卵石是指由天然形成的岩石颗粒，分为河卵石、海卵石和山卵石；碎石是由天然岩石经机械破碎、筛分而得，表面粗糙有棱角，与水泥石黏结比较牢固。根据《建设用卵石、碎石》（GB/T14685—2011）和《普通混凝土用砂、石质量及检验方法标准》（JGJ52—2006），卵石、碎石按技术要求分为Ⅰ类、Ⅱ类、Ⅲ类。Ⅰ类卵石、碎石用于强度等级大于 C60 的高强度混凝土，Ⅱ类卵石、碎石用于强度等级等于 C30～C60 的中强度混凝土及有抗冻、抗渗或者其他要求的混凝土，Ⅲ类卵石、碎石用于强度等级小于 C30 的混凝土。普通混凝土所用粗骨料需要满足的技术要求参考项目三：砂石骨料性能检测（粗骨料的技术要求）。

（四）混凝土拌和及养护用水

混凝土用水是指混凝土拌和用水和混凝土养护用水的总称，包括饮用水、地表水、地下水、再生水、混凝土企业设备洗刷水和海水等。混凝土用水的基本要求：不得影响混凝土的凝结和硬化；不得有损于混凝土强度的发展和耐久性；不加快钢筋的腐蚀和导致预应力钢筋的脆断；不污染混凝土的表面等。《混凝土用水标准》（JGJ 63—2006）规定，混凝土拌和用水应符合表6.3的规定。

表6.3　混凝土拌和用水水质要求（JGJ 63—2006）

项　目	预应力混凝土	钢筋混凝土	素混凝土
pH值	≥5.0	≥4.5	≥4.5
不溶物（mg/L）	≤2000	≤2000	≤5000
可溶物（mg/L）	≤2000	≤5000	≤10 000
Cl^{-1}（mg/L）	≤500	≤1000	≤3500
SO_4^{2-}（mg/L）	≤600	≤2000	≤2700
碱含量（以$Na_2O+0.685K_2O$计）（mg/L）	≤1500	≤1500	≤1500

注：对于设计使用年限为100年的结构混凝土，氯离子含量不得超过500 mg/L；使用钢丝或经热处理钢筋的预应力混凝土，氯离子含量不得超过350mg/L。

（五）混凝土外加剂

混凝土外加剂是指在拌制混凝土过程中，掺入的能显著改善混凝土拌和物或硬化混凝土性能的物质，常被称为混凝土的第五组分，其掺入量一般不大于水泥质量的5%。通常包含减水剂、引气剂、早强剂、缓凝剂、速凝剂、膨胀剂、防冻剂、阻锈剂、加气剂、防水剂、泵送剂、泡沫剂和保水剂等。

1．外加剂的作用

（1）改善混凝土拌和物的和易性，便于混凝土施工，保证混凝土的浇筑质量。

（2）减少养护时间，加快模板周转，提早对预应力混凝土放张，加快施工进度。

（3）提高混凝土的强度，改善混凝土的耐久性；提高混凝土的质量。

（4）节约水泥，降低混凝土的成本。

2．外加剂的分类

混凝土外加剂的种类繁多，功能多样，通常分为以下几种。

（1）改善混凝土拌和物流动性的外加剂，包括各种减水剂、引气剂和泵送剂等。

（2）调节混凝土凝结时间、硬化性能的外加剂，包括缓凝剂、早强剂和速凝剂等。

（3）改善混凝土耐久性的外加剂，包括引气剂、防水剂和阻锈剂等。

（4）改善混凝土其他性能的外加剂，包括加气剂、膨胀剂、防冻剂、防水剂和泵送剂等。

目前建筑工程中应用较多的外加剂有减水剂、早强剂、引气剂、泵送剂等。

3．常用的外加剂

（1）减水剂

减水剂是在保持混凝土流动性基本不变的条件下，能减少混凝土拌和用水量的外加剂；或在保持混凝土拌和物用水量不变的情况下，增大混凝土流动性的外加剂。

①减水剂的分子结构。减水剂多属于表面活性剂，其分子具有典型的两亲性结构特点，即分子的一端是亲水（憎油）基团，另一端是憎水（亲油）基团，如图6.1所示。当把减水剂加入到水中时，其分子中的亲水基团指向水溶液，憎水基团指向空气，减水剂分子将在水和空气的界面形成定向吸附和定向排列，如图6.2所示。

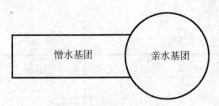

图 6.1　减水剂的分子结构

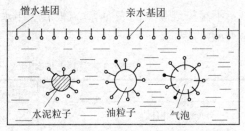

图 6.2　减水剂分子的定向吸附和定向排列

②减水剂的减水机理

水泥加水拌和后，通常会产生如图 6.3 所示的絮凝状结构。在絮凝状结构中包裹了许多拌和水，从而降低了混凝土拌和物的流动性。

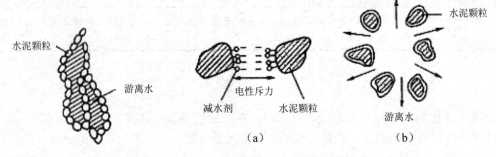

图 6.3　水泥浆的絮凝结构　　　　图 6.4　减水剂作用示意图

如果向水泥浆体中加入减水剂，则减水剂吸附于水泥颗粒的表面，使水泥颗粒表面带上了相同的电荷，加大了水泥颗粒间的静电斥力，导致了水泥颗粒相互分散（如图 6.4（a）所示），絮凝状结构中包裹的游离水被释放出来，从而有效地增加了混凝土拌和物的流动性。

③技术经济效果

减水剂合理地应用于混凝土施工中，可取得以下技术和经济效果。

a. 增大拌和物的流动性。

b. 减少拌和物泌水、离析现象。

c. 提高混凝土强度。

d. 提高耐久性。

由于减水剂的掺入，显著地提高了混凝土的密实性，从而提高了混凝土的抗渗性、抗冻性和抗化学腐蚀性能等。

④减水剂的品种

a. 木质素系减水剂

木质素系减水剂主要成分为木质素磺酸盐，包括木钙、木钠和木镁三种，为普通减水剂。其减水率不高，而且缓凝、引气，因此使用时要控制适宜的掺量，否则掺量过大会造成强度下降且不经济，甚至很长时间不凝结，造成工程事故。一般适宜掺量为水泥质量的 0.2%～0.3%。

b. 萘系高效减水剂

萘系、甲基萘系、蒽系、古马隆系、煤焦油混合物系减水剂，因其生产原料均来自煤焦油中的不同馏分，因此统称为煤焦油系减水剂。此类减水剂皆为含单环、多环或杂环芳烃并带有极性磺酸基团的聚合物电解质，相对分子质量在 1500～10 000 的范围内，因磺酸基团对水泥分散性很好，即减水率高，故煤焦油系减水剂均属高效减水剂的范畴，在适当分子量范围内不缓凝、不引气。由于萘系减水剂生产工艺成熟，原料供应稳定，且产量大，应用广，逐渐占了优势，因而通常煤焦油系减水剂主要是指萘系减水剂。萘系高效减水剂喷雾干燥后，可用于灌浆料做流平剂。适宜掺量一般为水泥质量的 0.2%～1.0%。

c. 三聚氰胺系高效减水剂

三聚氰胺系高效减水剂（俗称蜜胺减水剂），化学名称为磺化三聚氰胺甲醛树脂，其性能与萘系减水剂近似，均为非引气型，且无缓凝作用，其减水增强作用略优于萘系减水剂，但掺量和价格也略高于萘系减水剂。三聚氰胺系高效减水剂喷雾干燥后，已广泛用于灌浆料、自流平砂浆等产品。适宜掺量一般为水泥质量的 0.5%～2.0%。

d.聚羧酸盐系高效减水剂

聚羧酸盐系高效减水剂是随着高性能混凝土的发展和应用而开发、研制的一类新型高性能混凝土减水剂，它具有强度高，耐热性、耐久性、耐候性好等优异性能。其优点是掺量小、减水率高，具有良好的流动性；保坍性好，90min 内坍落度基本无损失；合成中不使用甲醛，对环境不造成污染。聚羧酸盐系高效减水剂用于干混砂浆还处于起步阶段。适宜掺量一般为水泥质量的 0.05%～1.0%。

（2）引气剂

引气剂是指在混凝土搅拌过程中能引入大量均匀分布、稳定而封闭的微小气泡的外加剂。

①引气剂的作用

a. 改善混凝土拌和物的和易性

引气剂为憎水性表面活性剂，大量微小封闭的球状气泡在混凝土拌和物内形成，如同滚珠一样，减少了颗粒间的摩擦阻力，减少了泌水和离析现象的产生，改善了混凝土拌和物的保水性、粘聚性。

b. 显著提高混凝土的抗渗性、抗冻性

大量均匀分布的封闭气泡切断了混凝土中的毛细管渗水通道，改变了混凝土的内部结构，使混凝土抗渗性、抗冻性显著提高。

c. 降低混凝土强度

由于大量气泡的存在，减少了混凝土的有效受力面积，使混凝土强度有所降低。一般混凝土的含气量每增加 1%时，其抗压强度将降低 4%～5%，抗折强度降低 2%～3%。

②引气剂的种类及应用

引气剂按化学组成主要有松香热聚物、松香皂、烷基苯磺酸盐等。

引气剂可用于抗渗混凝土、抗冻混凝土、抗硫酸侵蚀混凝土、泌水严重的混凝土等，但引气剂不宜用于蒸养混凝土及预应力钢筋混凝土。

近年来，引气剂逐渐被引气型减水剂所代替，因为它不但能减水而且有引气作用，提高混凝土强度，节约水泥。

（3）缓凝剂

缓凝剂是指能延缓混凝土凝结时间，并对混凝土后期强度发展无不利影响的外加剂。

缓凝剂具有缓凝、减水、降低水化热和增强作用，对钢筋也无锈蚀作用。主要适用于大体积混凝土、炎热气候下施工的混凝土、需长时间停放或长距离运输的混凝土。缓凝剂不宜用于在日最低气温 5℃以下施工的混凝土，也不宜单独用于有早强要求的混凝土及蒸养混凝土。常用的缓凝剂有木质素磺酸钙和糖蜜等，其掺量一般为水泥质量的 0.1%～0.3%。

（4）早强剂

能提高混凝土早期强度，并对后期强度无显著影响的外加剂，称为早强剂。

早强剂能加速水泥的水化和硬化，缩短养护周期，使混凝土在短期内即能达到拆模强度，从而提高模板和场地的周转率，加快施工进度，常用于混凝土的快速低温施工，特别适用于冬季施工或紧急抢修工程。

常用的早强剂有氯化物系（如 $CaCl_2$，$NaCl$）、硫酸盐系（如 Na_2SO_4）等。但掺加了氯化钙早强剂，会加速钢筋的锈蚀，为此对氯化钙的掺加量应加以限制，通常对于配筋混凝土不得超过 1%，无筋混凝土掺量亦不宜超过 3%。为了防止氯化钙对钢筋的锈蚀，氯化钙早强剂一般与阻锈剂（$NaNO_2$）复合使用。

（5）防冻剂

防冻剂是指在规定温度下，能显著降低混凝土冰点，使混凝土液相不冻结或仅部分冻结，以保证水泥的水化作用，并在一定时间内获得预期强度的外加剂。

常用的防冻剂有氯盐类（氯化钙、氯化钠），氯盐阻锈类（以氯盐与亚硝酸钠阻锈剂复合而成），无氯盐类（以硝酸盐、亚硝酸盐、碳酸盐、乙酸钠或尿素复合而成）。

氯盐类防冻剂适用于无筋混凝土；氯盐阻锈类防冻剂适用于钢筋混凝土；无氯盐类防冻剂可用于钢筋混凝土工程和预应力钢筋混凝土工程。硝酸盐、亚硝酸盐、碳酸盐易引起钢筋应力消失，故不适用于预应力钢筋混凝土。

防冻剂用于负温条件下施工的混凝土。目前国产防冻剂适于在 0～-15℃ 的气温下使用，当在更低气温下施工时，应增加相应的混凝土冬季施工措施，如暖棚法、原料（砂、石、水）预热法等。

4．外加剂的选择和使用

在混凝土中掺入外加剂，可明显改善混凝土的技术性能，取得显著的技术经济效果。但若选择和使用不当，会造成事故。因此，在选择和使用外加剂时，应注意以下几点。

（1）外加剂品种的选择

外加剂品种、品牌很多，效果各异，特别是对于不同品种的水泥效果不同。在选择外加剂时，应根据工程需要、现场的材料条件，并参考有关资料，通过试验确定。

（2）外加剂掺量的确定

混凝土外加剂均有适宜掺量，掺量过小，往往达不到预期效果；掺量过大，则会影响混凝土质量，甚至造成质量事故。因此，应通过试验试配确定最佳掺量。

（3）外加剂的掺加方法

外加剂的掺量很少，必须保证其均匀分散，一般不能直接加入混凝土搅拌机内。对于可溶于水的外加剂，应先配成一定浓度的溶液，随水加入搅拌机。对不溶于水的外加剂，应与适量水泥或砂混合均匀后再加入搅拌机内。另外，外加剂的掺入时间对其效果的发挥也有很大影响，为保证减水剂的减水效果，施工中可视工程的具体要求，选择同掺、后掺、分次掺入等掺加方法。

（六）混凝土掺合料

在混凝土拌和物制备时，为了节约水泥、改善混凝土性能和调节混凝土强度等级而加入的天然或人造的矿物材料，统称为混凝土掺合料。用于混凝土中的掺合料，常见的有磨细的粉煤灰、硅灰、粒化高炉矿渣及火山灰（如硅藻土、黏土、页岩和火山凝灰岩）等。采用时，应符合相应技术标准的要求。

三、混凝土的技术性质

普通混凝土的主要技术性质包括：新拌混凝土的和易性（工作性）、硬化后混凝土的力学性质、混凝土变形性和耐久性。

（一）混凝土拌和物的和易性（工作性）

1. 和易性（工作性）概念

混凝土拌和物的和易性（也称工作性），是指混凝土拌和物易于施工操作（搅拌、运输、浇筑、振捣）且能够获得质量均匀、成型密实的性能。和易性是一项综合的技术性质，包括流动性、粘聚性和保水性等三方面的含义，这三方面之间互相联系，但常存在矛盾。流动性是指混凝土拌和物在自重力或机械振动力作用下易于产生流动、易于输送和易于充满混凝土模板的性质。粘聚性是混凝土拌和物在施工过程中保持整体均匀一致的能力。粘聚性好可保证混凝土拌和物在输送、浇灌、成型等过程中，不发生分层、离析，即保证硬化后混凝土内部结构均匀。保水性是混凝土拌和物在施工过程中保持水分的能力。保水性好可保证混凝土拌和物在输送、成型及凝结过程中，不发生大的或严重的泌水，既可避免由于泌水产生的大量的连通毛细孔隙，又可避免由于泌水，使水在粗骨料和钢筋下部聚积所造成的界面粘结缺陷。保水性对混凝土强度和耐久性有较大的影响。

2. 和易性的测定

由于和易性是一项综合技术性质，因此很难找到一种能全面反映拌和物工作性的测定方法。通常是以测定流动性为主，而对黏聚性和保水性主要通过观察进行评定。按《普通混凝土拌和物性能试验方法标准》（GB/T 50080—2002）规定，混凝土拌和物的流动性可采用坍落度法和维勃稠度法来测定。具体的测定步骤见任务12。

3. 混凝土拌和物流动性的选择

选择混凝土拌和物的坍落度，要根据构件截面大小、钢筋疏密和振捣方法来确定。当构件截面尺寸较小或者钢筋较密，或者材料人工振捣时，坍落度科选择大些。反之，如果构件截面尺寸较大，或钢筋较疏，或采用振动振捣时，坍落度可选择小些。按《混凝土结构工程施工质量验收规范》（GB50204—2015）规定，混凝土浇筑时的坍落度宜按表6.4选用。

表 6.4　混凝土浇注入模时的坍落度

序号	结构种类	坍落度（mm）
1	小型预制块及便于浇筑振动的结构	0～20
2	桥涵基础、墩台等无筋或少筋的结构	10～30
3	普通配筋率的钢筋混凝土结构	30～50
3	配筋密列的结构（薄壁、斗仓、筒仓、细柱等）	50～70
4	配筋特密的结构	70～90

注：1. 本表建议的坍落度未考虑掺用外加剂而产生的作用。

2. 水下混凝土、泵送混凝土的坍落度不在此列。

3. 用人工振捣时，坍落度宜增加20～30mm。

4. 浇筑较高结构物混凝土时，坍落度随混凝土浇筑高度上升而分段变化。

4. 影响混凝土拌和物和易性的因素

（1）水泥浆的用量

在混凝土拌和物中，水泥浆包裹骨料表面，填充骨料空隙，使骨料润滑，提高混合料的流动性；在水灰比不变的情况下，单位体积混合物内，随水泥浆的增多，混合物的流动性增大。若水泥浆过多，超过骨料表面的包裹限度，就会出现流浆现象，这既浪费水泥又降低混凝土的性能；如水泥浆过少，达不到包裹骨料表面和填充空隙的目的，使粘聚性变差，流动性低，不仅产生崩塌现象，还会使混凝土的强度和耐久性降低。混合物中水泥浆的数量以满足流动性要求为宜。

（2）水泥浆的稠度

水泥浆的稀稠，取决于水胶比的大小。水胶比小，水泥浆稠，拌和物流动性就小，混凝土拌和物难以保证密实成型。若水胶比过大，又会造成混凝土拌和物的粘聚性和保水性不良，而产生流浆、离析现象。因此，水胶比不宜过大或过小，一般应根据混凝土强度和耐久性选择合理水胶比。

水泥浆的数量和稠度取决于用水量和水胶比。实际上用水量是影响混凝土流动性最大的因素。当用水量一定时，水泥用量适当变化（增减50~100kg/m³）时，基本上不影响混凝土拌和物的流动性，即流动性基本上保持不变。这种关系称为固定用水量法则。由此可知，在用水量相同的情况下，采用不同的水胶比可配制出流动性相同而强度不同的混凝土。该法则在配合比的调整中会经常用到。用水量可根据骨料的品种与规格及要求的流动性，参见表6.16、表6.17和表6.18选取。

（3）砂率

砂率是混凝土中砂的质量占砂、石总质量的百分率。砂在混凝土拌和物中起着填充石子空隙的作用。与石子相比，砂具有粒径小比表面积大的特点。因而，砂率的改变会使骨料的总表面积和空隙率都有显著的变化。砂率和混凝土拌和物坍落度的关系如图6.5（a）所示。从图中可以看出，当砂率过大时骨料的总表面积增大，在水泥浆用量一定的条件下，拌和物的流动性减小；而当砂率过小时，虽然骨料的总表面积减小，但不能保证粗骨料之间有足够的砂浆量，使拌和物的流动性降低，产生离析、崩塌现象、水泥浆流失等不良现象。当砂率适宜时，砂不但能够填满石子的空隙，而且能够保证粗骨料间有一定厚度的砂浆层，使混凝土有较好的流动性，此时的砂率称为合理砂率。采用合理砂率时，在用水量和水泥用量一定的情况下，能使混凝土拌和物获得最大的流动性、良好的粘聚性和保水性；或者在保证混凝土拌和物获得所要求的流动性及良好的粘聚性和保水性前提下，混凝土的水泥用量最小。如图6.5（b）所示。也可通过试验确定。

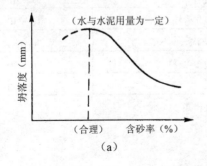
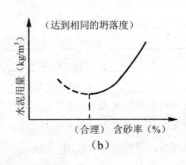

图6.5　合理砂率

（4）原材料的品种、规格、质量

采用卵石、河砂时，混凝土拌和物的流动性优于碎石、破碎砂、山砂拌和的混凝土。水泥的品种对流动性也有一定的影响，但相对较小，水泥品种对保水性影响较大，如矿渣水泥的泌水性较大。

（5）时间和温度

新拌混凝土随时间推移，部分拌和水蒸发或被骨料吸收，同时水泥水化进而导致混凝土拌和物变稠，流动性变小，造成坍落度损失，影响混凝土施工质量。

混凝土拌和物的流动性随着温度的升高而减小，温度升高10℃，坍落度减小20～40mm，这是由于温度升高会加速水泥的水化，增加水分的蒸发，夏季施工必须注意这一点。

（6）外加剂和掺和材料

在拌制混凝土时，掺用外加剂（减水剂、引气剂）能够使混凝土拌和物在不增加水泥和用水量的条件下，显著提高混凝土的流动性，且具有良好的粘聚性和保水性。掺加粉煤灰、矿粉等混合材料时，也可改善混凝土拌和物的和易性。

5．改善新拌混凝土和易性的措施

（1）调节混凝土的材料组成

①采用适宜的水泥品种和掺和材料。

②改善砂、石（特别是石子）的级配，尽量采用总表面积和空隙率均较小的良好级配。

③采用合理砂率，尽可能降低砂率，提高混凝土的质量和节约水泥。

④当混凝土拌和物坍落度太小时，维持水胶比不变，适当增加水泥浆的用量，加入外加剂；当拌和物坍落度太大，但粘聚性良好时，可保持砂率不变，适当增加砂、石用量。

（2）掺加各种外加剂

在拌和物中加入少量外加剂（如减水剂、引气剂等），能使拌和物在不增加水泥浆用量的条件下，有效地改善工作性，增大流动性，改善粘聚性，降低泌水性，提高混凝土的耐久性。

（3）改进拌和物的施工工艺

采用高效率的搅拌设备和振捣设备可以改善拌和物的和易性，提高拌和物的浇捣质量。

此外，现代商品混凝土在远距离运输时，为了减小坍落度损失，还经常采用二次加水法，即在混凝土搅拌站拌和时只加入大部分的水，剩下少部分的水在快到施工现场时加入，然后迅速搅拌以获得较好的坍落度。

（二）硬化后混凝土的力学性质

1．混凝土的强度

混凝土的强度是硬化后混凝土最重要的力学指标，通常用于评定和控制混凝土的质量，或者作为评价原材料、配合比、施工过程和养护条件等影响程度的指标。混凝土的强度包括抗压、抗拉、抗剪、抗折强度以及握裹强度等，工程中通常根据抗压强度的大小来估计其他强度值。

（1）立方体抗压强度和强度等级

①立方体抗压强度（f_{cu}）

按照国家标准《普通混凝土力学性能试验方法标准》（GB/T 50081—2002）的规定，以边长为150mm的立方体试件，在标准养护条件下（温度（20±2）℃，相对湿度大于95%）养护28d，或在温度为（20±2）℃的不流动的Ca(OH)₂饱和溶液中养护28d，用标准试验方法所测得的抗压强度值为混凝土立方体抗压强度，以 f_{cu} 表示。混凝土立方体试件抗压强度按下式计算，精确至0.1Mpa。

$$f_{cu} = \frac{P}{A}$$

式中，f_{cu}——混凝土立方体试件的抗压强度值（MPa）；

P——试件破坏荷载（N）；

A——试件承压面积（mm^2）。

以三个试件为一组，以三个试件强度的算术平均值作为强度代表值。如三个测值中最大值或最小值中有一个与中间值的差值超过中间值的15%时，则把最大值或最小值舍去，取中间值作为该组试件的抗压强度值。如最大值和最小值与中间值的差均超过中间值的15%，则该组试件的试验结果作废。

②立方体抗压强度标准值（$f_{cu,k}$）。

混凝土立方体抗压强度的测定是以尺寸为150mm×150mm×150mm的立方体试件作为标准试件。以150mm×150mm×150mm的立方体试件，在标准条件下养护28d，用标准试验方法测得的抗压强度为混凝土立方体抗压强度标准值（$f_{cu,k}$）。按照国家标准规定，混凝土立方体试件的最小尺寸应根据粗骨料的最大粒径确定，当采用非标准尺寸试件时，应将其抗压强度乘以尺寸换算系数，见表6.5，换算成立方体抗压强度标准值。

表 6.5　混凝土试件不同尺寸的强度换算系数

骨料最大粒径（mm）	试件尺寸（mm）	换算系数
≤31.5	100×100×100	0.95
≤40	150×150×150	1.00
≤63.0	200×200×200	1.05

用立方体抗压强度标准值表征混凝土的强度，对于实际工程来讲，大大提高了结构的安全性。

③强度等级

混凝土强度等级是混凝土结构设计强度计算取值的依据。混凝土的强度等级是根据立方体抗压强度标准值来确定的。混凝土强度等级用符号C和立方体抗压强度。

现行国家标准《混凝土结构设计规范》（GB50010—2010）规定：混凝土的强度等级按混凝土立方体抗压强度标准值划分为C15、C20、C25、C30、C35、C40、C45、C50、C55、C60、C65、C70、C75、C80等14个强度等级。

（2）轴心抗压强度（f_{cp}）

实际工程中，钢筋混凝土结构大部分都是棱柱体或圆柱体的结构形式，较少用到立方体的结构形式。为使混凝土的实测强度接近混凝土结构的真实情况，在钢筋混凝土结构计算中，计算轴心受压构件时，都是采用混凝土的轴心抗压强度（f_{cp}）作为依据。

轴心抗压强度 f_{cp} 比同截面的立方体抗压强度 f_{cu} 小，并且棱柱体试件的高宽比越大，轴心抗压强度越小。当高宽比达到一定值之后，强度就不再降低。在立方体抗压强度 f_{cu} =（10～55）MPa，轴心抗压强度 $f_{cp} \approx$（0.7～0.8）f_{cu}。

我国现行国家标准《普通混凝土力学性能试验方法标准》（GB/T 50081—2002）规定，采用150mm×150mm×300mm的棱柱体作为测定轴心抗压强度的标准试件，轴心抗压强度按下式计算。

$$f_{cp} = \frac{F}{A}$$

式中，f_{cp}——试件轴心抗压强度（MPa）；

　　　　F——试件破坏荷载（N）；

　　　　A——试件承压面积（mm2）。

（3）立方体劈裂抗拉强度（f_{ts}）

混凝土在直接受拉时，很小的变形就会开裂。混凝土抗拉强度只有抗压强度的1/20～1/10，并且随强度等级的提高比值有所降低。因此，混凝土在工作时一般不依靠其抗拉强度，但是抗拉强度对开裂有重要的意义，是确定混凝土抗裂度的重要指标。

按现行国家标准《普通混凝土力学性能试验方法标准》（GB/T50081—2002）规定，采用尺寸为150mm×150mm×150mm的立方体作为标准试件，在立方体试件中心面内用圆弧状钢垫条辅助上下压板施加两个方向相反、均匀分布的压应力。当压力增大至一定程度时，试件就沿此平面劈裂破坏，这样测得的强度为立方体劈裂抗拉强度，简称劈裂强度（f_{ts}），按下式计算

$$f_{ts} = \frac{2F}{\pi A} = \frac{0.637F}{A}$$

式中，F——试件破坏荷载（N）；

　　　　A——试件承压面积（mm^2）。

（4）影响混凝土强度的因素

混凝土的强度受很多因素影响，可归纳为材料性质及其组成、养护条件、试验条件和施工振捣方式等四个方面。如图6.6所示，混凝土受力破坏后，基本上有以下三种破坏形式：一是集料本身的破坏，如图6.6（c）所示的情形；二是硬化水泥砂浆体被破坏，如图6.6（a）所示的情形；三是沿硬化的水泥砂浆体和粗集料间的黏结面破坏，如图6.6（b）所示的情形。

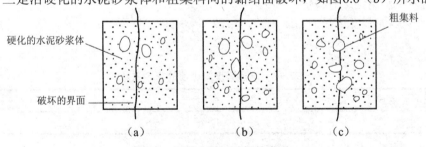

图6.6　混凝土受压破坏的类型

①材料性质及其组成

a. 水泥的强度

水泥是混凝土的胶结材料，水泥强度的大小直接影响着混凝土强度的高低。在配合比相同的条件下，水泥强度越高，水泥石的强度及其与骨料的黏结力越大，混凝土强度也越高。

b. 水胶比

在拌制混凝土时，为了获得必要的流动性，加入较多的水。水泥水化所需的结合水，一般只占水泥质量的25%左右。当混凝土硬化后，多余的水分或残留在混凝土中，或蒸发并在混

凝土内部形成各种不同形状的孔隙，使混凝土的密实度和强度大大降低。因此，在水泥强度和其他条件相同的情况下，混凝土强度主要取决于水灰比。水胶比越小，水泥石强度及与骨料的黏结强度愈大，混凝土强度越高。但水胶比太小，拌和物过于干硬，在一定的施工条件下，无法保证浇筑质量，混凝土中将出现较多的蜂窝、孔洞，强度反而会下降。试验表明，混凝土的强度随水胶比的增大而降低，而与灰水比呈直线关系，如图6.7和图6.8所示。

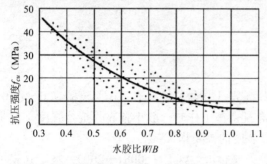

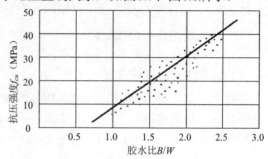

图 6.7 混凝土的抗压强度与水胶比的关系　　　图 6.8 混凝土的抗压强度与胶水比的关系

根据工程实践经验，胶水比（B/W）、水泥实际强度（f_{ce}）与混凝土28d立方体抗压强度（$f_{cu,28}$）的经验公式（又称鲍罗米公式）

$$f_{cu,28} = \alpha_a f_{ce}(\frac{B}{W} - \alpha_b)$$

式中，$f_{cu,28}$——混凝土28d龄期的立方体抗压强度（MPa）；

　　B/W——灰水比；

　　α_a、α_b——回归系数，与骨料的品种及水泥品种等因素有关，可通过试验确定。《普通混凝土配合比设计规程》（JGJ55—2011）规定，碎石分别为0.53、0.20，卵石为0.49、0.13；

　　f_{ce}——水泥28d的实际强度（MPa），可经过试验测定，也可用下列经验公式计算

$$f_{ce} = \gamma_c \cdot f_{ce,g}$$

　　$f_{ce,g}$——水泥强度等级值；

　　γ_c——水泥强度等级的富余系数，可按实际统计资料确定；无实际统计资料时按表6.6选用。

表 6.6 水泥强度等级值的富余系数

水泥强度等级值	32.5	42.5	52.5
富余系数	1.12	1.16	1.10

c. 粗骨料的特征

粗骨料的形状与表面性质对混凝土强度有着直接的关系。碎石表面粗糙，与水泥石黏结力较大；而卵石表面光滑，与水泥石的黏结力较小。在混凝土流动性和其他材料相同的情况下，用碎石配制的混凝土比用卵石配制的混凝土强度高。

d. 浆集比。混凝土中水泥浆的体积与骨料体积的比值，集浆比影响混凝土的强度，特别是对高强混凝土的影响更为明显。在水胶比相同的条件下，在达到最优浆集比后，混凝土强度随浆集比的增加而降低。

②养护条件

a. 温度

通常情况下，温度升高，胶凝材料的溶解、水化和硬化速度加快，利于混凝土强度的增长。如图6.9所示，在4℃～40℃的温度，养护温度提高，可以促进胶凝材料的溶解、水化和硬化，提高混凝土的早期强度。

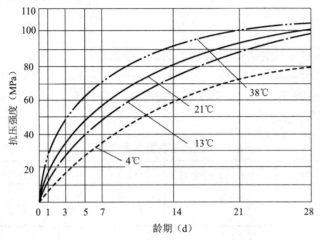

图6.9　温度对混凝土早期强度的影响

温度降低后水化反应速度减慢，混凝土强度发展缓慢。试验测定混凝土强度与冻结龄期的关系如图6.10所示。

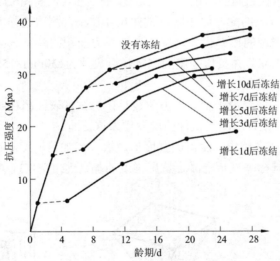

图6.10　混凝土强度与冻结龄期的关系

b. 湿度的影响

适宜的湿度，有利于水泥水化反应的进行，混凝土强度增长较快；如果湿度不够，混凝土会失水干燥，甚至停止水化。这不仅严重降低混凝土的强度，而且因水泥水化作用未能完成，使混凝土结构疏松，渗水性增大，或形成干缩裂缝，从而影响混凝土的耐久性。

所以，为了使混凝土正常硬化，在成型后除了维持周围环境必需的温度以外，还要保持适宜的湿度。施工现场混凝土的养护多采用自然养护，其养护的温度随气温变化，为保持混凝土处于潮湿状态，按照国家标准规定：在混凝土浇筑完毕后的12h以内，对混凝土表面应加以覆盖（草袋等物）并保湿养护。混凝土浇水养护的时间：采用硅酸盐水泥、普通硅酸盐水泥或矿渣硅酸盐水泥拌制的混凝土，浇水养护应不得少于7d；对掺用缓凝型外加剂或有抗渗要求的混凝土，浇水养护应不得少于14d；浇水次数应能保持混凝土处于湿润状态；日平均气温低于5℃时，不得浇水。混凝土养护用水应与拌制用水相同；混凝土表面不便浇水养护时，可采用塑料布覆盖或涂刷养护剂。

c. 龄期

龄期是混凝土自加水搅拌开始所经历的时间，按d或h计。在正常不变的养护条件下，混凝土强度随龄期增长而提高。但通常是最初7~14d内，强度增长较快，以后增长速度变缓，28 d可以达到设计的强度等级，以后强度增长缓慢并趋于平缓，但可以延续数十年。混凝土不同龄期的强度增长值见表6.7。

表6.7 不同龄期混凝土强度的增长值

龄 期	7d	28d	3个月	6个月	1年	2年	4~5年	20年
混凝土相对于28 d的设计强度	0.6~0.7	1	1.25	1.5	1.75	2	2.25	3

③试验条件

a. 试件的形状。试件受压面积相同而高度不同时，高宽比越大，抗压强度越小。这是由于试件受压面与试件承压板之间的约束作用，如图6.11、图6.12和图6.13所示。

b. 试件的尺寸。混凝土的配合比相同，试件尺寸越小，测得的强度越高。因为尺寸增大时，内部孔隙、缺陷等出现的概率也大，导致有效受力面积的减小和应力集中，引起混凝土强度降低。因此，混凝土立方体抗压强度的测定是以尺寸为150mm×150mm×150mm的立方体试件作为标准试件。

c. 试件表面状态。表面光滑平整，压力值较小；当试件表面粗糙时，测得的强度值明显提高。因此，我国标准规定以混凝土试件的侧面作为承压面。

d. 加荷速度。加荷速度越快，测得的强度值越大，当加荷速度超过1.0MPa/s时，这种趋势更加显著。因此，我国标准规定混凝土抗压强度的加荷速度为0.3~0.8MPa/s，且应连续均匀地进行加荷。

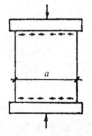
图6.11 压力机承压板对试件的约束作用

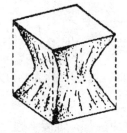
图6.12 试件破坏后残存的棱柱体

图6.13 不受压板约束时试件的破坏情况

④施工振捣方式

施工振捣方式及振捣的密实程度对混凝土抗压强度的影响如图6.14所示。

（5）提高混凝土强度的措施

实际施工中为了加快施工进度，提高模板的周转率，常需提高混凝土的早期强度。一般地可采取以下措施。

①采用高强度水泥和早期型水泥。

②采用水胶比较小、较少的用水量。

③采用级配良好的碎石。

④掺加外加剂和掺合料。

⑤改进施工工艺，提高混凝土的密实度。

⑥采用湿热养护方式。

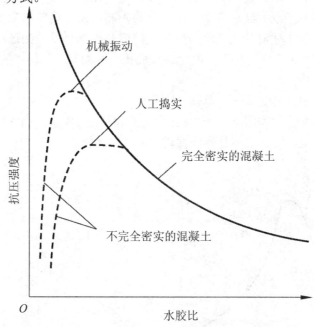

图 6.14　振捣方式对混凝土抗压强度的影响

（三）混凝土变形性

混凝土在硬化过程中、在干燥或冷却作用下要产生变形，以及硬化后在荷载作用下要产生弹性与非弹性变形，当变形受约束时常会引起开裂。混凝土的变形包括非荷载作用下的变形和荷载作用下的变形。非荷载下的变形，分为混凝土的化学收缩、干湿变形及温度变形；荷载作用下的变形，分为弹塑性变形和徐变。

1．非荷载作用下的变形

（1）化学收缩

在混凝土硬化过程中，由于水泥水化生成物的体积比反应前物质的总体积小，从而引起混凝土的收缩，称为化学收缩。其特点为化学收缩是不可恢复，其收缩量是随混凝土硬化龄期的延长而增加，一般在混凝土成型后40d左右增长较快，以后逐渐趋于稳定。化学收缩值很小，对混凝土结构没有破坏作用，但在混凝土内部可能产生微细裂缝。

（2）干湿变形（物理收缩）

由于混凝土周围环境湿度的变化，会引起混凝土的干湿变形，表现为干缩湿胀。混凝土的湿胀变形量很小，一般无破坏作用。但干燥收缩能使混凝土表面出现拉应力而导致开裂。

干缩的主要危害是引起混凝土表面开裂，使混凝土的耐久性受损。干缩主要与水胶比，水泥用量或砂、石用量，骨料的质量（级配好坏、杂质多少等）和规格，养护稳定和湿度，特别是与养护初期的湿度有关。因此可通过调整骨料级配、增大粗骨料的粒径或减少水泥浆用量、适当选择水泥品种以及采用振动振捣、早期养护等措施来降低混凝土干缩值。

（3）温度变形（温度收缩、冷缩）

混凝土随着温度的变化产生热胀冷缩的变形，混凝土的温度线膨胀系数：$(1\sim1.5)\times10^{-5}/^{\circ}\text{C}$，即温度升高$1^{\circ}\text{C}$，每米膨胀$1\sim1.5\text{mm}$。温度变形包括两个方面：一方面是混凝土在正常使用情况下的温度变形；另外一方面是混凝土在成型和凝结硬化阶段由于水化热引起的温度变形。温度变形对大体积混凝土及大面积混凝土工程极为不利，易使这些混凝土造成温度裂缝。为了避免这种危害，对于上述混凝土工程，应尽量降低其内部热量，如选用低热水泥，减少水泥用量，掺加缓凝剂及采用人工降温。对纵向或面积大的混凝土结构，应设置伸缩缝。

2．荷载作用下的变形

（1）短期荷载作用下的变形——弹-塑性变形。

混凝土在一次短期荷载作用下的应力-应变关系如图6.15所示。由图中混凝土受压时的应力与应变曲线可以判定，混凝土不是弹性材料而是弹塑性材料。

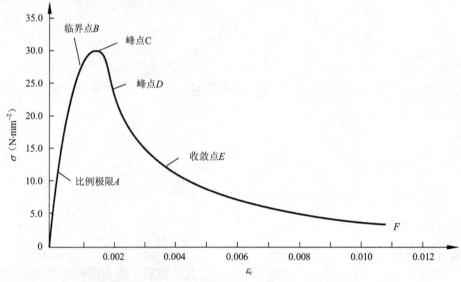

图6.15　混凝土受压时的应力-应变关系曲线

（2）长期荷载作用下的变形（徐变）

①混凝土徐变的概念

a. 徐变。在长期恒定荷载作用下，随时间而沿受力方向增大的非弹性变形称为徐变。

b. 松弛。应变一定时，应力随时间逐渐减小的现象则称应力松弛。

两者都是黏弹性材料的典型特征。当一混凝土构件受约束时，其黏弹性表现为应力随时间逐渐减小。因此，在有约束的条件下，收缩应变引起的弹性拉应力和黏弹性引起的应力松弛，是大多数结构变形与开裂的实质。

②混凝土徐变原因

水泥石中的凝胶体在长期荷载作用下的黏性流动，并向毛细孔内迁移的结果。在混凝土的较早龄期加荷，水泥尚未充分水化，所含凝胶体较多，且水泥石中毛细孔较多，凝胶体易流动，所以徐变发展较快；在晚龄期，水泥继续硬化，凝胶体含量相对减少，毛细孔亦少，徐变发展愈慢。

③影响混凝土徐变的因素

a. 水灰比。混凝土的水灰比较小或在水中养护时，徐变较小；

b. 水泥用量。水灰比相同的混凝土，其水泥用量愈多，徐变愈大；

c.骨料的性质。混凝土所用骨料的弹性模量较大时，徐变较小；

d. 荷载。所受应力越大，徐变越大。

e. 环境温湿度。

④混凝土的徐变对结构物的影响

a. 有利的面

徐变可消除钢筋混凝土内的应力集中，使应力重新分布，从而使局部应力集中得到缓解；对大体积混凝土则能消除一部分由于温度变形所产生的破坏应力。

b. 不利的面

降低混凝土的承载力，增大了钢筋的应力。在预应力钢筋混凝土中，混凝土的徐变将使钢筋的预加应力受到损失。

（四）混凝土的耐久性

混凝土耐久性是指混凝土在实际使用条件下抵抗各种破坏因素作用，长期保持强度和外观完整性的能力。包括抗冻性、抗渗性、抗蚀性及抗碳化能力，也包括碱骨料反应等。

《混凝土结构设计规范》（GB50010—2010）对混凝土结构耐久性做了明确的界定，共分为五大环境类别，见表6.8。

表 6.8　混凝土结构耐久性设计的环境类别

环境类别	条　件
一	室内干燥环境
	永久的无侵蚀性静水浸没环境
二a	室内潮湿环境
	非严寒和非寒冷地区的露天环境
	非严寒和非寒冷地区与无侵蚀性的水或土壤直接接触的环境
	寒冷和严寒地区的冰冻线以下与无侵蚀性的水或土壤直接接触的环境
二b	干湿交替环境
	水位频繁变动环境，严寒和寒冷地区的露天环境
	严寒和寒冷地区的冰冻线以上与无侵蚀性的水或土壤直接接触的环境
三a	严寒和寒冷地区冬季水位冰冻区环境
	受除冰盐影响环境
	海风环境
三b	盐渍土环境
	受除冰盐作用环境
	海岸环境

环境类别	条　件
四	海水环境
五类	受人为或自然的侵蚀性物质影响的环境

注：1．室内潮湿环境是指构件表面经常处于结露或湿润状态的环境。

2．严寒和寒冷地区的划分应符合现行国家标准《民用建筑热工设计规程》GB 50176 的有关规定。

3．海岸环境为距海岸线 100 米以内；海水环境为距海岸线 100 米以外、300 米以内；海风环境宜根据当地情况，考虑主导风向及机构所处迎风、背风部位等因素的影响，由调查研究和工作经验确定。

4．受除冰盐影响环境为受除冰盐雾影响的环境；受除冰盐作用环境指被除冰盐溶液溅射的环境以及使用除冰盐地区的洗车房、停车楼等建筑。严寒和寒冷地区的划分应符合国家现行标准《民用建筑热工设计规程》GB 50176 的有关规定。

5．暴露的环境是指混凝土结构表面所处的环境。

1．抗冻性

抗冻性是混凝土在饱和水状态下，能经受多次冻融循环而不破坏，也不严重降低强度的性能，是评定混凝土耐久性的主要指标。

混凝土的抗冻性用抗冻等级表示，抗冻等级是根据混凝土所能承受的反复冻融循环的次数，划分为 F10、F15、F25、F50、F100、F150、F200、F250、F300、F350、F400 等，如 F100 表示混凝土所能经受的冻融循环次数是 00 次。

混凝土抗冻性主要取决于混凝土的密实度、混凝土的孔隙率、孔隙特征和孔隙充水程度等。较密实的或具有闭口孔隙的混凝土抗冻性较好，因此提高混凝土的密实度或改变混凝土的孔隙特征可提高混凝土的抗冻性。

2．抗渗性

抗渗性是指混凝土抵抗有压介质（如水、油、溶液等）渗透的能力。混凝土的抗渗性用抗渗等级 Pn 表示。《普通混凝土配合比设计规程》（JGJ 55—2011）中规定，抗渗等级等于或大于 P6 级的混凝土称为抗渗混凝土。混凝土渗水的主要原因是混凝土或水泥石结构中存在的毛细管孔隙或裂缝，在水存在条件下形成了连通的渗水通道。抗渗性直接影响混凝土的抗冻性和抗侵蚀性。

混凝土的抗渗性用抗渗等级表示。它是以 28 天龄期的标准试件，在标准的试验条件下，以试件所能承受的最大静水压力来确定。混凝土的抗渗等级有：P4、P6、P8、P10、P12，如 P6 表示混凝土能抵抗 0.6MPa 的静水压力而不渗水。

提高混凝土的抗渗性措施：合理选用水泥品种、降低水灰比、加强振捣和养护等以改善混凝土的孔隙结构，提高混凝土的密实度。

3．抗侵蚀性

当混凝土所处环境中含有酸、碱、盐等侵蚀性介质时，混凝土便会遭受侵蚀。混凝土的抗侵蚀性与所用水泥品种、混凝土的密实度和孔隙特征等有关。结构密实和孔隙封闭的混凝土，环境水不易侵入，抗侵蚀性较强。用于地下工程、海岸与海洋工程等恶劣环境中的混凝土对抗侵蚀性有着更高的要求。提高混凝土抗侵蚀性的主要措施是合理选择水泥品种，降低水胶比，提高混凝土密实度和改善孔结构。

4．抗碳化性

混凝土的碳化，是指混凝土内水泥石中的氢氧化钙与空气中的二氧化碳，在湿度适宜时发生化学反应，生成碳酸钙和水，也称中性化。混凝土的碳化，是二氧化碳由表及里逐渐向混凝内部扩散的过程。碳化引起水泥石化学组成及组织结构的变化，对混凝土的碱度、强度和收缩产生影响。

碳化对混凝土性能有不利的影响。首先是混凝土碱度降低，减弱了对钢筋的保护作用。这是因为混凝土中水泥水化生成大量的氢氧化钙，使钢筋处在碱性环境中而在表面生成一层钝化膜，保护钢筋不易腐蚀。但当碳化深度穿透混凝土保护层而到达钢筋表面时，钢筋钝化膜被破坏而发生锈蚀，此时产生体积膨胀，致使混凝土保护层产生开裂，开裂后的混凝土更有利于二氧化碳、水、氧气等有害介质的进入，加剧了碳化的进行和钢筋的锈蚀，最后导致混凝土产生顺着钢筋方向开裂而破坏。另外，碳化作用会增加混凝土的收缩，引起混凝土表面产生拉应力而出现微细裂缝，从而降低混凝土的抗拉、抗折强度及抗渗能力。

碳化作用对混凝土也有一些有利影响，即碳化作用产生的碳酸钙填充了水泥石的孔隙，以及碳化时放出的水分有助于未水化水泥颗粒的水化，从而提高混凝土碳化层的密实度，对提高抗压强度有利。如混凝土预制桩往往利用碳化作用来提高桩的表面硬度。

影响混凝土碳化速度的主要因素有环境中二氧化碳的浓度、水泥品种、水灰比、环境湿度等。二氧化碳浓度高（如铸造车间），碳化速度快；当环境中的相对湿度在50%～75%时，碳化速度最快，当相对湿度小于25%或大于100%时碳化将停止；水灰比小的混凝土较密实，二氧化碳和水不易侵入，碳化速度减慢；掺混合材料的水泥碱度较低，碳化速度随混合材料掺量的增多而加快。

在实际工程中，为减少碳化作用对钢筋混凝土结构的不利影响，可采取以下措施。

（1）在钢筋混凝土结构中采用适当的保护层，使碳化深度在建筑物设计年限内达不到钢筋表面。

（2）根据工程所处环境及使用条件，合理选择水泥品种。

（3）使用减水剂，改善混凝土的和易性，提高混凝土的密实度。

（4）采用水灰比小，单位水泥用量较大的混凝土配合比。

（5）加强施工质量控制，加强养护，保证振捣质量，减少或避免混凝土出现蜂窝等质量事故。

（6）在混凝土表面涂刷保护层，防止二氧化碳侵入等。

5．碱—骨料反应

混凝土的碱-集料反应是指在有水的条件下，水泥中过量的碱性氧化物（Na_2O、K_2O）与集料中的活性SiO_2之间发生的反应。碱-集料反应的特点是速度很慢，反应生成的碱-硅酸凝胶Na_2SiO_3，能从周围介质中吸收水分而产生三倍以上的体积膨胀，严重影响混凝土长久性能和耐久性能。

碱—骨料反应的产生必须具备三个条件：水泥中碱的含量高；骨料中含有活性氧化硅成分；有水存在。

碱—骨料反应缓慢，其引起的膨胀破坏往往经过若干年后才会出现。为防止碱—骨料反应的危害，采取以下技术措施：应限制水泥中（$Na_2O + 0.658\,K_2O$）的含量小于0.6%，采用低碱度水泥；选用非活性骨料；降低混凝土的单位水泥用量，以降低单位混凝土的含碱量；掺入活性混合材料，使反应分散而降低膨胀值；防止水分侵入混凝土内部。

6．提高混凝土耐久性的措施

（1）采用较小的水胶比，限制最大水胶比和最小水泥用量，以保证混凝土的孔隙率较小，见表6.9和表6.10。

（2）合理选择水泥品种或强度等级，适量的掺加活性混合材料。以利于抗冻性、抗渗性、耐磨性等。

（3）采用杂质少，粒径较大，级配好、坚固性好的砂、石。

（4）掺加减水剂和引气剂。

（5）加强浇捣和养护，以提高混凝土强度及密实度，避免出现裂缝、蜂窝等现象。

其中，一类、二类和三类环境，设计使用年限为50年的结构混凝土应符合表6.8的规定。

表6.9 混凝土结构材料的耐久性基本要求

环境类别		最大水胶比	最低强度等级	最大氯离子（%）	最大碱含量（kg/m³）
一		0.60	C20	0.30	不限制
二	a	0.55	C25	0.20	3.0
	b	0.50（0.55）	C30（C25）	0.15	
三	a	0.45（0.50）	C35（C30）	0.15	
	b	0.40	C40	0.10	

注：1．氯离子含量指其占水泥用量的百分率。

2．预应力构件混凝土中的最大氯离子含量为0.06%，最小水泥用量为300kg/m³；最低混凝土强度等级应按表中规定提高两个等级。

3．当混凝土中加入活性掺和料或能提高耐久性的外加剂时，可适当降低最小水泥用量。

4．当有可靠工程经验时，处于一、二类环境中的最低混凝土强度等级可降低一个等级。

5．当使用非碱活性骨料时，对混凝土的碱含量可不作限制。

6．素混凝土构件的最小水泥用量，不应少于表中数值减25kg/m³。

根据《普通混凝土配合比设计规程》（JGJ55—2011）的规定，除了配置C15及以下强度等级的混凝土除外，混凝土最小胶凝材料用量应符合表6.10的规定。

表6.10 混凝土最小胶凝材料用量

最大水胶比	最小胶凝材料用量（kg/m³）		
	素混凝土	钢筋混凝土	预应力混凝土
0.60	250	280	300
0.55	280	300	300
0.50	320		
≤0.45	330		

四、普通混凝土配合比设计

（一）基本概念

混凝土的配合比即组成混凝土的各种材料间的质量之比。配合比设计就是通过计算、试验等方法和步骤确定混凝土中各种组分间用量比例的过程。

1. 混凝土配合比表示方法

（1）单位用量表示法。以每1m³混凝土中各种材料的用量（kg）表示。

（2）相对用量表示法。以水泥的质量为1，其他材料的用量与水泥相比较，并按"水泥：细骨料：粗骨料；水灰比"的顺序排列表示。见表6.11。

表 6.11　水泥混凝土配合比表示方法

组成材料		水泥	砂	石	水
配合比表示方法	单位用量表示	300kg/m³	720 kg/m³	1200 kg/m³	180 kg/m³
	相对用量表示	1	2.40	4.00	0.60

2. 混凝土配合比设计的基本要求

（1）满足混凝土拌和物的性能要求。配合比要满足混凝土拌和物的稠度、表观密度、含气量、凝结时间等性能要求。

（2）满足混凝土强度要求。配合比应满足结构设计或施工进度中混凝土抗压强度的要求。

（3）满足长期性能和耐久性能要求。配合比应满足混凝土硬化后的收缩和徐变等长期性能和抗冻性、抗渗性等耐久性的要求。

（4）满足经济性的要求。在满足以上三方面技术要求前提下，应满足合理利用原材料，节约水泥，降低混凝土成本的经济性要求。

3. 配合比设计思路

（1）提供基本资料

①工程的具体性质。混凝土工程的具体性质要求包括以下几个方面。

a. 结构或构件的设计强度等级，用于确定混凝土的试配制强度

b. 结构或构件的形状及尺寸、钢筋的最小净距，用于确定粗集料的最大粒径。

c. 混凝土工程的设计使用年限和所处的环境耐久性要求，如抗冻、抗渗、抗腐蚀等要求，用于确定最大水胶比、最小胶凝材料用量条件和水泥的品种等。

②原材料情况。

a. 水泥品种、实际强度、密度。

b. 砂、石的品种，表观密度，含水率，级配情况，砂的规格，石子的最大粒径、压碎值。

c. 拌和水水质及水源情况。

③施工条件及施工水平。其包括搅拌和振捣方式、要求的坍落度、施工单位的施工及管理水平等资料。

（2）确定三个参数

①三个参数。

a. 水胶比。水胶比指用水量与胶凝材料用量的质量比。

b. 砂率。砂率指砂与砂石总量之比。

c. 单位用水量。单位用水量指水泥净浆与集料之间的对比关系，用1m³混凝土的用水量来表示。

②参数的确定原则。三个参数的确定原则如图6.16所示。

4．设计的方法及原理

（1）绝对体积法的基本原理

①假定混凝土拌和物在绝对密实状态下的总体积，等于各组成材料的绝对体积和混凝土拌和物中所含空气的体积之和。

②假定混凝土拌和物中空气的体积含量为α%。

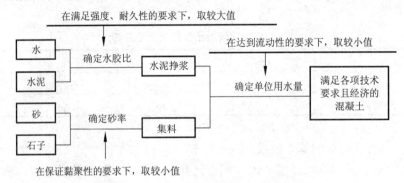

图 6.16　混凝土配合比设计三个参数的确定原则

（2）质量法（假定表观密度法）的基本原理

按混凝土的设计强度等级假定其表观密度，则配制1m³混凝土各组成材料之和为假定的表观密度值。

$$m_{c0} + m_{g0} + m_{s0} + m_{w0} = m_{cp}$$

式中，m_{cp} 为每立方米混凝土拌和物的假定质量（kg），其值可根据施工单位积累的试验资料确定。如缺乏资料时，混凝土的湿表观密度见表6.12。

表 6.12　混凝土假定湿表观密度参考值

混凝土强度等级	≤C15	C20～C30	≥C35
假定湿表观密度（kg·m⁻³）	2300～2350	2350～2400	2450

（二）普通混凝土配合比设计步骤及方法

混凝土配合比设计的方法。首先，根据配合比设计的基本要求和原材料技术条件，利用混凝土强度经验公式和图表进行计算，得出"初步配合比"；其次，通过试拌、检测，进行和易性调整，得出满足施工要求的"试拌配合比"；再次，通过对水胶比微量调整，得出既满足设计强度又比较经济合理的"设计配合比"；最后，根据现场砂、石的实际含水率，对试验配合比进行修正，得出"施工配合比"。具体步骤如下。

1．通过计算，确定初步配合比

初步配合比，是指按原材料性能、混凝土技术要求和施工条件，利用混凝土强度经验公式和图表进行计算所得到的配合比。

（1）确定混凝土配制强度（$f_{cu,0}$）

为了使混凝土的强度保证率达到 95%的要求，在进行配合比设计时，必须使混凝土的配制强度（$f_{cu,0}$）高于设计强度（$f_{cu,k}$）。《普通混凝土配合比设计规程》（JGJ55—2011）要求，混凝土配制强度（$f_{cu,0}$）按下列规定确定。

①当混凝土的设计强度等级小于 C60 时，配制强度应按下式计算：

$$f_{cu,0} \geqslant f_{cu,k} + 1.645\sigma$$

式中，$f_{cu,0}$——混凝土配制强度（MPa）；

　　　　$f_{cu,k}$——混凝土立方体抗压强度标准值，这里取设计混凝土强度等级值（MPa）；

　　　　σ——混凝土强度标准差（MPa）。

②当设计强度等级大于或等于 C60 时，配制强度应按下式计算：

$$f_{cu,0} \geqslant 1.15 f_{cu,k}$$

③混凝土强度标准差应按照下列规定确定。

a. 当具有近 1～3 个月的同一品种、同一强度等级混凝土的强度资料时，其混凝土强度标准差σ应按下式计算：

$$\sigma = \sqrt{\dfrac{\sum\limits_{i=1}^{n} f_{cu,i}^2 - nm_{fcu}^2}{n-1}}$$

式中，$f_{cu,i}$——第 i 组的试件强度（MPa）；

　　　　m_{fcu}——n 组试件的强度平均值（MPa）；

　　　　n——试件组数，n 值应大于或者等于 30。

对于强度等级不大于 C30 的混凝土：当σ计算值不小于 3.0MPa 时，应按照计算结果取值；当σ计算值小于 3.0MPa 时，σ应取 3.0MPa。对于强度等级大于 C30 且不大于 C60 的混凝土：当σ计算值不小于 4.0MPa 时，应按照计算结果取值；当σ计算值小于 4.0MPa 时，σ应取 4.0MPa。

b. 当没有近期的同一品种、同一强度等级混凝土强度资料时，其强度标准差σ可按表 6.13取值。

表 6.13　标准差σ值（MPa）

混凝土强度标准值	≤C20	C25～C45	C50～C55
σ	4.0	5.0	6.0

（2）确定水胶比

混凝土强度等级不大于 C60 等级时，混凝土水胶比宜按下式计算：

$$W/B = \dfrac{\alpha_a \cdot f_b}{f_{cu,0} + \alpha_a \cdot \alpha_b \cdot f_b}$$

式中，α_a、α_b——回归系数，应根据工程所使用的原材料，通过试验建立的水胶比与混凝土强度关系式来确定。当不具备试验统计资料，则可按《普通混凝土配合比设计规程》（JGJ55—2011）提供的α_a、α_b系数取用：碎石：$\alpha_a=0.53$，$\alpha_b=0.20$，卵石：$\alpha_a=0.49$，$\alpha_b=0.13$。

　　　　f_b——胶凝材料（水泥与矿物掺合料按使用比例混合）28d 胶砂强度（MPa），试验方法应按现行国家标准《水泥胶砂强度检验方法（ISO 法）》GB/T 17671 执行；当无实测值时，可按下列规定确定：

$$f_b = \gamma_f \cdot \gamma_s \cdot f_{ce}$$

式中，γ_f、γ_s——粉煤灰影响系数和粒化高炉矿渣粉影响系数，可按表 6.14 选用；

f_{ce}——水泥 28d 胶砂抗压强度（MPa），可实测，也可根据 3d 胶砂强度或快测强度推定 28d 胶砂强度关系式得出。

表 6.14　粉煤灰影响系数（γ_f）和粒化高炉矿渣粉影响系数（γ_s）

种类 掺量（%）	粉煤灰影响系数 γ_f	粒化高炉矿渣粉影响系数 γ_s
0	1.00	1.00
10	0.90～0.95	1.00
20	0.80～0.85	0.95～1.00
30	0.70～0.75	0.90～1.00
40	0.60～0.65	0.80～0.90
50	—	0.70～0.85

注：1. 采用 I 级、II 级粉煤灰宜取上限值。

2. 采用 S75 级粒化高炉矿渣粉宜取下限值，采用 S95 级粒化高炉矿渣粉宜取上限值，采用 S105 级粒化高炉矿渣粉可取上限值加 0.05。

3. 当超出表中的掺量时，粉煤灰和粒化高炉矿渣粉影响系数应经试验确定。

当水泥 28d 胶砂抗压强度（f_{ce}）无实测值时，可按下式计算：

$$f_{ce} = \gamma_c \cdot f_{ce,k}$$

式中，γ_c——水泥强度等级的富余系数，按各地区实际统计资料确定，按表 6.15 取用。

$f_{ce,k}$——水泥强度等级值（MPa）。

表 6.15　水泥强度等级值的富余系数（γ_c）

水泥强度等级值（MPa）	32.5	42.5	52.5
富余系数（γ_c）	1.12	1.16	1.10

【提示】计算出的水胶比，应小于规定的最大水胶比。若计算得出的水胶比大于最大水胶比，则取最大水胶比，以保证混凝土的耐久性。见表 6.16。

表 6.16　普通混凝土最大水胶比和最小胶凝材料用量规定

环境类别		最大水胶比	最小胶凝材料用量（kg/m³）		
			素混凝土	钢筋混凝土	预应力混凝土
一		0.60	250	280	300
二	a	0.55	280	300	300
	b	0.50	320		
三	a	0.45	330		
	b	0.40			

（3）确定用水量（m_{w0}）和外加剂用量（m_{a0}）

①每立方米干硬性或塑性混凝土的用水量的确定。混凝土水胶比在 0.40～0.80 范围时，可按表 6.17 和表 6.18 选取；混凝土水胶比小于 0.40 时，可通过试验确定。

表 6.17　干硬性混凝土的用水量（kg/m³）

拌和物稠度		卵石最大公称粒径（mm）			碎石最大粒径（mm）		
项　目	指　标	10.0	20.0	40.0	16.0	20.0	40.0
维勃稠度 （s）	16～20	175	160	145	180	170	155
	11～15	180	165	150	185	175	160
	5～10	185	170	155	190	180	165

表 6.18　塑性混凝土的用水量（kg/m³）

拌和物稠度		卵石最大粒径（mm）				碎石最大粒径（mm）			
项　目	指　标	10.0	20.0	31.5	40.0	16.0	20.0	31.5	40.0
坍落度 （mm）	10～30	190	170	160	150	200	185	175	165
	35～50	200	180	170	160	210	195	185	175
	55～70	210	190	180	170	220	105	195	185
	75～90	215	195	185	175	230	215	205	195

注：1. 本表用水量系采用中砂时的取值。采用细砂时，每立方米混凝土用水量可增加 5～10kg；采用粗砂时，可减少 5～10kg。

2. 掺用矿物掺合料和外加剂时，用水量应相应调整。

②每立方米流动性或大流动性混凝土的用水量（m_{w0}）可按下式计算：

$$m_{w0} = m_{w0'}(1-\beta)$$

式中，$m_{w0'}$——满足实际坍落度要求的每立方米混凝土用水量（kg），以本规程表 6.18 中 90mm 坍落度的用水量为基础，按每增大 20mm 坍落度相应增加 5kg 用水量来计算；

β——外加剂的减水率（%），应经混凝土试验确定。

③每立方米混凝土中外加剂用量应按下式计算：

$$m_{a0} = m_{b0}\beta_a$$

式中，m_{a0}——每立方米混凝土中外加剂用量（kg）；

m_{b0}——每立方米混凝土中胶凝材料用量（kg）；

β_a——外加剂掺量（%），应经混凝土试验确定。

（4）计算胶凝材料用量（m_{b0}）、矿物掺合料用量（m_{f0}）和水泥用量（m_{c0}）

①每立方米混凝土的胶凝材料用量（m_{b0}）应按下式计算，并进行试拌调整，在拌和物性能满足的情况下，取经济、合理的胶凝材料用量。

$$m_{b0} = \frac{m_{w0}}{W/B}$$

式中，m_{b0}——1m³ 混凝土中胶凝材料用量（kg）；

m_{w0}——1m³ 混凝土的用水量（kg）；

W/B——混凝土水胶比。

②每立方米混凝土的矿物掺合料用量（m_{f0}）计算应符合下列规定：

$$m_{f0} = m_{b0}\beta_f$$

式中，m_{f0}——每立方米混凝土中矿物掺合料用量（kg）；

β_f——计算水胶比过程中确定的矿物掺合料掺量（%）。

3）每立方米混凝土的水泥用量（m_{c0}）应按下式计算：

$$m_{c0} = m_{b0} - m_{f0}$$

式中，m_{c0}——每立方米混凝土中水泥用量（kg）。

【提示】为保证混凝土的耐久性，计算所得的胶凝材料用量应不低于表 6.16 中规定的最小胶凝材料用量。如计算值小于规定值，应取表中规定的最小胶凝材料用量值。

（5）选取合理砂率值（β_s）

当无历史资料可参考时，混凝土砂率的确定应符合下列规定。

①坍落度小于 10mm 的混凝土，其砂率应经试验确定。

②坍落度为 10～60mm 的混凝土砂率，可根据粗骨料品种、最大公称粒径及水灰比按表 6.19 选取。

③坍落度大于 60mm 的混凝土砂率，可经试验确定，也可在表 6.19 的基础上，按坍落度每增大 20mm、砂率增大 1%的幅度予以调整。

表 6.19　混凝土的砂率（%）

水胶比	卵石最大公称粒径（mm）			碎石最大粒径（mm）		
（W/B）	10.0	20.0	40.0	16.0	20.0	40.0
0.40	26～32	25～31	24～30	30～35	29～34	27～32
0.50	30～35	29～34	28～33	33～38	32～37	30～35
0.60	33～38	32～37	31～36	36～41	35～40	33～38
0.70	36～41	35～40	34～39	39～44	38～43	36～41

注：1. 本表数值系中砂的选用砂率，对细砂或粗砂，可相应地减少或增大砂率。

2. 采用人工砂配制混凝土时，砂率可适当增大。

3. 只用一个单粒级粗骨料配制混凝土时，砂率应适当增大。

4. 对薄壁构件，砂率宜取偏大值。

（6）计算粗、细骨料用量（m_{g0}，m_{s0}）

在已知砂率的情况下，粗、细骨料的用量可用质量法或体积法求得。

①质量法。该方法假设混凝土拌和物的表观密度为一固定值，混凝土拌和物各组成材料的单位用量之和即为其表观密度。在已知砂率情况下，粗、细骨料的用量可由下式求得。

$$\begin{cases} m_{c0} + m_{g0} + m_{s0} + m_{w0} + m_{f0} = m_{cp} \\ \beta_s = \dfrac{m_{s0}}{m_{s0} + m_{g0}} \times 100\% \end{cases}$$

式中，m_{g0}——每立方米混凝土的粗骨料用量（kg）；

m_{s0}——每立方米混凝土的细骨料用量（kg）；

m_{w0}——每立方米混凝土的用水量（kg）；

β_s——砂率（%）；

m_{cp}——每立方米混凝土拌和物的假定质量（kg），可取 2350～2450kg。

②体积法。体积法又称绝对体积法，该方法假定 $1m^3$ 混凝土拌和物的体积等于各组材料的绝对体积与混凝土拌和物中所含空气体积之和。在已知砂率情况下，粗、细骨料的用量可由下式求得。

$$\frac{m_{c0}}{\rho_c} + \frac{m_{f0}}{\rho_f} + \frac{m_{g0}}{\rho_g} + \frac{m_{s0}}{\rho_s} + \frac{m_{w0}}{\rho_w} + 0.01\alpha = 1$$

式中，ρ_c——水泥密度（kg/m^3），应按《水泥密度测定方法》GB/T 208 测定，也可取 2900～3100kg/m^3；

ρ_f——矿物掺合料密度（kg/m^3），可按《水泥密度测定方法》GB/T 208 测定；

ρ_g——粗骨料的表观密度（kg/m^3），应按现行行业标准《普通混凝土用砂、石质量及检验方法标准》JGJ52 测定；

ρ_s——细骨料的表观密度（kg/m^3），应按现行行业标准《普通混凝土用砂、石质量及检验方法标准》JGJ52 测定；

ρ_w——水的密度（kg/m^3），可取 1000 kg/m^3；

α——混凝土的含气量百分数，在不使用引气型外加剂时，α可取为 1。

一般认为，质量法比较简单，不需要各种组成材料的密度资料，如果施工单位已积累当地常用材料所组成的混凝土假定表观密度，也可获得较准确的结果。体积法较复杂但较准确。

通过以上六个步骤，可将胶凝材料、水和粗细集料的用量全部求出，得到计算配合比：

$$m_{c0} : m_{w0} : m_{s0} : m_{g0} : m_{f0} = 1 : \frac{m_{w0}}{m_{c0}} : \frac{m_{s0}}{m_{c0}} : \frac{m_{g0}}{m_{c0}} : \frac{m_{f0}}{m_{c0}}$$

2．检测和易性，确定试拌配合比

计算配合比是借助经验公式和数据计算或查阅经验资料得到的，不一定满足设计要求，必须进行试配和调整。通过试配和调整，达到施工和易性要求的配合比，即试拌配合比。

（1）试配拌和量。试配时，应称取实际工程中使用的材料，搅拌方法宜与施工采用的方法相同。每盘混凝土的最小搅拌量应符合表 6.20 的规定，并不应小于搅拌机公称容量的 1/4 且不应大于搅拌机公称容量。

表 6.20　混凝土试配时的最小搅拌量（JGJ55—2011）

粗集料最大公称粒径（mm）	≤31.5	40
拌和物数量（L）	20	25

（2）调整和易性。根据试配拌和量，按计算配合比称取各组成材料进行试拌，搅拌均匀后测定其坍落度，并观察粘聚性和保水性。如果坍落度比设计值小，应保持水胶比不变，适当增加灰浆用量，对于普通混凝土每增加或减少 10mm 坍落度，约需增加或减少 2%～5%的水泥浆；如果坍落度比设计值大，应保持砂率不变，调整砂石用量。随后再拌和均匀，重新测试，直至符合要求为止，最后测出试配拌和物的实际体积密度 ρ_{oh}（kg/m^3）。

根据调整后拌和物中的胶凝材料（m_{ct}）、粗集料（m_{gt}）、细集料（m_{st}）、水（m_{wt}）的用量和实测体积密度（ρ_{oh}），按下式可计算出 $1m^3$ 混凝土中的胶凝材料（m_{cb}）、粗集料（m_{gb}）、细集料（m_{sb}）、水（m_{wb}）的试拌用量：

$$m_{cb} = \frac{m_{ct}}{m_{ct} + m_{gt} + m_{st} + m_{wt}} \times \rho_{oh}$$

$$m_{sb} = \frac{m_{st}}{m_{ct} + m_{gt} + m_{st} + m_{wt}} \times \rho_{oh}$$

$$m_{gb} = \frac{m_{gt}}{m_{ct} + m_{gt} + m_{st} + m_{wt}} \times \rho_{oh}$$

$$m_{wb} = \frac{m_{wt}}{m_{ct} + m_{gt} + m_{st} + m_{wt}} \times \rho_{oh}$$

则试拌配合比为：

$$m_{cb} : m_{wb} : m_{sb} : m_{gb} = 1 : \frac{m_{wb}}{m_{cb}} : \frac{m_{sb}}{m_{cb}} : \frac{m_{gb}}{m_{cb}}$$

3. 检验强度，确定设计配合比

经过和易性调整得出的试拌配合比，不一定满足强度要求，应进行强度检验，既满足设计强度又比较经济合理的配合比就称为设计配合比（试验室配合比）。

混凝土强度检验时，应至少采取三个不同的配合比：一个为试拌配合比，另外两个配合比的水胶比，较试拌配合比的水胶比分别增加和减少 0.05，用水量与试拌配合比相同，砂率可分别增加或减少 1%。

每个配合比至少应制作一组（3 块）试件，标准养护 28d，测其立方体抗压强度值。制作混凝土试件时，应检验拌和物的和易性与实测体积密度（$\rho_{c,t}$），并以此结果代表这一配合比的混凝土拌和物的性能值。

根据测出的混凝土强度与相应的水胶比（B/W）关系，用作图法或计算法求出与混凝土配制强度（$f_{cu,0}$）相对应的水胶比（$\frac{m_c}{m_w}$）。

（1）设计配合比的确定。按下列原则来确定 $1m^3$ 混凝土的材料用量，即为设计配合比。

①用水量（m_w）。取试拌配合比用水量，应在试拌配合比用水量 m_{ub} 的基础上，根据（$\frac{m_c}{m_w}$）进行调整确定，$m_w = m_{wbt}$。

②胶凝材料用量（m_c）。以用水量乘以通过试验确定的、与配制强度相对应的水胶比得出，即 $m_c = m_{wbt} \frac{m_c}{m_w}$。

③粗、细集料用量（m_g、m_s）。根据用水量（m_w）和胶凝材料用量（m_c）进行调整确定，$m_g = m_{gbt}$，$m_s = m_{sbt}$。

（2）设计配合比的校正。当混凝土体积密度实测值（$\rho_{c,t}$）与计算值（$\rho_{c,c}$）之差的绝对值不超过计算值的 2%时，以上定出的配合比即为确定的设计配合比。

当两者之差超过计算值的 2%时，应将配合比中的各项材料用量均乘以校正系数（δ）后，才为确定的混凝土设计配合比。校正系数 δ 为

$$\delta = \frac{\rho_{c,t}}{\rho_{c,c}}$$

$$\rho_{c,\,c} = m_c + m_g + m_s + m_w$$

则，设计配合比为

$$m_c = \delta m_{wbt} \frac{m_c}{m_w} \qquad m_w = \delta m_{wbt} \qquad m_g = \delta m_{gbt} \qquad m_s = \delta m_{sbt}$$

$$m_c : m_w : m_s : m_g = 1 : \frac{m_w}{m_c} : \frac{m_s}{m_c} : \frac{m_g}{m_c}$$

4. 根据含水率，换算施工配合比

施工配合比是指根据施工现场集料含水情况，对以干燥集料为基准的"设计配合比"进行修正后得出的配合比。

假定工地上测出砂的含水率为 $a\%$、石子含水率为 $b\%$，则施工配合比（单位 kg）为：

胶凝材料：$m_c' = m_c$

粗集料：$m_s' = m_s(1 + a\%)$

细集料：$m_g' = m_g(1 + b\%)$

水：$m_w' = m_w - m_s \cdot a\% - m_g b\%$

（三）混凝土配合比设计示例

【例题】某教学楼工程现浇室内钢筋混凝土柱，混凝土设计强度等级为 C20，施工要求坍落度为 35~50mm，采用机械搅拌和振捣。施工单位无近期的混凝土强度资料。采用如下原材料。

胶凝材料：新出厂的普通水泥，32.5 级，密度为 3100kg/m³。

粗集料：卵石，最大粒径 20mm，表观密度为 2730kg/m³，堆积密度为 1500kg/m³。

细集料：中砂，表观密度为 2650kg/m³，堆积密度为 1450kg/m³。

水：自来水。

试设计混凝土的配合比。若施工现场中砂含水率为 3%，卵石含水率 1%，求施工配合比。

【解】（1）通过计算，确定计算配合比。

①确定配制强度（$f_{cu,0}$）。施工单位无近期的混凝强度资料，查表 6.13，取 σ=4.0MPa，配制强度为：$f_{cu,0} = f_{cu,k} + 1.645\sigma$

$$f_{cu,0} = 20 + 1.645 \times 4.0 = 26.58 \text{（Mpa）}$$

②确定水胶比（W/B）。由于胶凝材料为 32.5 级的水泥，无矿物掺合料，取 γ_f=1.0，γ_s=1.0，γ_c=1.12，$f_b = \gamma_f \gamma_s f_c = \gamma_f \gamma_s \gamma_c f_{ce,g} = 1.0 \times 1.0 \times 1.12 \times 32.5 = 36.4$MPa；卵石的回归系数取 α_a=0.49，α_b=0.13。利用强度经验公式计算水胶比为：

$$\frac{W}{C} = \frac{\alpha_a \cdot f_c}{f_{cu,\,o} + \alpha_a \cdot \alpha_b \cdot f_c} = \frac{0.49 \times 36.4}{26.58 + 0.49 \times 0.13 \times 47.6} = 0.617$$

查表 6.17，复核耐久性。该结构物处于室内干燥环境，要求 $W/C \leqslant 0.60$，所以 W/B 取 0.60 才能满足耐久性要求。

③确定用水量（m_{w0}）。根据施工要求的坍落度 35~50mm，卵石 D_{max}=20mm，查表 6.9，取 m_{w0}=180kg。

④确定胶凝材料（m_{c0}）和水泥用量（m_{c0}）。胶凝材料（m_{b0}）用量按下式计算为：

$$m_{co} = \frac{m_{wo}}{W/C} = \frac{180}{0.60} = 300 \text{（kg）}$$

因为没有掺加矿物掺合料，即 m_{f0}=0（kg）。则水泥的用量为：

$$m_{c0} = m_{c0} - m_{f0} = 300 - 0 = 300 \text{（kg）}$$

查表 6.16，复核耐久性。该结构物处于室内干燥环境，最小胶凝材料用量为 280kg，所以 m_{c0} 取 300kg 能满足耐久性要求。

5）确定合理砂率值（β_s）。查表 6.19，W/B=0.60，卵石 D_{max}=20mm，可取砂率 β_s=34%。

6）确定粗、细集料用量（m_{g0}，m_{s0}）。采用体积法计算，取 α=1，解下列方程组

$$\begin{cases} \dfrac{300}{3100} + \dfrac{180}{1000} + \dfrac{m_{s0}}{2650} + \dfrac{m_{g0}}{2730} + 0.01 \times 1 = 1 \\ \beta_s = \dfrac{m_{s0}}{m_{s0} + m_{g0}} \times 34\% \end{cases}$$

得：m_{g0}=1273（kg）；m_{s0}=656（kg）。

计算配合比为：

$$m_{c0} : m_{s0} : m_{g0} : m_{w0} = 300 : 656 : 1273 : 180 = 1 : 2.17 : 4.24 : 0.60$$

（2）调整和易性，确定试拌配合比

卵石 D_{max}=20mm，按计算配合比试拌 20L 混凝土，其材料用量如下。

胶凝材料（水泥）：$300 \times 20/1000 = 6.00$（kg）。

砂子：$656 \times 20/1000 = 13.12$（kg）。

石子：$1273 \times 20/1000 = 25.46$（kg）。

水：$180 \times 20/1000 = 3.60$（kg）。

将称好的材料均匀拌和后，进行坍落度试验。假设测得坍落度为 25mm，小于施工要求的 35～50mm，须调整其和易性。在保持原水胶比不变的原则下，若增加 5%灰浆，再拌和，测其坍落度为 45mm，粘聚性、保水性均良好，达到施工要求的 35～50mm。调整后，拌和物中各项材料实际用量如下。

胶凝材料（水泥）（m_{bt}）：$6.00 + 6.00 \times 5\% = 6.30$（kg）。

砂（m_{st}）：13.12（kg）。

石子（m_{gt}）：25.46（kg）。

水（m_{wt}）：$3.60 + 3.60 \times 5\% = 3.78$（kg）。

混凝土拌和物的实测体积密度为 ρ_{oh}=2380kg/m³。则 1m³ 混凝土中，各项材料的试拌用量如下。

$$m_{cb} = \frac{m_{ct}}{m_{ct} + m_{gt} + m_{st} + m_{wt}} \times \rho_{oh} = \frac{6.30}{6.30 + 25.46 + 13.12 + 3.78} \times 2380 \times 1 = 308 \text{(kg)}$$

$$m_{sb} = \frac{m_{st}}{m_{ct} + m_{gt} + m_{st} + m_{wt}} \times \rho_{oh} = \frac{13.12}{6.30 + 25.46 + 13.12 + 3.78} \times 2380 \times 1 = 642 \text{(kg)}$$

$$m_{gb} = \frac{m_{gt}}{m_{ct} + m_{gt} + m_{st} + m_{wt}} \times \rho_{oh} = \frac{25.46}{6.30 + 25.46 + 13.12 + 3.78} \times 2380 \times 1 = 1245 \text{(kg)}$$

$$m_{wb} = \frac{m_{wt}}{m_{ct} + m_{gt} + m_{st} + m_{wt}} \times \rho_{oh} = \frac{3.78}{6.30 + 25.46 + 13.12 + 3.78} \times 2380 \times 1 = 185 \text{(kg)}$$

试拌配合比如下：

$$M_{cb} : m_{sb} : m_{gb} : m_{wb} = 308 : 642 : 1245 : 185 = 1 : 2.08 : 4.04 : 0.60$$

（3）检验强度，确定设计配合比

在试拌配合比基础上，拌制三个不同水胶比的混凝土。一个为试拌配合比 $W/B=0.60$，另外两个配合比的水胶比分别为 $W/B=0.65$ 和 $W/B=0.55$。经试拌调整已满足和易性的要求。测其体积密度，$W/B=0.65$ 时，$\rho_{oh}=2370\text{kg/m}^3$；$W/B=0.55$ 时，$\rho_{oh}=2390\text{ kg/m}^3$。

每种配合比制作一组（三块）设计，标准养护 28d，测得抗压强度见表 6.21。

表　6.21

水胶比（W/C）	抗压强度（f_{cu}，MPa）
0.55	29.2
0.60	26.8
0.65	23.7

做出 f_{cu} 与 C/W 的关系图，如图 6.17 所示。

抗压强度（f_{cu}，MPa）

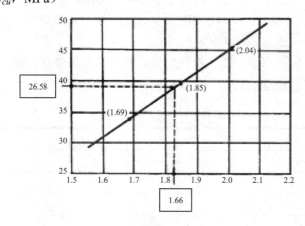

灰水比（W/C）

图 6.17　实测抗压强度与灰水比关系图

由抗压强度试验结果可知，水胶比 $W/B=0.60$ 的试拌配合比的混凝土强度能满足配制强度 $f_{cu,0}$ 的要求，并且混凝土体积密度实测值（$\rho_{c,t}$）与计算值（$\rho_{c,c}$）相吻合，各项材料的用量不需要校正。故设计配合比为：

$$m_c : m_s : m_g : m_w = 308 : 642 : 1245 : 185 = 1 : 2.08 : 4.04 : 0.60$$

（4）根据含水率，换算施工配合比

将设计配合比换算成现场施工配合比：

$$m_c' = m_c = 308 \text{（kg）}$$

$$m_s' = m_s(1 + a\%) = 642 \times (1 + 3\%) = 661 \text{（kg）}$$

$$m_g' = m_g(1 + b\%)$$

$$m_w' = m_w - m_s \cdot a\% - m_g b\% = 185 - 642 \times 3\% - 1245 \times 1\% = 153 \text{（kg）}$$

五、混凝土的质量控制与强度评定

(一)混凝土的质量控制

1. 混凝土生产前的初步控制

混凝土的生产是配合比设计、配料搅拌、运输浇筑、振捣养护等一系列过程的综合。要保证生产的混凝土质量合格,必须在各个环节给予严格的质量控制。

(1)原材料的质量控制

混凝土时由多种材料混合制作而成的,任何一种组成材料的质量偏差或不稳定都会造成混凝土整体质量的波动。水泥要严格按其技术质量标准进行检验,并按有关条件进行品种的合理选用,特别要注意水泥的有效期;粗、细骨料应控制其杂质和有害物质含量,若不符合要求应经过处理并检验合格后方能使用;采用天然水现场拌和的混凝土,对拌和用水的质量应按标准进行检验。水泥、砂、石、外加剂等主要材料应检查产品合格证、出厂检验报告或进场复验报告。

(2)原材料的计量控制

①计量设备。宜采用电子计量设备,其精度应满足现行国家标准《混凝土搅拌站(楼)》(GB/T 10171—2005)的有关规定,并应定期校验。混凝土生产单位应每月进行 1 次自检;每一工作班开始前,应对计量设备机械进行零点校准。

②计量偏差。水泥、砂、石子、混合材料的配合比要采用质量法计量,每盘混凝土原材料计量的允许偏差应符合表 6.22 的规定。原材料计量偏差应每班检查 1 次。

表 6.22　各种原材料计量的允许偏差

原材料种类	允许偏差/(按质量计,%)
胶凝材料	±2%
粗细集料	±3%
拌和用水	±1%
外加剂	

2. 混凝土生产过程中的质量控制

(1)投料拌制

严格按规范规定的各种原材料允许的称量误差投料,每一工作班至少检查两次组成材料的用量。对于冬季施工的混凝土,宜优先选择加热水的方法提高拌和物的温度,也可同时采用加热集料和加热水的方法保证拌和物的温度,但要控制加入最高温度不宜超过表6.23的规定。

表 6.23　拌和用水和集料的最高加热温度

(单位:℃)

采用的水泥品种	拌和用水	集料
硅酸盐水泥或普通硅酸盐水泥	60	40

（2）流动性控制

检查混凝土拌和物在拌制地点及浇筑地点的稠度，每一工作班至少检查两次。评定时应以浇筑地点的检测值为准，若混凝土从出料起至浇筑入模时间不超过15 min，其稠度可只在搅拌地点取样检测。

（3）搅拌时间控制

混凝土的搅拌应采用强制式搅拌机搅拌，搅拌时间应随时检查。

（4）浇筑完毕时间控制

为防止拌和物从搅拌机中卸出长时间未完成浇捣而导致的混凝土流动性降低、浇捣不密实等现象，要控制混凝土从搅拌机卸出到浇筑完毕的延续时间不宜超过表6.24的规定。

表 6.24　混凝土从搅拌机中卸出到浇筑完毕的延续时间

（单位：min）

混凝土生产地点	气温	
	≤25℃	>25℃
预拌混凝土搅拌站	150	120
施工现场	120	90
混凝土制品厂	90	60

（5）养护

混凝土养护方法通常分为自然养护和加热养护两类。自然养护适用于当地当时气温在5℃以上的条件下现场浇筑整体式结构工程，又可分为覆盖浇水养护、薄膜布养护、养护剂养护和蓄水养护等具体方法；加热养护适用于预制厂生产预制构件和混凝土冬期施工时采用，包括蒸汽养护、热模养护、电热养护、红外线养护和太阳能养护等具体方法。

实际施工中，应根据结构、构件或制品情况、环境条件、原材料情况及对混凝土性能要求等，制定施工养护方案或生产养护制度；根据本地区气温情况、设备条件和生产方式，选用相应的养护方法；养护过程中应严格控制温度、湿度和养护时间。

（6）拆模

混凝土必须养护至表面强度达到1.2MPa以上，方可准许在其上行人或安装模板和支架。施工中要按照规范规定，根据构件的种类和尺寸等要求，在达到规定的强度条件下方可拆模。混凝土在自然保湿养护下强度达到1.2MPa的时间可按表6.25估计。

表 6.25　混凝土在自然保湿养护下强度达到 1.2 MPa 的时间

（单位：h）

水泥品种	外界温度/℃			
	1~5	5~10	10~15	>15
硅酸盐水泥 普通硅酸盐水泥	46	36	26	20
矿渣硅酸盐水泥 火山灰质硅酸盐水泥 粉煤灰硅酸盐水泥	60	38	28	22

（二）混凝土的质量评断

混凝土施工过程较多，每一施工过程中都有若干影响混凝土质量的因素，因此在正常的施工条件下，按同一施工方法、同一配合比生产的混凝土质量也是波动的，以混凝土强度为例，造成混凝土波动的原因有：水泥、骨料等原材料质量的波动，原材料计量的误差，水灰比的波动，搅拌、浇筑、振捣和养护条件的波动，取样方法、试件制作、养护条件和试验操作等因素。在正常的施工条件下，上述因素都是随机的，因此混凝土的强度也是随机的。对于随机变量，可以用数理统计方法来对其进行评断，下面以混凝土强度为例说明统计方法的一些基本概念。

1．混凝土强度的波动规律——正态分布

如图6.18所示，对同种混凝土进行系统的随机抽样，以强度为横坐标、某一强度出现的概率为纵坐标绘图得到的曲线为正态分布曲线，其特点如下。

（1）对称轴和曲线的最高峰均出现在平均强度处。分态分布曲线表明混凝土强度在接近其平均强度处出现的概率最大，而远离对称轴的强度测定值出现的概率逐渐减小，最后趋近于零。

（2）曲线和横坐标之间所包围的面积为概率的总和等于100%。对称轴两边出现的概率相等，各为50%。即混凝土强度在大于和小于平均强度时出现的概率各占50%。

（3）在对称轴两边的曲线上各有一个拐点。

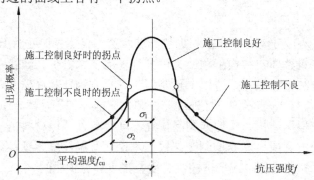

图 6.18　平均值相同而 σ 值不同的正态分布曲线

2．混凝土施工水平的评价指标

（1）平均强度

平均强度是 n 组混凝土试件抗压强度的算术平均值，可按下式计算：

$$\overline{f}_{cu} = \frac{1}{n}\sum_{i=1}^{n} f_{cu.i}$$

式中，　$f_{cu.i}$——为第 i 组试件的抗压强度（MPa）；

　　　　$\overline{f}_{cu}$——为 n 组试件抗压强度的算术平均值（MPa）。

平均强度只反映混凝土强度的平均值，不能反映混凝土强度的波动情况，也不能说明混凝土施工水平的高低。

（2）强度标准差（σ）

混凝土强度标准差又称均方差，用σ表示。由图6.22可知，σ值是正态分布曲线上拐点至对称轴的垂直距离。σ值可按下式计算并应符合表6.22的规定。

$$\sigma = \sqrt{\frac{\sum\limits_{i=1}^{n} f_{cu,i}^{t} - nm_{f_{cm}}^{2}}{n-1}}$$

当施工单位没有统计周期内相同强度等级的混凝土强度统计资料时，标准差σ可按表6.26选用。

表 6.26　混凝土强度标准差

生产场所	强度标准差σ(MPa)		
	<C20	C20～C40	≥C45
预制混凝土搅拌站	≤3.0	≤3.5	≤4.0
预制混凝土构件厂			
施工现场搅拌站	≤3.5	≤4.0	≤4.5

标准差σ是评定混凝土质量均匀性的一种指标。由图6.18可知，σ值小，强度正态分布曲线高而窄，表明强度数据分布区间小，数据大小比较集中，说明混凝土质量控制较均匀，生产管理水平较高；σ值大，强度分布正态曲线矮而宽，表明强度值离散性大，混凝土质量均匀性差；但σ值过小，意味着不经济。我国混凝土强度检验评定标准仅规定了σ值的上限，见表6.27。

表 6.27　混凝土 σ 值的上限

混凝土强度等级	C10～C20	C25～C40	C50～C60
σ(MPa)	4.0	5.0	6.0

（3）强度保证率（P）

强度保证率是指在混凝土强度分布整体中，大于设计强度等级值$f_{cu,k}$的强度值出现的概率，如图6.19所示阴影部分的面积。低于设计强度等级的概率为不合格率，如图6.19所示的阴影以外的面积。

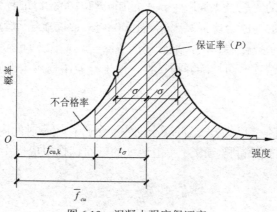

图 6.19　混凝土强度保证率

（4）变异系数（C_v）

变异系数又称离散系数，也是用来评定混凝土质量均匀性的一种指标。C_v值越小，表明混凝土质量越稳定。C_v可按下式计算。

$$C_V = \frac{\sigma}{f_{cu}} \times 100\%$$

一般地，$C_v \leq 0.2$，其值应尽量控制在0.15以下。

3．混凝土强度评定方法

（1）验收批的条件

混凝土强度是分批进行检验评定的。一个检验批的混凝土应满足下列条件：强度等级相同，试验龄期相同，生产工艺条件（搅拌方式、运输条件、浇筑形式）基本相同，配合比基本相同。

（2）检验批、样本容量

检验批是由符合规定条件的混凝土组成的，用于合格性判定的混凝土总体。样本容量是代表检验批的用于合格性评定的混凝土试件组数。实际混凝土强度评定时，不同的施工状态评定的方法有所不同。

对于不同的评定方法，混凝土检验批的试件组数（样本容量）和混凝土的验收批量见表6.28。

表6.28　混凝土检验批的样本容量和验收批量

生产状况	评定方法	试件组数（样本容量）	混凝土数量（验收批量）
预拌混凝土厂、预拌混凝土构件厂、施工现场集中搅拌混凝土	方差已知统计法	3组	最大为300m³
	方差未知统计法	≥10组	最少为1000m³
零星生产的预制构件厂或现场搅拌批量不大的混凝土	非统计法	1~9组	最大为900m³

（3）混凝土的取样

①混凝土强度试样应在混凝土的浇筑地点随机取样。

②每100盘，但不超过100m³的同配合比混凝土，取样次数不应少于一次。

③每一工作班拌制的同配合比混凝土，不足100盘和100m³时取样次数不应少于一次。

④当一次连续浇筑的同配合比混凝土超过1000m³时，每200m³取样不应少于一次。

⑤对于房屋建筑，每一楼层、同一配合比的混凝土，取样不应少于一次。

⑥每次取样应至少留置一组标准养护试件，用于检验结构或构件施工阶段的混凝土强度。

（4）强度评定方法

①统计方法

a．统计方法一（标准差已知）。当混凝土的生产条件在较长时间内能保持一致，且同一品种混凝土的强度变异性能保持稳定时，应由连续的三组试件组成一个验收批，其强度应同时满足下列要求：

$$m_{f_{cu}} \geq f_{cu,k} + 0.7\sigma_0$$
$$f_{cu,\min} \geq f_{cu,k} - 0.7\sigma_0$$

当混凝土强度等级不高于C20时，其强度的最小值尚应满足下式要求：

$$f_{cu,min} \geq 0.85 f_{cu,k}$$

当混凝土强度等级高于 C20 时，其强度的最小值尚应满足下式要求：

$$f_{cu,min} \geq 0.90 f_{cu,k}$$

式中，　$m_{f_{cu}}$——同一验收批混凝土立方体抗压强度的平均值（N/mm²）；

　　　　$f_{cu,k}$——混疑土立方体抗压强度标准值（N/mm²）；

　　　　σ_0——验收批混疑土立方体抗压强度的标准差（N/mm²）；

　　　　$f_{cu,min}$——同一验收批混疑土立方体抗压强度的最小值（N/mm²）。

b. 统计方法二（标准差未知）。当混凝土的生产条件在较长时间内不能保持一致，且混凝土强度变异性不能保持稳定时，或在前一个检验期内的同一品种混凝土没有足够的数据用以确定验收批混凝土立方体抗压强度的标准差时，应由不少于10组的试件组成一个验收批，其强度应同时满足下列公式的要求：

$$m_{fou} - \lambda_1 S_{f_{cu}} \geq 0.9 f_{cu,k}$$
$$f_{cu,min} \geq \lambda_2 f_{cu,k}$$

式中，　$S_{f_{cu}}$——同一验收批混凝土立方体抗压强度的标准差（N/mm²）。当 $S_{f_{cu}}$ 的计算值小于2.5N/mm²时，应取2.5 N/mm²；

　　　　λ_1、λ_2——合格判定系数，按表6.29取用。

表 6.29　混凝土强度的合格判定系数

试件组数	10～14	15～19	≥20
λ_1	1.15	1.05	0.95
λ_2	0.90	0.85	0.85

②非统计方法。当用于评定的样本容量小于10组时，应采用非统计方法。按非统计方法评定混凝土强度时，其所保留强度应同时满足下列要求.

$$m_{f_{cu}} \geq \lambda_3 \cdot f_{cu,k}$$
$$m_{f_{cu,min}} \geq \lambda_4 \cdot f_{cu,k}$$

式中，　λ_3、λ_4——合格评定系数，应按表6.30取用.

表 6.30　混凝土强度的非统计法合格判定系数

混凝土强度等级	<C60	≥60
λ_3	1.15	1.10
λ_4	0.95	0.95

4. 混凝土强度的合格性判定

（1）当检验结果满足合格条件时，则该批混凝土强度判定为合格；否则为不合格。

（2）对于评定为不合格批的混凝土，可按国家现行的有关标准进行处理。

【例题】某工程使用的C20级混凝土，共取得一批9组混凝土的强度代表值，数据见表6.31。请评价该批混凝土的强度是否合格。

表 6.31

混凝土组的序号	1	2	3	4	5	6	7	8	9
强度代表值（MPa）	26.0	27.0	26.5	22.0	24.0	21.0	19.5	21.5	23.0

【解】

（1）由于用来评定的样本容量小于10组，故应采用非统计方法评定。

（2）9组混凝土强度代表值的平均值和最小值应同时满足下列 $m_{f_{cu}}$ 和 $m_{f_{cu,min}}$ 的要求。

$$m_{f_{cu}} \geq \lambda_3 \cdot f_{cu,k} \qquad\qquad m_{f_{cu,min}} \geq \lambda_4 \cdot f_{cu,k}$$

（3）强度合格性判定系数的确定。由于混凝土的强度等级为C20，故强度合格性判定系数分别为1.15和0.95。

（4）最小值合格性判定。由题知，9组混凝土强度代表值的最小值为19.5MPa，而要求的最小值 $m_{f_{cu,min}} \geq \lambda_4 \cdot f_{cu,k}$ =0.95×20=19 MPa，故最小值满足要求。

（5）强度平均值的确定。

强度平均值（26.0+27.0+26.5+22.0+24.0+21.0+19.5+21.5+23.0）/9≈23.4 MPa。

而要求的最小强度平均值 $m_{f_{cu}} \geq \lambda_3 \cdot f_{cu,k}$ =1.15×20=23.0 MPa，故平均值亦满足要求。

（6）结论。由上述计算可知，该批混凝土的强度最小值和平均值均满足规范要求，故该批混凝土的强度合格。

六、其他混凝土

（一）商品混凝土

商品混凝土又称预拌混凝土，是由水泥、骨料、水、外加剂和矿物掺和料等组分按一定比例，在搅拌站经计量、拌制后出售的并采用运输车，在规定时间内运输至施工现场的混凝土拌和物。

施工现场普遍使用预拌混凝土，是由于预拌混凝土具有以下特点：预拌混凝土由搅拌站集中制作，能够确保工程质量，并且对节省施工用地、改善劳动条件、提高施工速度等起到重要作用。

预拌混凝土的标记由预拌混凝土的种类、强度等级、坍落度、粗骨料的最大粒径和水泥品种等五部分组成。例如，A C20—150—GD20—P·S是指预拌混凝土强度等级C20；坍落度为150mm；粗骨料的最大粒径为20mm；采用矿渣硅酸盐水泥；A是指通用品，无其他特殊要求。B C30P8—180—GD25—P·O是指预拌混凝土强度等级C25；坍落度为180mm；粗骨料的最大粒径为25mm；采用普通硅酸盐水泥；B是指特制品，抗渗要求为P8。

（二）轻骨料混凝土

轻骨料混凝土是指用轻粗骨料、轻砂（或普通砂）、水泥和水配制而成的混凝土，其中表观密度不大于1950kg/m³。骨料通常选用工业废料，如粉煤灰陶粒、膨胀矿渣、煤炉渣等；也可选用天然轻骨料，如浮石、火山渣及其轻砂；人造轻骨料，膨胀珍珠岩、页岩陶粒、粘土陶粒等。

轻骨料混凝土的强度等级按立方体抗压强度标准值确定，分为LC5.0、LC7.5、LC10、LC15、

LC20、LC25、LC30、LC35、LC40、LC45、LC50、LC55、LC60等十三个强度等级。

轻骨料混凝土的表观密度比普通混凝土减少1/4～1/3，隔热性能改善，可使结构尺寸减小，增加建筑物使用面积，降低基础工程费用和材料运输费用，其综合效益良好。因此，轻骨料混凝土主要适用于高层和多层建筑、软土地基、大跨度结构、抗震结构、要求节能的建筑和旧建筑的加层等。

（三）纤维混凝土

纤维混凝土是以普通混凝土为基体，外掺各种短切纤维材料而组成的复合材料。纤维材料按材质分有钢纤维、碳纤维、玻璃纤维、石棉及合成纤维等。

纤维在混凝土中起增强作用，可提高混凝土的抗压、抗拉、抗弯强度和冲击韧性，并能有效地改善混凝土的脆性。混凝土掺入钢纤维后，抗压强度提高不大，但从受压破坏形式来看，破坏时无碎块、不崩裂，基本保持原来的外形，有较大的吸收变形的能力，也改善了韧性，是一种良好的抗冲击材料。

目前，纤维混凝土主要用于飞机跑道、高速公路、桥面、水坝覆面、桩头、屋面板、墙板、军事工程等要求高耐磨性、高抗冲击性和抗裂的部位及构件。

任务 12　混凝土性能检测

一、混凝土试验室拌和

（一）一般规定

1. 拌制混凝土的原材料应符合技术要求，并与实际施工材料相同，在拌和前材料的温度应与室温相同（宜保持（20±5）℃），水泥如有结块，应用 64 孔/cm^2 筛过筛后方可使用。

2. 配料时以质量计，称量精度要求：砂、石为±0.5%，水、水泥及外加剂为±0.3%。

3. 砂、石骨料质量以干燥状态为基准。

（二）主要仪器设备

1. 混凝土搅拌机。容量 50～100L，转速 18～22r/min。

2. 台秤。称量 50kg，感量 50g。

3. 其他用具，量筒（500ml、100ml）、天平、拌铲与拌板等。

（三）拌和步骤

1. 人工拌和

（1）按所定配合比称取各材料用量。

（2）将拌板和拌铲用湿布润湿后，把称好的砂倒在铁拌板上，然后加水泥，用铲自拌板一端翻拌至另一端，如此重复，拌至颜色均匀，再加入石子翻拌混合均匀。

（3）将干混合料堆成堆，在中间做一凹槽，将已称量好的水倒一半左右在凹槽中，仔细翻拌，注意勿使水流出。然后再加入剩余的水，继续翻拌，其间每翻拌一次，用拌铲在拌和物上铲切一次，直至拌和均匀为止。

（4）拌和时力求动作敏捷，拌和时间自加水时算起，应符合标准规定，拌和物体积为 30L

时拌 4～4min，30～50 L 时拌 5～9min，51～75 L 时拌 9～12min。

2．机械搅拌

（1）按给定的配合比称取各材料用量。

（2）用按配合比称量的水泥、砂、水及少量石子在搅拌机中预拌一次，使水泥砂浆部分黏附搅拌机的内壁及叶片上，并刮去多余砂浆，以避免影响正式搅拌时的配合比。

（3）依次向搅拌机内加入石子、砂和水泥，开动搅拌机干拌均匀后，再将水徐徐加入，全部加料时间不超过 2min，加完水后再继续搅拌 2min。

（4）将拌和物自搅拌机卸出，倾倒在铁板上，再经人工拌和 2～3 次，即可做拌和物的各项性能试验或成型试件。从开始加水起，全部操作必须在 30min 内完成。

二、混凝土和易性的测定

在施工现场和试验室，通常采用测定混凝土拌和物流动性的同时，辅以直观经验来评定粘聚性和保水性。该试验分坍落度法和维勃稠度法两种，前者适用于坍落度值不小于10mm的塑性和流动性混凝土拌和物的稠度测定，后者适用于维勃稠度在5～230s之间的干硬性混凝土拌和物的稠度测定。要求骨料最大粒径均不得大于40mm。

（一）坍落度测定

1．主要仪器设备

（1）坍落度筒。截头圆锥形，由薄钢板或其他金属板制成，形状和尺寸如图 6.20 所示。

（2）捣棒（端部应磨圆）、装料漏斗、小铁铲、钢直尺、镘刀等。

2．试验步骤

（1）首先用湿布润湿坍落度筒及其他用具，将坍落度筒置于铁板上，漏斗置于坍落度筒顶部并用双脚踩紧踏板。

（2）用铁铲将拌好的混凝土拌和料分三层装入筒内，每层高度约为筒高的 1/3。每层用捣棒沿螺旋方向由边缘向中心插捣 25 次。插捣底层时应贯穿整个深度，插捣其他两层时捣棒应插至下一层的表面。

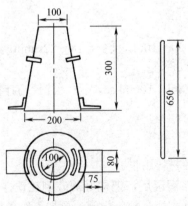

图 6.20　坍落度筒及捣棒

（3）插捣完毕后，除去漏斗，用镘刀括去多余拌和物并抹平，清除筒四周拌和物，在 5～10s 内垂直平稳地提起坍落度筒。随即量测筒高与坍落后的混凝土试体最高点之间的高度差，即为混凝土拌和物的坍落度值。

（4）从开始装料到坍落度筒提起整个过程应在 150s 内完成。当坍落度筒提起后，混凝土试体发生崩坍或一边剪坏现象，则应重新取样测定坍落度，如第二次仍出现这种现象，则表示该拌和物和易性不好。

（5）在测定坍落度过程中，应注意观察粘聚性与保水性。

3．试验结果

（1）稠度。以坍落度表示，单位 mm，精确至 5mm。

（2）粘聚性。以捣棒轻敲混凝土锥体侧面，如锥体逐渐下沉，表示粘聚性良好；如锥体倒坍、崩裂或离析，表示粘聚性不好。

（3）保水性。提起坍落度筒后如底部有较多稀浆析出，骨料外露，表示保水性不好；如无稀浆或少量稀浆析出，表示保水性良好。

（二）维勃稠度测定

1．主要仪器设备

（1）维勃稠度仪。其振动频率为 50±3Hz，装有空容器时台面振幅应为 0.5±0.1mm。

（2）秒表，其他仪器同坍落度试验。

2．试验步骤

（1）将维勃稠度仪放置在坚实水平的基面上。用湿布将容器、坍落度筒、喂料斗内壁及其他用具擦湿。就位后将测杆、喂料斗和容器调整在同一轴线上，然后拧紧固定螺丝。

（2）将混凝土拌和料经喂料斗分三层装入坍落度筒，装料与捣实方法同坍落度试验。

（3）将喂料斗转离，垂直平稳地提起坍落度筒，应注意不使混凝土试体产生横向扭动。

（4）将圆盘转到混凝土试体上方，放松测杆螺丝，降下透明圆盘，使其轻轻接触到混凝土试体顶面，拧紧定位螺丝。

（5）开启振动台，同时用秒表计时，当振至透明圆盘的底面被水泥浆布满的瞬间关闭振动台，并停表计时。

3．试验结果

由秒表读出的时间（s）即为该混凝土拌和物的维勃稠度值。

三、混凝土拌和物表观密度测定

（一）主要仪器设备

1．容量筒。对骨料最大粒径不大于 40mm，容量筒为 5L；当粒径大于 40mm 时，容量筒内径与高均应大于骨料最大粒径 4 倍。

2．台秤。称量 50kg，感量 50g。

3．振动台。频率为 3000±200 次/min，空载振幅为 0.5±0.1mm。

（二）试验步骤

1．润湿容量筒，称其质量 m_1（kg），精确至 50g。

2．将配制好的混凝土拌和料装入容量筒并使其密实。当拌和料坍落度不大于 70mm，可用振动台振实，大于 70mm 用捣棒捣实。

3．用振动台振实时，将拌和料一次装满，振动时随时准备添料，振至表面出现水泥浆，没有气泡向上冒为止。用捣棒捣实时，混凝土分两层装入，每层插捣 25 次（对 5L 容量筒），每一层插捣完后可把捣棒垫在筒底，用双手扶筒左右交替颠击 15 次，使拌和料布满插孔。

4. 用镘刀将多余料浆刮去并抹平，擦净筒外壁，称出拌和料与筒的总质量 m_2（kg）。

（三）结果计算

按下式计算混凝土拌和物的表观密度 $\rho_{oc测}$（精确至 $10kg/m^3$）：

$$\rho_{oc测} = \frac{m_2 - m_1}{V_0} \times 1000 \quad (kg/m^3)$$

式中，V_0——容量筒体积（L），可按试验四中的方法校正。

四、普通混凝土立方体抗压强度测定

（一）试验目的

测定混凝土立方体抗压强度，根据测定结果确定混凝土的强度等级、校核混凝土配合比，并为控制施工质量提供依据。

（二）主要仪器设

1. 压力试验机。
2. 混凝土搅拌机。
3. 振动台。
4. 试模（如图 6.21）所示。
5. 标准养护室。
6. 捣棒、金属直尺等。

图 6.21 混凝土试模

（三）试件制作

1. 制作试件前应检查试模，拧紧螺栓并清刷干净，在其内壁涂上一薄层矿物油脂。一般以 3 个试件为一组。

2. 试件的成型方法应根据混凝土拌和物的稠度来确定。

（1）坍落度大于 70mm 的混凝土拌和物采用人工捣实成型。将搅拌好的混凝土拌和物分两层装入试模，每层装料的厚度大约相同。插捣时用钢制捣棒按螺旋方向从边缘向中心均匀进行。插捣底层时，捣棒应达到试模底面；插捣上层时，捣棒应贯穿下层深度约 20~30mm。并用镘刀沿试模内侧插捣数次。每层的插捣次数应根据试件的截面而定，一般为每 $100cm^2$ 截面积不应少于 12 次。捣实后，刮去多余的混凝土，并用镘刀抹平。

（2）坍落度小于 70mm 的混凝土拌和物采用振动台成型。将搅拌好的混凝土拌和物一次装入试模，装料时用镘刀沿试模内壁略加插捣并使混凝土拌和物稍有富余，然后将试模放到振动台上，振动时应防止试模在振动台上自由跳动，直至混凝土表面出浆为止，刮去多余的混凝土，并用镘刀抹平。

（四）试件养护

采用标准养护的试件成型后应覆盖表面，以防止水分蒸发，并在温度（20±5）℃下静置一昼夜至两昼夜，然后拆模编号。再将拆模后的试件立即放在温度为（20±2）℃、湿度为95%以上的标准养护室的架子上养护，彼此相隔10～20mm。

（五）试验步骤

1. 试件从养护室取出后，应尽快进行试验，以免试件内部的温湿度发生显著变化。

2. 先将试件擦拭干净，测量尺寸，并检查外观，试件尺寸测量精确到1mm，并据此计算试件的承压面积。

3. 将试件安放在试验机的下压板上，试件的承压面应与成型时的顶面垂直。试件的中心应与试验机下压板中心对准。开动试验机，当上板与试件接近时，调整球座，使接触均衡。

4. 混凝土试件的试验应连续而均匀地加荷，混凝土强度等级小于C30时，其加荷速度为0.3～0.5MPa/s；若混凝土强度等级大于或等于C30时，则为0.5～0.8MPa/s。当试件接近破坏而开始迅速变形时，停止调整试验机油门，直到试件破坏，并记录破坏荷载。

5. 试件受压完毕，应清除上下压板上黏附的杂物，继续进行下一次试验。

（六）试验结果计算与处理

1. 混凝土立方体试件抗压强度按下式计算，精确至0.1Mpa。

$$f_{cu} = \frac{P}{A}$$

式中，f_{cu}——混凝土立方体试件的抗压强度值（MPa）；

　　　P——试件破坏荷载（N）；

　　　A——试件承压面积（mm^2）。

2. 以3个试件测值的算术平均值作为该组试件的抗压强度值。如3个测值中最大值或最小值中有1个与中间值的差值超过中间值的15%时，则把最大值或最小值舍去，取中间值作为该组试件的抗压强度值。如最大值和最小值与中间值的差均超过中间值的15%，则该组试件的试验结果作废。

五、混凝土劈裂抗拉强度测试

（一）主要仪器设备

1. 压力机。量程200～300kN。

2. 垫条。采用直径为150mm的钢制弧形垫条，其长度不短于试件的边长。

3. 垫层。加放于试件与垫条之间，为木质三合板，宽15～20mm，厚3～4mm，长度不短于试件的边长。垫层不得重复使用。混凝土劈裂抗拉试验装置如图6.22所示。

4. 试件成型用试模及其他所用器具同混凝土抗压强度试验。

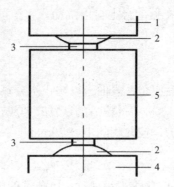

1．4—试验机上、下压板；2—弧形钢块；3—垫条；5—试块

图 6.22　混凝土劈拉试验装置

（二）试验步骤

1．按制作抗压强度试件的方法成型试件，每组 3 块。

2．从养护室取出试件后，应及时进行试验。将表面擦干净，在试件成型面与底面中部画线定出劈裂面的位置，劈裂面应与试件的成型面垂直。

3．测量劈裂面的边长（精确至 1mm），计算出劈裂面积 A（mm_2）。

4．将试件放在试验机下压板的中心位置，降低上压板，分别在上、下压板与试件之间加垫条与垫层，使垫条的接触母线与试件上的荷载作用线准确对正。

5．开动试验机，使试件与压板接触均衡后，连续均匀地加荷，加荷速度为：混凝土强度等级低于 C30 时，取 0.02～0.05MPa/s；高于或等于 C30 时，取 0.05～0.08MPa/s。加荷至破坏，记录破坏荷载 P（N）。

（三）结果计算

1．按下式计算混凝土的劈裂抗拉强度 f_{st}：

$$f_{st} = \frac{2P}{\pi A} = 0.637 \frac{P}{A} \quad (MPa)$$

2．以 3 个试件测值的算术平均值作为该组试件的劈裂抗拉强度值（精确到 0.01MPa）。其异常数据的取舍与混凝土抗压试验同。

3．采用 150 mm×150mm×150mm 的立方体试件作为标准试件，如采用 100 mm×100mm×100mm 立方试件时，试验所得的劈裂抗拉强度值，应乘以尺寸换算系数 0.85。

六、混凝土非破损测试

混凝土非破损检验方法又称无损检验，它可对同一试件进行多次重复测试而不损坏试件，可以直接而迅速地测定混凝土的强度、内部缺陷的位置和大小，还可以判断混凝土结构物遭受破坏的程度等。这是用破损检验方法难以办到的，因而无损检验在工程中得到普遍的重视和应用。

用于混凝土无损检验的方法很多，通常有超声波法、回弹法、拔出法、取芯法、放射线法、谐振法、电测法及表面波法等，还可采用两种或两种以上的综合方法。

（一）混凝土强度回弹法检验

采用附有拉簧和一定尺寸的金属弹击杆的中型回弹仪，以一定的能量弹击混凝土表面，以弹击后回弹的距离值，表示被测混凝土表面的硬度。根据混凝土表面硬度与强度的关系，估算混凝土的抗压强度，作为检验混凝土质量的一种辅助手段。

1. 主要仪器设备

（1）中型回弹仪。标称动能为 2.207J，其构造如图 6.23 所示。

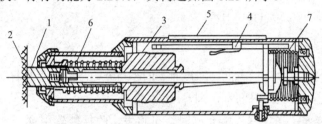

1—弹击杆；2—混凝土试件；3—冲击锤；4—指针；5—刻度尺；6—拉力弹簧；7—压力弹簧

图 6.23　回弹仪构造图

（2）钢钻。洛氏硬度 RHC 为 60±2。

2. 试验步骤

（1）回弹仪率定。将回弹仪垂直向下在钢钻上弹击，取三次的稳定回弹值进行平均，弹击杆应分四次旋转，每次旋转约 90°，弹击杆每旋转一次的率定平均值均应符合 80±2 的要求；否则不能使用。

（2）混凝土构件测区与测面布置。每一构件至少应选取 10 个测区，相邻两测区间距不超过 2m，测区应均匀分布，并具有代表性（测区宜选在侧面为好）。每个测区宜有两个相对的测面，每个测面约为 20cm×20cm。

（3）测面应平整光滑，必要时可用砂轮作表面加工，测面应自然干燥。每个测面上布置 8 个测点，若一个测区只有一个测面应选 16 个测点，测点应均匀分布。

（4）将回弹仪垂直对准混凝土表面并轻压回弹仪，使弹击杆伸出、挂钩挂上弹击锤；将回弹仪弹击杆垂直对准测试点，缓慢均匀地施压，待弹击锤脱钩冲击弹击杆后，弹击锤即带动指针向后移动直至到达一定位置时，即读出回弹值（精确至 1）。

3. 试验结果处理

（1）回弹值计算。从测区的 16 个回弹值中分别剔除 3 个最大值和 3 个最小值，取其余 10 个回弹值的算术平均值，计算至 0.1，作为该测区水平方向测试的混凝土平均回弹值。

（2）回弹值测试角度及浇筑面修正，若测试方向非水平方向和浇筑面或底面时，按有关规定先进行角度修正，然后再进行浇筑面修正。

（3）碳化深度修正，混凝土表面碳化后其硬度提高，回弹值将增大，当碳化深度大于或等于 0.5mm 时，其回弹值应按有关规定进行修正。

（4）根据室内试验建立的强度与回弹值关系曲线，查得构件测区混凝土强度值。在无专用测强曲线和地区测强曲线情况下，可按国家行业标准《回弹法检测混凝土抗压强度技术规程》中的统一测强曲线，由回弹值与碳化深度求得测区混凝土强度。

（5）计算构件混凝土强度平均值（精确至 0.1MPa）和强度标准差（精确至 0.01MPa），最后计算出构件混凝土强度推定值（MPa），精确至 0.1MPa。

（二）混凝土超声波检验

由于超声波在组成材料相同的混凝土中的传播速度（简称波速）与混凝土强度之间存在较好的相关性，一般规律为混凝土密实度愈大，强度愈高，则波速也大，从而可据此来估测混凝土的强度或评定构件混凝土的均匀性。

1. 主要仪器设备

（1）非金属超声波检测仪。声时范围为 0.5～9999μs，精确度为 0.1μs。

（2）换能器。频率在 50～100kHz。

2. 试验步骤

（1）超声仪零读数校正

在测试前需校正超声波传播时间（即声时）的零点 t_0，一般用附有标定传播时间 t_1 的标准块，测读超声波通过标准块的时间 t_2，则 $t_0 = t_2 - t_1$；

对于小功率换能器，当仪器性能允许时，可将发、收换能器用耦合剂（黄油或凡士林）直接耦合，调整零点或取初读数 t_0。

（2）建立混凝土强度——波速曲线

①制作一批不同强度的混凝土立方试件，数量不少于 30 块，试件边长为 150mm，可采用不同配合比或不同龄期的混凝土试件。

②超声波测试，每个试件的测试位置如图 6.24 所示，将收、发换能器的圆面上涂一层耦合剂，并紧贴在试件两测面的相应测点上。调节衰减与增益，使所有被测试件接收信号的首波的波幅调至相同的高度，并将时标点调至首波的前沿，读取声时值。每个试件以 5 个点测值的平均值作为该混凝土试件中超声传播时间（t）的测试结果。

③沿超声波传播方向量试件边长（精确至 1mm），取 4 处边长平均值作为传播距离 1。

④将测试波速的混凝土试件立即进行抗压强度试验，求得抗压强度 f_{cu}（MPa）。

⑤计算波速 V，并由 f_{cu} 及 V 建立 f_{cu}–V 关系曲线。

（3）现场测试

①在建筑物混凝土构件的相对两面均匀地划出网格，网格的边长一般为 20～100cm，网格的交点即为测点，相对两测点的距离即为超声波传播路径的长度。

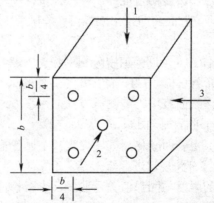

1—浇注方向；2—超声测试方向；3—抗压强度测试方向

图 6.24　试件的超声测试位置

②测试各相对两测点超声波声时，并计算波速。

③按比例绘制出被测件的外形及表面网格分布图，将测试波速标于图中各测点处，数值偏低的部位可以加密测点，进行补测。

④根据构件中钢筋分布及含水率等对波速进行修正。

⑤根据室内建立的混凝土强度与波速的专用曲线，换算出各测点处的混凝土强度值。

⑥按数理统计方法计算出混凝土强度平均值、标准差和变异系数三个统计特征值，用以比较混凝土各部位的均匀性。

【自 我 测 验】

一、填空题

1. 混凝土拌和物的和易性包括_____、_____和_____三个方面等的含义。

2. 测定混凝土拌和物和易性的方法有_____法或_____法。

3. 相同条件下，碎石混凝土的和易性比卵石混凝土的和易性_____。

4. 普通混凝土配合比设计中要确定的三个参数为_____、_____、

5. 水泥混凝土的基本组成材料有_____、_____、_____和_____。

6. 凝土按其强度的大小进行分类，包括_____混凝土、_____混凝土和_____混凝土

7. 试验室配合比设计中，应采用三组不同W/C进行水泥混凝土强度检验。一组为计算W/C，其余两组应较计算W/C增减_____。

8. 粗骨料的最大粒径不得大于钢筋最小净距的_____。

9. 国家标准规定，对非标准尺寸的立方体试件，可采用折算系数折算成标准试件的强度值，边长为100mm的立方体试件的折算系数_____。

10. 混凝土配合比设计过程主要包括_____、_____、_____和_____。

二、名词解释

1. 砂率
2. 混凝土外加剂
3. 混凝土拌和物和易性
4. 混凝土碱—骨料反应
5. 活性混合材料
6. 混凝土抗压强度标准值

三、判断题

1. 级配好的骨料，其表面积小，空隙率小，最省水泥。（　　）

2. 在拌制混凝土中砂越细越好。（　　）

3. 混凝土强度试验，试件尺寸愈大，强度愈低。（　　）

4. 维勃稠度值越大，测定的混凝土拌和物流动性越小。（　　）

5. 在混凝土中加掺合料或引气剂可改善混凝土的粘聚性和保水性。（　　）

6. 普通混凝土的强度等级是根据3天和28天的抗压、抗折强度确定的。（　　　　）

7. 混凝土的强度标准差σ值越小，表明混凝土质量越稳定，施工水平越高。（　　　　）

8. 对四种基本材料进行混凝土配合比计算时，用体积法计算砂石用量时必须考虑混凝土内1%的含气量。（　　　　）

9. 碳化会使混凝土的碱度降低。（　　　　）

10. 混凝土中水泥用量越多，混凝土的密实度及强度越高。（　　　　）

四、单选题

1. 混凝土的_____强度最大。
A. 抗拉　　　　　　B. 抗压　　　　　　　　C. 抗弯　　　　　　D. 抗剪

2. 混凝土配合比设计中，水灰比的值是根据混凝土的_____要求来确定的。
A. 强度及耐久性　　B. 强度　　　　　　　　C. 耐久性　　　　　D. 和易性与强度

3. 炎热夏季大体积混凝土施工时，必须加入的外加剂是_____。
A. 速凝剂　　　　　B. 缓凝剂　　　　　　　C. $CaSO_4$　　　　D. 引气剂

4. 选择混凝土骨料时，应使其_____。
A. 总表面积大，空隙率大　　　　　　　　　B. 总表面积小，空隙率大
C. 总表面积小，空隙率小　　　　　　　　　D. 总表面积大，空隙率小

5. 欲增大混凝土拌和物的流动性，下列措施中最有效的为_____。
A. 适当加大砂率　　　　　　　　　　　　　B. 加水泥浆（W/C不变）
C. 加大水泥用量　　　　　　　　　　　　　D. 加减水剂

6. 厚大体积混凝土工程适宜选用_____。
A. 高铝水泥　　　　B. 矿渣水泥　　　　　　C. 硅酸盐水泥　　　D. 普通硅酸盐水泥

7. 下列材料中，属于非活性混合材料的是_____。
A. 粉煤灰　　　　　B. 矿渣　　　　　　　　C. 火山灰　　　　　D. 石灰石粉

8. 测试混凝土静力受压弹性模量时标准试件的尺寸为_____。
A. 150mm×150mm×150mm　　　　　　　　B. 40mm×40mm×160mm
C. 70.7mm×70.7mm×70.7mm　　　　　　　D. 150mm×150mm×300mm

9. 当混凝土拌和物流动性偏小时，调整时应增加_____。
A. 水泥　　　　　　B. 水　　　　　　　　　C. 水泥和水　　　　D. 砂和石子

10. 在原材料质量不变的情况下，决定混凝土强度的主要因素是_____。
A. 水泥用量　　　　B. 砂率　　　　　　　　C. 单位用水量　　　D. 水灰比

五、问答题

1. 某混凝土搅拌站原使用砂的细度模数为2.5，后改用细度模数为2.1的砂。改砂后原混凝土配方不变，发觉混凝土坍落度明显变小。请分析原因。

2. 改善混凝土拌和物和易性的措施有哪些？

3. 普通混凝土有哪些材料组成？它们在混凝土中各起什么作用？

4. 混凝土水灰比的大小对混凝土哪些性质有影响？确定水灰比大小的因素有哪些？

5. 混凝土配合比设计的基本要求有哪些？

6. 当混凝土拌和物坍落度达不到要求时如何进行调整？

7．如何采取措施提高混凝土的耐久性？

8．影响砼的和易性的因素有哪些？

9．什么是混凝土的碱—骨料反应？对混凝土有什么危害？

10．影响混凝土强度的主要因素有哪些？

六、计算题

1．已知混凝土试拌调整合格后各材料用量为：水泥 5.72kg，砂子 9.0kg，石子为 18.4kg，水为 4.3kg。并测得拌和物表观密度为 2400kg/m3。

（1）试求其基准配合比（以 1m³ 混凝土中各材料用量表示）。

（2）若采用实测强度为 45MPa 的普通水泥、河砂和卵石来配制，试估算该混凝土的 28 天强度（A=0.46，B=0.07）。

2．制 C30 混凝土，要求强度保证率 95%，则混凝土的配制强度为多少？

若采用普通水泥、卵石来配制，试求混凝土的水灰比。已知：水泥实际强度为 48MPa，A=0.46，B=0.07

3．已知砼的施工配合比为 1：2.40：4.40：0.45，且实测混凝土拌和物的表观密度为 2400kg/m³。现场砂的含水率为 2.5%，石子的含水率为 1%。试计算其实验室配合比（以 1m³ 混凝土中各材料的用量表示，准至 1kg）。

4．混凝土的设计强度等级为 C25，要求保证率 95%，当以碎石、42.5 普通水泥、河砂配制混凝土时，若实测混凝土 7d 抗压强度为 20MPa，推测混凝土 28d 强度为多少？能否达到设计强度的要求？混凝土的实际水灰比为多少？（A=0.48，B=0.33，水泥实际强度为 43MP）

5．某工程设计要求混凝土强度等级为 C30，现场施工拟用原料如下：水泥：42.5 普通水泥，ρ_c=3.1g/cm³，水泥实际强度为 46.8Mpa；中砂，ρ_s=2620kg/m³，砂的含水率为 3%；碎石，ρ_g=2710kg/m³，石子的含水率为 1%。混凝土单位用水量为 160kg/m³，砂率为 33%。

（1）试计算混凝土的初步配合比。

（2）设初步配合比就是试验室配合比度求施工配合比。

6．实验室搅拌混凝土，已确定水灰比为 0.5，砂率为 0.32，每 m³ 混凝土用水量为 180kg，新拌混凝土的体积密度为 2450kg/m³。试求：

（1）每 m³ 混凝土各项材料用量。

（2）若采用水泥标号为 42.5 级，采用碎石，试估算此混凝土在标准条件下，养护 28 天的强度是多少？

7．某试样经调整后，各种材料用量分别为水泥 3.1 kg、水 1.86 kg、砂 6.24 kg、碎石 12.8 kg，并测得混凝土拌和物的体积密度为 2400 kg/m³，若现场砂的含水率为 4%，石子的含水率为 1%。试求其施工配合比。

8．某工厂厂房钢筋混凝土梁，设计要求混凝土强度等级为 C30，坍落度指标为 30～50mm，混凝土单位用水量为 180kg，混凝土强度标准差为 σ=5.0 Mpa；水泥富余系数 β=1.1，水泥标号为 42.5，ρ_c=3.1g/cm³；砂 ρ_s=2600kg/m³；碎石：连续级配、最大粒径为 30mm，ρ_g=2700kg/m³。砂率为 31%。

（1）试计算混凝土的初步配合比。

（2）若初步配合比经调整试配时加入 5%的水泥浆后满足和易性要求，并测得混凝土拌和物的体积密度为 2450 kg/m³，求其基准配合比。

项目七　墙体材料的性能与检测

任务 13　墙体材料性能

墙体材料具有承重、分隔、遮阳、避雨、挡风、绝热、隔声、吸声和隔断光线等作用，因此，合理地选择墙体材料对建筑物的功能、安全以及造价等均具有重要意义。目前，用于墙体的材料主要有砖、砌块和板材三大类。

一、砌墙砖

砌墙砖可分为普通砖和空心砖两大类。普通砖是没有孔洞或者孔洞率小于 25%的砖；而孔洞率大于或等于 25%，其孔的尺寸小而数量多者又称为多孔砖，常用于承重部位；孔洞率大于或等于 40%，孔的尺寸大而数量少的砖称为空心砖，常用于非承重墙。

砌墙砖根据生产工艺又有烧结砖与非烧结砖之分，经焙烧制成的砖为烧结砖，不经焙烧而制成的砖均为非烧结砖。烧结砖按主要原料分，主要有黏土砖（N）、页岩砖、（Y）、煤矸石砖（M）和粉煤灰砖（F）等；按砖的规格、孔洞率、孔的尺寸大小和数量，烧结砖分为普通砖、多孔砖和空心砖，如图 7.1 和图 7.2 所示。非烧结砖主要有蒸养（压）粉煤灰砖、炉渣砖和灰砂砖等。

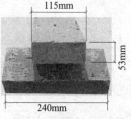

图 7.1　烧结普通砖

图 7.2　烧结多孔砖和空心砖

（一）烧结砖

1. 烧结普通砖

（1）烧结普通砖的生产

以黏土、页岩、煤矸石、粉煤灰等为原料烧制普通砖时，其生产工艺基本相同。生产工艺过程为：采土→调制→制坯→干燥→焙烧→成品，其规格尺寸为 240mm×115mm×53mm，烧结普通砖无孔或孔洞率小于 15%。砖砌体用砖量计算通常以砖的块数来计量，普通砖的长、宽、高分别加上 10mm 的灰缝尺寸，则 4 块砖长、8 块砖宽或 16 块砖厚尺寸均为 1m。因此，1m³ 砖砌体需用普通砖为 512 块，砖砌体（如墙体）的用砖量即可推算。

砖坯在干燥过程中体积收缩叫干缩，在焙烧过程中继续收缩叫烧缩。焙烧是生产烧结普通砖的重要环节。对砖的焙烧温度要予以特别控制，以免出现欠火砖或过火砖。欠火砖是由于焙烧温度过低，砖的孔隙率很大，其强度低、耐久性差。过火砖是由于焙烧温度过高，产生软化变形，使砖的孔隙率小，其外形尺寸易变形、不规整。

当黏土中含有石灰质（$CaCO_3$）时，经焙烧制成的黏土砖易发生石灰爆裂现象。黏土中若含有可溶性盐类时，还会使砖砌体发生盐析现象（亦称泛霜）。

普通黏土砖可烧成红色（红砖）或灰色（青砖）。它们的差别在于焙烧环境不同：当黏土砖处于氧化气氛的焙烧环境中时，则成红砖；当黏土砖处于还原气氛的环境中时，则成青砖。

（2）烧结普通砖的技术要求

根据《烧结普通砖》（GB5101—2003），烧结普通砖的外形为直角六面体，按技术指标分为优等品（A）、一等品（B）和合格品（C）三个质量等级。

①尺寸允许偏差。烧结普通砖的标准尺寸是 240mm×115mm×53mm。

通常将 240mm×115mm 面称为大面，240mm×53mm 面称为条面，115mm×53mm 面称为顶面，4 块砖长、8 块砖宽、16 块砖厚，再加上砌筑灰缝（10mm），长度均为 1m。为保证砌筑质量，砖的尺寸允许偏差必须符合表 7.1 的规定。

表 7.1　烧结普通砖的尺寸允许偏差（GB5101—2003）

单位：mm

公称尺寸	优等品（A）		一等品（B）		合格品（C）	
	样本平均偏差	样本极差	样本平均偏差	样本极差	样本平均偏差	样本极差
长度 240	±2.0	≤6	±2.5	≤7	±3.0	≤8
宽度 115	±1.5	≤5	±2.0	≤6	±2.5	≤7
厚度 53	±1.5	≤4	±1.6	≤5	±2.0	≤6

②外观质量。烧结普通砖的外观质量应符合表 7.2 的规定。

③强度等级。烧结普通砖按抗压强度划分为 MU30、MU25、MU20、MU15、MU10 五个强度等级。若强度等级变异系数 $\delta \leq 0.21$，则采用平均值即标准值方法；若强度等级变异系数 $\delta > 0.21$，则采用平均值即单块最小值方法。各等级的强度标准应符合表 7.3 的规定。

④抗风化能力。抗风化能力是指在干湿变化、温度变化、冻融变化等物理因素作用下，材料不被破坏并长期保持其原有性质的能力。

表 7.2　烧结普通砖的外观质量要求（GB5101—2003）

（单位：mm）

项目		优等品（A）	一等品（B）	合格品（C）
弯曲		≤2	≤3	≤4
两条面高度差		≤2	≤3	≤4
杂质凸出高度		≤2	≤3	≤4
缺棱掉角的三个破坏尺寸，不得同时		>5	>20	>30
裂纹长度	大面上宽度方向及其延伸至条面的长度	≤30	≤60	≤80
	大面上长度方向及其延伸至顶面的长度或条面上水平裂纹的长度	≤50	≤80	≤100
完整面，不得少于		两条面和两顶面	一条面和一顶面	—
颜色		基本一致	—	—

注：1. 为装饰面施加的色彩，凹凸纹、拉毛、压花等不算作缺陷。

2. 凡有下列缺陷之一者，不得称为完整面：①缺损在条面或顶面上造成的破坏面尺寸同时大于 10×10mm；②条面或顶面上裂纹宽度大于 1mm，其长度超过 30mm；③压陷、粘底、焦花在条面或顶面上的凹陷或突出超过 2mm，区域尺寸同时大于 10mm×10mm。

表 7.3　烧结普通砖和烧结多孔砖强度等级（GB5101—2003）

（单位：MPa）

强度等级	抗压强度平均值 $\bar{f}$	变异系数 $\delta \leq 0.21$	变异系数 $\delta > 0.21$
		抗压强度标准值 f_k	单块最小抗压强度 f_{min}
MU30	≥30.0	≥22.0	≥25.0
MU25	≥25.0	≥18.0	≥22.0
MU20	≥20.0	≥14.0	≥16.0
MU15	≥15.0	≥10.0	≥12.0
MU10	≥10.0	≥6.5	≥7.5

注：烧结多孔砖的强度等级只需采用抗压强度平均值 $\bar{f}$ 和抗压强度标准值 f_k 两项指标来评定。

　　烧结普通砖的抗风化能力，通常以抗冻性、吸水率及饱和系数等指标来判别。按《烧结普通砖》（GB5101—2003）规定，严重风化区中的黑龙江、吉林、辽宁、内蒙古、新疆等省区的砖，必须进行冻融试验；其他省区的砖的抗风化性能符合规范的规定时可不做冻融试验，否则必须进行冻融试验。冻融试验后，每块砖样不允许出现裂纹、分层、掉皮、掉角等现象，质量损失不得大于 2%。

　　⑤泛霜。泛霜（也叫起霜、盐析、盐霜等），是指可溶性盐类（如硫酸钠等盐类）在砖或砌块表面的析出现象，一般呈白色粉末、絮团或絮片状。这些结晶的粉状物不仅有损于建筑物的外观，而且结晶膨胀也会引起砖表层的疏松，甚至剥落。

⑥石灰爆裂。是指烧结砖的原料中夹杂着石灰石，焙烧时被烧成生石灰块，在使用过程中生石灰吸水熟化转变为熟石灰，体积膨胀而引起砖裂缝，严重时使砖砌体强度降低，直至破坏。优等品不允许出现最大破坏尺寸大于 2mm 的爆裂区域；一等品不允许出现最大破坏尺寸大于 10mm 的爆裂区域，在 2～10mm 间爆裂区域，每组砖样不得多于 15 处；合格品不允许出现最大破坏尺寸大于 15mm 的爆裂区域，在 2～15mm 间的爆裂区域，每组砖样不得多于 15 处，其中大于 10mm 的不得多于 7 处。

（3）烧结普通砖的应用

烧结普通砖是传统的墙体材料，具有较高的强度和耐久性，又因其多孔而具有保温绝热、隔音吸声等优点，因此适宜于做建筑围护结构，被大量应用于砌筑建筑物的内墙、外墙、柱、拱、烟囱、沟道及其他构筑物，也可在砌体中置适当的钢筋或钢丝以代替混凝土柱和过梁。

2．烧结多孔砖和烧结空心砖

用多孔砖和空心砖代替实心砖可使建筑物自重减轻 1/3 左右，节约黏土 20%～30%，节省燃料 10%～20%，且烧成率高，造价降低 20%，施工效率提高 40%，并能改善砖的绝热和隔声性能，在相同的热工性能要求下，用空心砖砌筑的墙体厚度可减薄半砖左右。所以，推广使用多孔砖、空心砖也是加快我国墙体材料改革，促进墙体材料工业技术进步的措施之一。

（1）烧结多孔砖

烧结多孔砖是以煤矸石、粉煤灰、页岩或黏土为主要原料，经焙烧而成的孔洞率等于或大于 33%，孔的尺寸小而数量多的烧结砖。常用于建筑物承重部位。烧结多孔砖的外形尺寸，按《烧结多孔砖和多孔砌块》（GB13544—2011）规定，《烧结多孔砖和多孔砌块》（GB13544—2011）规定，烧结多孔砖的外形为直角六面体，砖的大面有矩形孔或矩形条孔，孔的四个角为过渡圆角而非直角，孔小而多。在与砂浆的结合面上设有增加结合力的粉刷槽和砌筑砂浆槽。砖的长、宽、高尺寸应符合 290、240、190、180、140、115、90（mm）等要求，主要规格有 190mm×190mm×90mm（M 型）和 240mm×115mm×90mm（P 型），其他规格尺寸由供需双方确定。如图 7.3 所示为部分地区生产的多孔砖规格和孔洞形式。

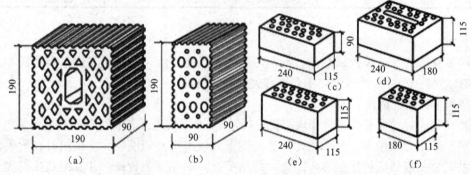

（a）KM1 型；（b）KM1 型配砖；（c）KP1 型；（d）KP2 型（e）（f）KP2 型配砖

图 7.3　几种多孔砖的规格和孔洞形式

①强度等级

《烧结多孔砖和多孔砌块》（GB13544—2011）规定，烧结多孔砖按抗压强度划分为 MU30、MU25、MU20、MU15 和 MU10 五个强度等级。各强度等级的抗压强度应符合表 7.4 中抗压强度平均值和强度标准值两项指标的规定，否则为不合格品。

表 7.4　烧结多孔砖强度等级

强度等级	抗压强度平均值 $\bar{f}$	强度标准值 f_k
MU30	≥30.0	≥22.0
MU25	≥25.0	≥18.0
MU20	≥20.0	≥14.0
MU15	≥15.0	≥10.0
MU10	≥10.0	≥6.5

②外观质量（见表 7.5）

表 7.5　烧结多孔砖外观质量

单位：mm

项目	指标
1. 完整面：不得少于	一条面和一顶面
2. 缺棱掉角的三个破坏尺寸：不能同时大于	30mm
3. 裂纹长度	
（1）大面上深入孔壁15mm以上宽度方向及其延伸至条面的长度　　不大于	80
（2）大面上深入孔壁15mm以上长度方向及延伸至顶面的长度　　不大于	100
（3）条顶面上的水平裂纹　　不大于	100
4. 杂质在砖面造成的凸出高度　　不大于	5

注：凡存在下列缺陷之一者，不得称为完整面。

（1）缺陷在条面或顶面上造成的破坏面尺寸同时大于20mm×30mm。

（2）条面或顶面上裂纹宽度大于1mm，其长度超过70mm。

（3）压陷、黏底、焦花在条面或顶面上的凹陷或凸出超过2mm，区域尺寸同时大于20mm×30mm。

③其他

烧结多孔砖的尺寸偏差、泛霜、石灰爆裂和抗风化性能，应符合《烧结多孔砖和多孔砌块》（GB13544—2011）的规定，不允许有欠火砖和酥砖。

④烧结多孔砖的应用

M 型砖符合建筑模数，使设计规范化、系列化；P 型砖便于与普通砖配套使用。烧结多孔砖的孔洞尺寸小而数量多，分布均匀，非孔洞部分较密实，强度较高。使用时孔洞垂直于承压面，以充分利用砖的抗压强度。因此，烧结多孔砖的强度仍较高，并且绝热性能优于普通砖，常用于砌筑六层以下建筑物的承重墙。

（2）烧结空心砖

烧结空心砖是以黏土、页岩、煤矸石为主要原料，经焙烧而成的孔洞率等于或大于 40% 的砖。其孔尺寸大而数量少且平行于大面和条面，使用时大面受压，孔洞与承压面平行，因而砖的强度不高，如图 7.4 所示。

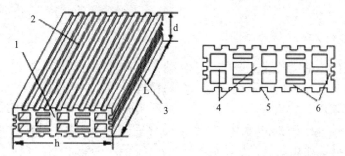

1—顶面；2—大面；3—条面；4—肋；5—外壁；L—长度；h—宽度；d—高度

图 7.4 烧结空心砖

①烧结空心砖的规格尺寸

《烧结空心砖和空心砌块》（GB13545—2003）规定，烧结空心砖的外形为直角六面体，砖的顶面有矩形条孔，孔大而少，平行于大面和条面。在与砂浆的结合面上，设有增加结合力的深度为 1mm 以上的凹线槽。砖的长、宽、高尺寸应符合 390mm、290mm、240mm、190mm、180（175）mm、140mm、115mm、90mm 等要求，其他规格尺寸由供需双方确定。

②烧结空心砖的技术要求

a. 强度等级

《烧结空心砖和空心砌块》（GB 13545—2003）规定，烧结空心砖按抗压强度分为 MU10.0、MU7.5、MU5.0、MU3.5 及 MU2.5 五个强度等级。各强度等级的抗压强度应符合表 7.6 的规定，否则为不合格品。

表 7.6 烧结空心砖的强度等级（GB 13545—2003）

强度等级	抗压强度平均值 $\overline{f}$	抗压强度（MPa）		密度等级范围（kg·m³）
		变异系数 $\delta \leqslant 0.21$	变异系数 $\delta > 0.21$	
		抗压强度标准值 f_k	单块最小抗压强度 f_{min}	
MU10.0	≥10.0	≥7.0	≥8.0	≤1100
MU7.5	≥7.5	≥5.0	≥5.8	
MU5.0	≥5.0	≥3.5	≥4.0	
MU3.5	≥3.5	≥2.5	≥2.8	≤800
MU2.5	≥2.5	≥1.6	≥1.8	

b. 其他

烧结多孔砖的尺寸偏差、外观质量、泛霜、石灰爆裂、吸水率和抗风化性能等应符合《烧结空心砖和空心砌块》（GB 13545—2003）的规定，不允许有欠火砖和酥砖。

对于强度、密度、抗风化性能、放射性物质合格的空心砖，根据尺寸偏差、外观质量、空洞排列及其结构、泛霜、石灰爆裂及吸水率等分为优等品（A）、一等品（B）和合格品（C）三个质量等级。

③烧结空心砖的应用

烧结空心砖的质量较轻，强度不高，因而多用作非承重墙，如多层建筑隔墙或框架结构的填充墙等。使用空心砖，既可提高施工效率，降低造价，又可减轻墙体自重，改善墙体的热工性能。

（二）非烧结砖

不经焙烧而制成的砖均为非烧结砖，如碳化砖、免烧免蒸砖、蒸养（压）砖等。目前，应用较广的是蒸养（压）砖。这类砖是以含钙材料（石灰、电石渣等）和含钙材料（砂子、粉煤灰、煤矸石灰渣、炉渣等）与水拌和，经压制成型，在自然条件下或人工水热合成条件（蒸养或蒸压）下，反应生成以水化硅酸钙、水化铝酸钙为主要胶结料的硅酸盐建筑制品。其主要品种有灰砂砖、粉煤灰砖、炉渣砖等。

1．蒸压粉煤灰砖

蒸压粉煤灰砖的尺寸为 240mm×115 mm×53mm，按抗压强度和抗折强度分为 MU30、MU25、MU20、MU15、MU10 五个强度等级，见表 7.7。根据外观质量、尺寸偏差、强度等分为优等品（A）、一等品（B）和合格品（C）三个质量等级。

表 7.7　蒸压粉煤灰砖强度等级

强度等级	抗压强度（MPa）		抗折强度（MPa）	
	10块平均值≥	单块值≥	10块平均值≥	单块值≥
MU30	30.0	24.0	6.2	5.0
MU25	25.0	20.0	5.0	4.0
MU20	20.0	16.0	4.0	3.2
MU15	15.0	12.0	3.3	2.6
MU10	10.0	8.0	2.5	2.0

注：强度等级以蒸压养护后1d的强度为准。

蒸压粉煤灰砖可用于工业与民用建筑的基础、墙体，但用于基础或容易受干湿交替或冻融作用部位时，必须使用优等品或一等品。在长期受热（200℃以上）、受急冷、急热和有酸性介质侵蚀的环境，禁止使用蒸压粉煤灰砖。

2．炉渣砖

炉渣砖是以煤燃烧后的炉渣（煤渣）为主要原料，加入适量的石灰或电石渣、石膏等材料混合、搅拌、成型、蒸汽养护等而制成的砖。

根据《炉渣砖》（JC/T525—2007）的规定，煤渣砖的公称尺寸为240mm×115mm×53mm，按其抗压强度分为 MU25、MU20、MU15 三个强度级别。见表7.8。

表 7.8　炉渣砖强度等级

（单位：Mpa）

强度等级	抗压强度平均值 $\overline{f}$ ≥	变异系数 $\delta \leq 0.21$	变异系数 $\delta \geq 0.21$
		强度标准值 f_k ≥	单块最小抗压强度 f_{min} ≥
MU25	25.0	19.0	20.2
MU20	20.0	14.0	16.0
MU15	15.0	10.0	12.0

炉渣砖可用工业与民用建筑的墙体和基础，用于基础或易受冻融和干湿交替作用的建筑

部位必须使用 MU15 及 MU15 以上的砖。炉渣砖不得用于长期受热 200℃以上，或急冷急热，或有侵蚀性介质侵蚀的建筑部位。

3. 蒸压灰砂砖

蒸压灰砂砖（简称灰砂砖）是以石灰和砂为主要原料，经坯料制备、压制成型，再经高压饱和蒸汽养护而成的砖。其外形为直角六面体，规格尺寸为 240mm×115mm×53mm，按其抗压强度分为 MU25、MU20、MU15、MU10 四个强度级别。见表7.9。

表 7.9　灰砂砖的强度等级

强度等级	抗压强度（MPa）		抗折强度（MPa）	
	平均值≥	单块值≥	平均值≥	单块值≥
MU25	25.0	20.0	5.0	4.O
MU20	20.0	16.0	4.0	3.2
MU15	15.0	12.0	3.3	2.6
MU10	10.0	8.0	2.5	2.0

注：优等品的强度等级不得小于15级。

灰砂砖与其他墙体材料相比，强度较高，蓄热能力显著，隔声性能十分优越，属于不可燃建筑材料，可用于多层混合结构的承重墙体，其中 MU15、MU20、MU25 灰砂砖可用于基础及其他部位，MU10 可用于防潮层以上的建筑部位。长期在高于 200℃温度下，受急冷、急热或有酸性介质的环境禁止使用蒸压灰砂砖。

二、砌块

砌块是一种比砌墙砖形体大的新型墙体材料，外形多为直角六面体，也有异型的。砌块系列中主规格的长度、宽度或高度有一项或一项以上分别大于 365mm、240mm 或 115mm，但高度不大于长度或宽度的六倍，长度不超过高度的三倍。砌块具有适应性强、原料来源广泛、可充分利用地方资源和工业废料、砌筑方便灵活等特点，同时可提高施工效率及施工的机械化程度，减轻房屋自重，改善建筑物功能，降低工程造价。推广和使用砌块是墙体材料改革的有效途径之一。

砌块按有无孔洞分为实心砌块与空心砌块；按原材料不同分为水泥混凝土砌块、粉煤灰砌块、加气混凝土砌块、轻骨料混凝土砌块等；按大小分为中型砌块和小型砌块，前者用小型起重机械施工，后者可用手工直接砌筑。

（一）粉煤灰砌块

粉煤灰砌块是以粉煤灰、石灰、石膏和骨料（炉渣、矿渣）等为原料，经配料、加水搅拌、振动成型、蒸汽养护所制成的密实砌块。粉煤灰砌块的外形尺寸为 880mm×380mm×240mm 和 880mm×430mm×240mm 两种。砌块的端面应加灌浆槽，坐浆面（又叫铺浆面）宜设抗切槽。粉煤灰砌块属硅酸盐类制品，其干缩值比水泥混凝土大，弹性模量低于同等级强度的水泥混凝土制品。以炉渣为骨料的粉煤灰砌块，其密度为 1300～1550kg/m³，导热系数为 0.465～0.582W/(m·k)。

粉煤灰砌块适用于工业与民用建筑的墙体和基础，但不宜用于具有酸性侵蚀介质的建筑部位，也不宜用于经常处于高温（如炼钢车间）环境下的建筑物。

（二）蒸压加气混凝土砌块

蒸压加气混凝土砌块（简称加气混凝土砌块）是以钙质材料（水泥、石灰等）和硅质材料（矿渣、砂、粉煤灰等）以及加气剂（铝粉），经配料、搅拌、浇注、发气、切割和蒸压养护等工艺制成的一种轻质、多孔墙体材料。

1. 加气混凝土砌块的技术要求

根据《蒸压加气混凝土砌块》（GB 11968—2006）规定，其主要技术指标如下。

①规格。砌块的规格尺寸见表7.10。

表7.10 砌块的规格尺寸

（单位：mm）

长度L	宽度B			高度H			
600	100 120 125 150 180 200 240 250 300			200	240	250	300

注：如需要其他规格，可由供需双方协商解决。

②强度等级与密度等级

加气混凝土砌块按抗压强度分为A1.0、A2.0、A2.5、A3.5、A5.0、A7.5、A10.0 七个等级，见表7.11，按干密度分为B03、B04、B05、B06、B07、B08 六个级别，见表7.12，按外观质量、尺寸偏差、体积密度、抗压强度分为优等品（A）、一等品（B）和合格品（C）。砌块的强度等级应符合表7.13 的规定。

表7.11 砌块的立方体抗压强度

强度等级	立方体抗压强度（MPa）		强度等级	立方体抗压强度（MPa）	
	平均值≥	单块最小值≥		平均值≥	单块最小值≥
A1.0	1.0	0.8	A5.0	5.0	4.0
A2.0	2.0	1.6	A7.5	7.5	6.0
A2.5	2.5	2.0	A10.0	10.0	8.0
A3.5	3.5	2,8			

表7.12 砌块的干体积

（单位：kg/m³）

干密度级别		B03	B04	B05	B06	B07	B08
干体积密度	优等品（A）≤	300	400	500	600	700	800
	合格品（C）≤	325	425	525	625	725	825

表7.13 砌块的强度等级

干密度级别		B03	B04	B05	B06	B07	B08
强度等级	优等品（A）	A1.0	A2.0	A3.5	A5.0	A7.5	A10.0
	合格品（C）			A2.5	A3.5	A5.0	A7.5

2. 加气混凝土砌块的应用

加气混凝土砌块具有体积密度小、保温及耐火性能好、抗振性能强、易于加工、施工方便等特点，适用于低层建筑的承重墙，多层建筑的隔墙和高层框架结构的填充墙，也可用于复合墙板和屋面结构中。在无可靠的防护措施时，不得用于风中或高湿度和有侵蚀介质的环境中，也不得用于建筑物的基础和温度长期高于80℃的建筑部位，如图7.5所示。

图7.5　加气混凝土砌块及应用

（三）混凝土小型空心砌块

混凝土小型空心砌块是以水泥、砂石等普通混凝土材料制成。空洞率为25%～50%，常用的混凝土砌块外形如图7.6所示。

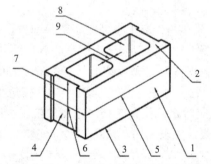

1—条面；2—坐浆面（肋厚较小的面）
3—铺浆面（肋厚较大的面）；4—顶面；5—长度
6—宽度；7—高度；8—壁；9—肋

图7.6　小型空心砌块

1. 混凝土小型空心砌块的技术要求

根据《普通混凝土小型空心砌块》（GB 8239—1997）规定，其主要技术指标如下。

①规格

混凝土小型空心砌块主规格尺寸为390mm×190mm×190mm，其他规格尺寸可由供需双方协商。

②强度等级与质量等级

混凝土小型空心砌块按抗压强度分为mu3.5、MU5.0、MU7.5、MU10.O、MU15.0、MU20.0六个强度等级，见表7.14。按其尺寸偏差和外观质量分为优等品（A）、一等品（B）和合格品（C）三个质量等级。

表 7.14　普通混凝土小型空心砌块强度等级

强度等级	抗压强度（MPa）		强度等级
	平均值≥	单块最小值≥	
MU3.5	3.5	2.8	
MU5.0	5.0	4.0	
MU7.5	7.5	6.0	MU15.0
MU10.0	10.0	8.0	MU20.0
MU15.0	15.0	12.0	
MU20.0	20.0	16.0	

2．应用

混凝土小型空心砌块适用于建造地震设计烈度为 8 度及 8 度以下地区的各种建筑墙体（建筑外墙填充、内墙隔断、内外墙承重），包括高层与大跨度的建筑，也可以用于围墙、挡土墙、桥梁、花坛等市政设施，应用范围十分广泛。

（四）轻骨料混凝土小型空心砌块

轻骨料混凝土小型空心砌块是由水泥、轻骨料、砂、水，经拌和成型、养护制成的一种轻质墙体材料。

1．轻集料混凝土小型空心砌块的技术要求

根据《轻集料混凝土小型空心砌块》（GB/T15229—2011），其技术有如下要求。

（1）规格。主规格尺寸为 390mm×190mm×190mm；其他规格尺寸可由供需双方商定。

（2）强度等级与密度等级。按砌块密度等级分为 700、800、900、1000、1100、1200、1300、1400 八个等级，见表 7.15；按砌块抗压强度分为 MU2.5、MU3.5、MU5.0、MU7.5、MU10.0 五个等级，见表 7.16。按尺寸允许偏差、外观质量分为优等品（A）、一等品（B）和合格品

表 7.15　密度等级

（单位：kg/m³）

密度等级	砌块干体积密度范围	密度等级	砌块干体积密度范围
700	610～700	1100	1010～1100
800	710～800	1200	1110～1200
900	810～900	1300	1210～1300
1000	910～1000	1400	1310～1400

表 7.16　强度等级

强度等级	小砌块抗压强度（MPa）		密度等级围（kg·m⁻³）
	平均值	单块最小值	
MU2.5	≥2.5	≥2.0	≤800
MU3.5	≥3.5	≥2.8	≤1000

（续表）

| 强度等级 | 小砌块抗压强度（MPa） | | 密度等级围（kg·m⁻³） |
	平均值	单块最小值	
MU5.0	≥5.0	≥4.0	≤1200
MU7.5	≥7.5	≥6.0	≤1200① ≤1300②
MU10.0	≥10.0	≥8.0	≤1200① ≤1400②

注：当砌块的抗压强度同事满足2个强度等级或2个以上强度等级要求时，应以满足要求的最高强度等级为准。

①除自然煤矸石掺量小于砌块质量35%以外的其他砌块。

②自然煤矸石掺量小于砌块质量35%以外的其他砌块。

2. 轻集料混凝土小型空心砌块的应用

轻集料混凝土小型空心砌块是一种轻质高强、能取代普通黏土砖的最有发展前途的墙体材料之一，又因其具有绝热性能好、抗振性能好等优点，在各种建筑的墙体中得到广泛应用，特别是在绝热要求较高的维护结构上使用十分广泛。

三、墙用板材

随着建筑结构体系的改革，装配式大板体系、框架轻板体系和大开间多功能框架结构的发展，与之相适应的各种轻质和复合墙用板材也蓬勃兴起。以板材为墙体的建筑体系具有质轻、节能、施工方便、快捷、使用面积大、开间布置灵活等特点，因此，具有广阔的发展前景。

（一）水泥类墙用板材

1. 蒸压加气混凝土板

蒸压加气混凝土板是由钙质材料（水泥+石灰或水泥+矿渣）、硅质材料（石英砂或粉煤灰）、石膏、铝粉、水和钢筋等制成的轻质墙体材料。蒸压加气混凝土板分外墙板和隔墙板。外墙板长度为1500～6000mm，厚度为150mm、170mm、180mm、200mm、240mm、250mm；隔墙板的长度按设计要求，宽度为500～600mm，厚度为75mm、100mm、120mm。

蒸压加气混凝土板含有大量微小的、非连通的气孔，孔隙率达70%～80%，因而具有自重轻、绝热性好[热导率为0.12W/(m·K)]、隔声、吸声、耐火等特性，并具有一定的承载能力，可用作单层或多层工业厂房的外墙，也可用作公共建筑及居住建筑的内隔墙和外墙。

2. 轻骨料混凝土墙板

轻骨料混凝土配筋墙板是以水泥为胶凝材料，陶粒或天然浮石等为粗骨料，陶砂、膨胀珍珠岩、浮石等为细骨料，经搅拌、成型、养护而制成的一种轻质墙板。其品种有浮石全轻混凝土墙板、页岩陶粒炉下灰混凝土墙板及粉煤灰陶粒珍珠岩砂混凝土墙板。以上三种墙板规格（宽×高×厚）分别为：3300mm×2900mm×32mm、3300mm×2900mm×30mm及4480mm×2430mm×22mm。

轻骨料混凝土墙板生产工艺简单、墙的厚度减小、自重轻、强度高、绝热性能好，耐火、抗振性能优越，施工方便。浮石全轻混凝土墙板和页岩陶粒炉下灰混凝土墙板适用于装配式民用住宅大板建筑。粉煤灰陶粒珍珠岩混凝土墙板适用于整体预应力装配式板柱结构。

3．玻璃纤维增强水泥板（GRC 板）

玻璃纤维增强水泥板是以耐碱玻璃纤维、低碱度水泥、轻骨料与水为主要原料制成的，有 GJRC 轻质多孔条板和 GRC 平板（如图 7.7 所示）。GRC 轻质多孔条板按板的厚度分为 90型、120 型，各型号规格（长×宽×厚）分别为（2500～3000mm）×600mm×90mm、（2500～3500mm）×600mm×120mm。GRC 平板根据制作工艺不同，分为 S-GRC 板和雷诺平板。S-GRC板规格尺寸：长度为 1200mm、2400mm、2700mm，宽度为 600mm、900mm、1200mm，厚度为 10mm、12mm、15mm、20mm；雷诺平板规格尺寸：长度为 1200mm、1800mm、2400mm，宽度为 1200mm，厚度为 8mm、10mm、12mm、15mm。

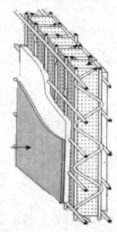

图 7.7　玻璃纤维增强水泥复合板（GRC）

GRC 多孔板性能较好，安装方便，适用于民用与工业建筑的分室、分户、厨房、厕浴间、阳台等非承重的内外墙体部位；若抗压强度大于 10MPa 的板材，也可用于建筑加层和两层以下建筑的内外承重墙体部位。GRC 平板具有密度低、韧性好、耐水、不燃、易加工等特点，可用作建筑物的内隔墙与吊顶板，经表面压花，被覆涂层后，也可用作外墙的装饰面板。

4．水泥刨花板

水泥刨花板是以水泥和刨花（木材加工剩余物、小茎材、树丫材等）为主要原料生产的板材。规格尺寸为长度 2600～3200mm、宽度 1250mm、厚度 8～40mm。此种板具有轻质、隔声、隔热、防火、防水、抗虫蛀以及可钉、可锯、可钻、可胶合、可装饰等性能，适用于建筑物的隔墙板、吊顶板、地板、门芯等。

（二）石膏类墙用板材

石膏类板材具有轻质、绝热、吸声、防火、尺寸稳定及可钉、可刨施工安装方便等性能，在建筑工程中得到广泛的应用，是一种很有发展前途的新型建筑材料。

1．纸面石膏板

纸面石膏板是以建筑石膏为主要原料，掺入纤维、外加剂等作为板芯，以特制的护面纸作为面层的一种轻质板材，分为普通纸面石膏板（IP）、耐水纸面石膏板（S）、耐火纸面石膏板（H）三类，规格为长度 1800mm、2100mm、2400mm、3000mm、3300mm、3600mm，宽度 900mm、1200mm，厚度 9.5mm、15mm、18mm、21mm、25mm。

　　普通纸面石膏具有质轻、抗弯和抗冲击性高，防火、保温隔热、抗振性好，并具有较好的隔音性和可调节室内湿度等优点。当与钢龙骨配合使用时，可作为 A 级不燃性装饰材料使用。普通纸面石膏板的耐火极限一般为 5～15min。板材的耐水性差，受潮后强度明显下降且会产生较大变形或较大的挠度。耐水纸面石膏板具有较高的耐水性。耐火纸面石膏板属于难燃性建筑材料（Bl），具有较高的遇火稳定性，其遇火稳定时间大于 20～30min。GB 50222—95 规定，当耐火纸面石膏板安装在钢龙骨上时，可作为 A 级装饰材料使用，其他性能与普通纸面石膏板相同。

　　普通纸面石膏板适用于办公楼、影剧院、饭店、宾馆、候车室、候机楼、住宅等建筑的室内吊顶、墙面、隔断、内隔墙等的装饰。普通纸面石膏板适用于干燥环境中，不宜用于厨房、卫生间、厕所以及空气相对湿度大于 70%的潮湿环境中。普通纸面石膏板的表面还需要进行饰面处理。普通纸面石膏板与轻钢龙骨构成的墙体体系称为轻钢龙骨石膏板体系（简称QST）。该体系的自重仅为同厚度红砖的 1%，并且墙体薄、占地面积小，可增大房间的有效使用面积。墙体内的空腔还可方便管道、电线等的埋设。

　　耐水纸面石膏板主要用于厨房、卫生间、厕所等潮湿场合的装饰。其表面也需再处理以提高装饰性。

　　耐火纸面石膏板主要用作防火等级要求高的建筑物的装饰材料，如影剧院、体育馆、幼儿园、展览馆、博物馆、候机（车）大厅、售票厅、商场、娱乐厅、商场、娱乐场所及其通道、楼梯间、电梯间等的吊顶、墙面、隔断等。

　　2．纤维石膏板

　　纤维石膏板是由建筑石膏、纤维材料（废纸纤维、木纤维或有机纤维）、多种添加剂和水经特殊工艺制成的石膏板。其规格尺寸与纸面石膏板基本相同，强度高于纸面石膏板。此种板材具有较好的尺寸稳定性和防火、防潮、隔声性能以及可钉、可锯、可装饰的二次加工性能，也可调节室内空气湿度，不产生有害人体健康的挥发性物质。纤维石膏板可用作工业与民用建筑中的隔墙、吊顶及预制石膏复合墙板，还可用来代替木材制作家具。

　　3．石膏空心条板

　　石膏空心条板是以建筑石膏为胶凝材料，适量加入各种轻质骨料（膨胀珍珠岩、膨胀蛭石等）和改性材料（粉煤灰、矿渣、石灰、外加剂等），经拌和，浇注、振捣成型、抽芯、脱模、干燥而成，孔数 7～9，孔洞率 30%～40%。

　　石膏空心条板按原材料分为石膏珍珠岩空心条板、石膏粉煤灰硅酸盐空心条板和石膏空心条板；按防水性能分为普通空心条板和耐水空心条板；按强度分为普通型空心条板和增强型空心条板；按材料结构和用途分素板、网板、钢埋件网板。石膏空心条板的长度为 2100～3300mm、宽度为 250～600mm、厚度为 60～80mm。该板生产时不用纸、不用胶，安装时不用龙骨。其适用于工业与民用建筑的非承重内隔墙。

　　（三）植物纤维类墙用板材

　　1．纸面草板

　　纸面草板是用植物秸秆——稻草或麦草做原料，不需切割粉碎，直接在成型机内以挤压加热的方式形成板芯，并在表面粘以护面纸制成的。纸面草板按原料分纸面稻草板和纸面麦草板；按板边形式分直角边板和楔形边板；按其性能和外观质量分优等品、一等品和合格品三个等级。纸面草板规格有：长度 1800mm、2400mm、2700mm、3000mm、3300mm，宽度

1200mm，厚度 58mm。纸面草板自重轻、保温隔声性能好，抗弯强度较高，有较强的耐燃性和良好的大气稳定性，具有可锯、可钉、可钻等加工性。主要用于建筑物的内隔墙、外墙的内衬、门板、风景屏风、屋面板、活动房等，经表面防水或装饰处理后可用于各种环境的装饰，是一种成本低廉的代木材料。

2．麦秸人造板

麦秸人造板是以麦秸为原料，加入少量无毒、无害的胶黏剂，经切割、锤碎、分级、拌胶、铺装成型、加压、锯边、砂光等工序制成的环保型建筑板材，不需护面纸。使用麦秸人造板，对保护森林资源，维持自然界生态平衡有重要意义。其规格尺寸：长度 1000～4000mm、宽度 1220mm、厚度 6～28mm。麦秸人造板具有质轻、坚固耐用、防蛀、抗水、阻燃、不散发甲醛以及机械加工性能好等特点，可广泛应用于建筑物的隔墙、外墙内衬、吊顶、屋顶、建筑装饰以及建筑模板、地板等。麦秸人造板与轻钢龙骨等材料配套使用，可以构成轻质复合墙体，这种墙体具有优良的绝热性能，用于外墙保温和隔墙保温隔声以及屋顶的绝热。

任务 14 墙体材料性能检测

一、烧结普通砖抗压强度测定

（一）试验目的

通过检测烧结普通砖的抗压强度，作为评定烧结普通砖强度等级的依据。

（二）主要仪器设备

1．压力试验机。

2．抗压试件制备平台。

3．锯砖机或切砖器、直尺、镘刀等。

（三）试样制备

1．抽取 10 块砖样，砖样切断或锯成两个半截砖，断开的半截砖长不得小于 100mm，如图 7.8 所示。如果不足 100mm，应另取备用试样补足。

2．在试样制备平台上，将已断开的半截砖放入室温的净水中浸 10～20min 后取出，并以断口相反方向叠放，两者中间用厚度不超过 5mm 的水泥净浆黏结。水泥净浆采用强度等级为 32.5MPa 的普通硅酸盐水泥调制，要求稠度适宜。上下两面用厚度不超过 3mm 的同种水泥净浆抹平。制成的试件上下两面须互相平行，并垂直于侧面，如图 7.8 所示。

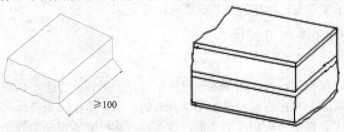

≥100

图 7.8 烧结普通砖试样制备

（四）试件养护

制成的抹面试件应置于不低于 10℃ 的不通风室内养护 3d，再进行试验。

（五）试验步骤

1. 测量每个试件连接面或受压面的长、宽尺寸各 2 个，分别取其平均值，精确至 1mm。

2. 将试件平放在加压板的中央，垂直于受压面加荷，加载应均匀平稳，不得发生冲击或振动。加荷速度以 5±0.5kN/s 为宜，直至试件破坏为止，记录试件最大破坏荷载 p。

（六）试验结果计算与处理

1. 计算每块试件的抗压强度（精确到 0.1MPa）：$f_i = \dfrac{p}{lb}$

2. 计算 10 块试件的抗压强度算术平均值：$\bar{f} = \dfrac{f_1 + f_2 + \cdots + f_{10}}{10}$

3. 计算 10 块试件的抗压强度标准差：$s = \sqrt{\dfrac{1}{9}\sum_{i=1}^{10}(f_k - \bar{f})^2}$

4. 计算强度变异系数：$\delta = \dfrac{s}{\bar{f}}$

5. 计算 10 块试件的强度标准值：$f_k = \bar{f} - 1.8s$

6. 强度等级评定：当变异系数 $\delta \leqslant 0.21$ 时，用抗压强度平均值 $\bar{f}$ 和强度标准值 f_k 两项指标来评定烧结普通砖的强度等级；当变异系数 $\delta > 0.21$ 时，用抗压强度平均值 $\bar{f}$ 和单块砖最小抗压强度值 $f_{\min}$ 两项指标来评定烧结普通砖的强度等级。

二、尺寸偏差与外观质量检验

（一）主要仪器设备

砖用卡尺（如图 7.9 所示），分度值为 0.5mm；钢直尺，分度值为 1mm。

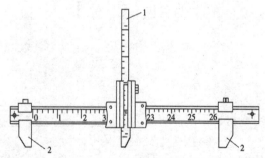

1—垂直尺；2—支角

图 7.9　砖用卡尺

（二）尺寸偏差检验

1. 检验样品数量为 20 块，长度应在砖的两个大面的中间处分别测量两个尺寸；宽度应在砖的两个大面的中间处分别测量两个尺寸；高度应在砖的两个条面的中间处分别测量两个尺寸。当被测处有缺损或凸出时，可在其旁边测量，但应选择不利的一侧。精确至 0.5mm。

2．结果表示：每一方面尺寸以两个测量值的算术平均值表示，精确至 1mm。

3．计算样本平均偏差和样本极差。样本平均偏差是 20 块砖样规格尺寸的算术平均值减去其公称尺寸的差值；样本极差是抽检的 20 块砖样中最大测定值与最小测定值之差值。

（三）外观质量检验

1．缺损检验

缺棱掉角在砖上造成的破损程度，以破损部分对长、宽、高三个棱边的投影尺寸来度量，称为破坏尺寸。

缺损造成的破坏面，系指缺损部分对条、顶面（空心砖为条、大面）的投影面积，空心砖内壁残缺及肋残缺尺寸，以长度方向的投影尺寸来度量。

2．裂纹检验

裂纹分为长度方向、宽度方向和水平方向三种，以被测方向的投影长度表示。如果裂纹从一个面延伸至其他面上时，则累计其延伸的投影长度。 多孔砖的孔洞与裂纹相通时，则将孔洞包括在裂纹内一并测量。裂纹长度以在三个方向上分别测得的最长裂纹作为测量结果。

3．弯曲检验

弯曲分别在大面和条面上测量，测量时将砖用卡尺的两支脚沿棱边两端放置，择其弯曲最大处将垂直尺推至砖面。但不应将因杂质或碰伤造成的凹处计算在内。以弯曲中测得的较大者作为测量结果。

4．杂质凸出高度检验

杂质在砖面上造成凸出高度，以杂质距砖面的最大距离表示。测量将砖用卡尺的两支脚置于凸出两边的砖平面上，以垂直尺测量。

5．色差检验

装饰面朝上随机分为两排并列，在自然光下距离样 2m 处目测。

6．结果处理：外观测量以毫米为单位，不足 1mm 者，按 1mm 计。

【自 我 测 验】

一、填空题

1．烧结普通砖的尺寸为：＿＿＿＿＿＿＿＿＿＿＿＿＿＿＿＿＿＿＿＿＿＿＿。

2．烧结普通砖按所用原材料不同，可分为＿＿＿＿、＿＿＿＿、＿＿、＿＿＿＿等。按生产工艺不同，可分为＿＿＿＿和＿＿＿＿；按有无空洞，又可分为＿＿＿＿和＿＿＿＿。

3．建筑工程中常用的砌块有＿＿＿＿、＿＿＿＿、＿＿＿＿、＿＿＿等。

4．目前所用的墙体材料有＿＿＿＿，＿＿＿＿和＿＿＿＿三大类。

5．承压（养）砖根据所用原材料不同，有＿＿＿＿、＿＿＿＿、＿＿＿＿等。

二、名词解释

1．泛霜

2．烧结砖

3．欠火砖

4．纸面石膏板

三、判断题

1．多孔砖和空心砖都具有自重较小、绝热性较好的优点，故它们均适合用来砌筑建筑物的内外墙体。

2．欠火砖吸水率大，过火砖吸水率小。

3．加气混凝土砌块适用于低层建筑的承重墙，多层建筑的间隔墙。

4．烧结空心砖可以用于六层以下的承重墙。

5．烧 结空心砖的孔洞率≥33%。

四、单选题

1．普通混凝土小型空心砌块的空心率不小于_____

A．25   B．20   C．15   D．30

2．混凝土小型空心砌块抗压强度应为_____

A．3块   B．5块   C．9块   D．10块

3．烧结多孔砖的最低强度等级为_____

A．MU5.0   B．MU10   C．MU7.5   D．MU3.5

4．烧结多孔砖的空洞率在_____%左右。

A．10   B．20   C．30   D．40

5．普通纸面石膏板的代号为_____

A．P   B．S   C．H   D．SH

6．下列不属于加气混凝土砌块特点的是_____

A．轻质   B．保温隔热   C．韧性好   D．抗冻性好

五、问答题

1．烧结普通砖的技术要求有哪些？

2．什么是蒸压灰砂砖、蒸压粉煤灰砖？它们的应用范围？

3．烧结多孔砖和空心砖与烧结普通砖相比有何优点？

4．为何要限制烧结黏土砖，发展新型墙体材料？

5．墙板是如何分类的？什么是复合墙板？复合墙板有哪些品种？它们的应用范围如何？

六、计算题

某工地送来一组烧结多孔砖，试评定该组砖的强度等级。试件成型后进行抗压试验，测得破坏荷载如下表。

砖编号	1	2	3	4	5	6	7	8	9	10
破坏荷载（kN）	298	393	310	320	360	290	330	410	220	332

试计算烧结多孔砖的强度等级（尺寸为240mm×115mm×90mm）。

项目八 建筑钢材的性能与检测

【知识目标】
1．知道钢材的分类、优缺点及工程应用，钢材中主要元素及其对钢材性能的影响。 2．知道建筑结构钢的规格及应用。 3．熟知钢材的力学性能，熟知冷加工时效处理的方法、目的和应用。 4．知道各种钢的牌号表示方法、意义及工程应用。 5．知道钢材验收内容、验收方法、运输及储存注意事项。
【技能目标】
1．能根据工程特点选择钢材。 2．能够进行钢材的拉伸性能试验。 3．能够进行钢材的冷弯性能试验。 4．知道各种钢材的性能指标及区别。

任务 15 建筑钢材性能

一、钢材概述

（一）钢材的概念及特点

钢材是以铁为主要元素，含碳量一般在 2%以下，并含有其他元素的材料。建筑钢材主要指用于钢结构中的各种型材（如角钢、槽钢、工字钢、圆钢等）、钢板、钢管和用于钢筋混凝土结构中的各种钢筋、钢丝等。建筑上由各种型钢组成的钢结构安全性大，自重较轻，适用于大跨度和高层结构。但由于各部门都需要大量的钢材，因此钢结构的大量应用在一定程度上受到了限制。

作为一种建筑材料，钢材的主要优点如下。

（1）强度高。表现为抗拉、抗压、抗弯及抗剪强度都很高。在建筑中可用作各种构件和零部件。在钢筋混凝土中，能弥补混凝土抗拉、抗弯、抗剪和抗裂性能较低的缺点。

（2）塑性好。在常温下，钢材能承受较大的塑性变形。钢材能承受冷弯、冷拉、冷拔、冷轧、冷冲压等各种冷加工。冷加工能改变钢材的断面尺寸和形状，并改变钢材的性能。

（3）品质均匀、性能可靠。钢材性能的利用效率比其他非金属材料高此外，钢材的韧性高，能经受冲击作用；可以焊接或铆接，便于装配；能进行切削、热轧和锻造；通过热处理方法，可以在相当大的程度上改变或控制钢材的性能。

（二）建筑结构钢的分类

根据脱氧方法、化学成分、品质和用途不同，钢可分成不同的种类。

1. 按脱氧方法分类

将生铁（及废钢）在熔融状态下进行氧化，除去过多的碳及杂质即得钢液。钢液在氧化过程中会含有较多 FeO，故在冶炼后期，须加入脱氧剂（锰铁、硅铁、铝等）进行脱氧，然后才能浇铸成合格的钢锭。脱氧程度不同，钢材的性能就不同，因此，钢又可分为沸腾钢、镇静钢和特殊镇静钢。

（1）沸腾钢。仅用弱脱氧剂锰铁进行脱氧，属脱氧不完全的钢。其组织不够致密，有气泡夹杂，所以质量较差，但成品率高，成本低。

（2）镇静钢。用必要数量的硅、锰和铝等脱氧剂进行彻底脱氧的钢。其组织致密，化学成分均匀，性能稳定，是质量较好的钢种。由于产率较低，故成本较高，适用于承受振动冲击荷载或重要的焊接钢结构中。

（3）特殊镇静钢。特殊镇静钢质量和性能均高于镇静钢，成本也高于镇静钢。

2. 按化学成分分类

钢按化学成分不同分为碳素钢、合金钢。

（1）碳素钢。碳素钢按含碳量的不同又分为低碳钢（碳含量＜0.25%）、中碳钢（碳含量为 0.25%～0.6%）和高碳钢（碳含量＞0.6%）。

（2）合金钢。合金钢是在碳素钢中加入某些合金元素（锰、硅、钒、钛等）用于改善钢的性能或使其获得某些特殊性能。合金钢按合金元素含量不同分为低合金钢（合金元素含量＜5%）、中合金钢（合金元素含量为 5%～10%）和高合金钢（合金元素含量＞10%）。

3. 按品质分类

根据钢材中硫、磷的含量，钢材可分为普通钢、优质钢、高级优质钢和特级优质钢。

4. 按用途分类

钢材按主要用途的不同可分为结构钢（钢结构用钢和混凝土结构用钢）、工具钢（制作刀具、量具、模具等）和特殊钢（不锈钢、耐酸钢、耐热钢、磁钢等）。

（三）建筑结构钢的规格

钢结构常用的钢材规格主要有钢板（钢带）、型钢、冷弯型钢和压型钢板。

1. 常用钢板

钢板是指平板状、矩形的，可直接轧制或由宽钢带剪切而成的钢材。一般情况下，钢板是指一种宽厚比和表面积都很大的扁平钢材，如图 8.1 所示。

图 8.1　常用钢板

根据钢板的薄厚程度，钢板大致可分为薄钢板（厚度≤4mm）和厚钢板（厚度＞4mm）两种，在实际工作中，常将厚度4～20mm的钢板称为中板；将厚度20～60mm的钢板称为厚板；将厚度＞60mm的钢板称为特厚钢板。成张钢板的规格以符号"—"加"宽度×厚度×长度"或"宽度×厚度"的毫米数表示，如—400×10×300，—400×10。

2. 常用型钢

钢结构常用型钢是热轧型钢，主要有钢筋、H形钢、T形钢、工字钢、槽钢、角钢、钢管、钢筋，如图8.2所示。

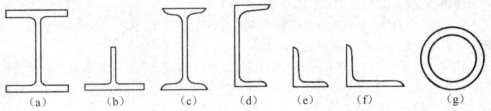

图8.2　各类形钢的截面形式

（1）H形钢（如图8.3所示）和T形钢（如图8.4所示）

H形钢和T形钢是今年来我国推广应用的新型热轧型钢，其内外表面平行，便于和其他构件连接，因此只需少量加工，便可直接用作柱、梁和屋架杆件。H形钢和T形钢均分为宽、中、窄三种类别，其代号分别为HW、HM、HN和TW、TM、TN。宽翼缘H形钢的翼缘宽度B与其截面高度H一般相等，中翼缘的B≈（2/3～1/2）H，窄翼缘的B≈（1/2～1/3）H。H形钢和T形钢的规格表示方法采用高度H×宽度B×腹板厚度t_1×翼缘厚度t_2的毫米数表示。

图8.3　H形钢

图8.4　T形钢

（2）工字钢（如图8.5所示）

工字钢有普通工字钢和轻型工字钢之分，分别用符合"I"和"QI"级号数表示，号数代表截面高度的厘米数。工字钢由于宽度方向的惯性矩和回转半径比高度方向小很多，因而在应用上有一定的局限性，一般用于单向受弯构件。

（3）槽钢（如图8.6所示）

槽钢分为普通槽钢和轻型槽钢，以腹板厚度区分，常用作格构式的肢件和檩条等，型号用符合"["和"Q["及号数表示，号数代表截面高度的厘米数。

图 8.5　工字钢

图 8.6　槽钢

（4）角钢（如图 8.7 所示）

角钢分为等边角钢和不等边角钢两种。等边角钢的型号用符号"L"和肢宽×肢厚的毫米数表示，如 L100×10 为肢宽 100mm、肢厚 10mm 的等边角钢。不等边角钢的型号用符号"L"和长肢宽×短肢宽×肢厚的毫米数表示，如 L100×80×8 的长肢宽为 100mm、短肢宽为 80mm、肢厚 8mm 的不等边角钢。

（5）钢管（如图 8.8 所示）

钢管分为无缝钢管和电焊钢管两种，型号用"Φ"和外径×壁厚的毫米数表示，如 Φ219×14 为外径 219mm，壁厚 14mm 的钢管。

图 8.7　角钢

图 8.8　钢管

（6）钢筋

钢筋（Rebar）是指钢筋混凝土用和预应力钢筋混凝土用钢材，其横截面为圆形，有时为带有圆角的方形。包括光圆钢筋、带肋钢筋、扭转钢筋。钢筋混凝土用钢筋是指钢筋混凝土配筋用的直条或盘条状钢材，其外形分为光圆钢筋和变形钢筋两种，交货状态为直条和盘圆两种。

3. 冷弯薄壁型钢（如图 8.9 所示）和压型钢板（如图 8.10 和图 8.11 所示）。

建筑中使用的冷弯型钢常用厚度为 1.5～5mm 薄钢板或钢带经冷轧（弯）或模压而成，故也称为冷弯薄壁型钢，如图 8.9 所示，另外还有用于厚钢板（大于 6mm）冷弯成的方管、矩形管、圆管等，称为冷弯厚壁型钢。压型钢板是冷弯型钢的另一种形式，它是用厚度 0.3～2mm

的镀锌或镀铝锌钢板、彩色涂层钢板经冷轧（压）成的各种类型的波形板，如图 8.10 所示为其中数种。冷弯型钢和压型钢板（如图 8.11 所示）分别用于轻钢结构的承重构件和屋面、墙面构件。冷弯型钢和压型钢板都属于高效经济截面，由于壁薄，截面几何形状开展，截面惯性矩大，刚度好，故能高效地发挥材料的作用，节约钢材。

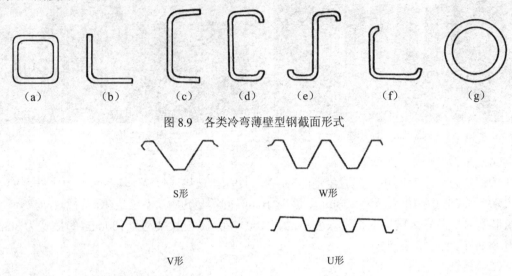

图 8.9　各类冷弯薄壁型钢截面形式

S形　　　　　　　　　W形

V形　　　　　　　　　U形

图 8.10　各类压型钢板截面形式

图 8.11　压型钢板

（四）化学成分对钢材性能的影响

钢是铁碳合金，由于原料、燃料、冶炼过程等因素使钢材中存在大量的其他元素，如硅、锰、硫、磷、氧、氮等。为了改善钢材的技术性能常常加入一些合金元素，如锰、硅、矾、钛等。

1．碳（C）

碳是影响钢材技术性质的主要元素。当含碳量低于 0.8% 时，随着含碳量的增加，钢材的抗拉强度和硬度提高，而塑性及韧性降低。同时，还将使钢材的冷弯、焊接及抗腐蚀等性能降低，并增加钢的冷脆性和时效敏感性。

2．磷、硫

磷、硫是钢材中的有害元素。磷与碳相似，能使钢的塑性和韧性下降，特别是低温下冲击韧性。常把这种现象称为冷脆性。磷还会使钢材的冷弯性能降低，可焊性变差。但磷可使钢材的强度、耐蚀性提高。

硫在钢材中以 FeS 形式存在，钢材热加工时易引起钢的脆裂，称为热脆性。硫的存在还使钢的冲击韧性、疲劳强度、可焊性及耐蚀性降低。

3. 氧、氮

氧、氮也是钢材中的有害元素，显著降低钢的塑性和韧性，以及冷弯性能和可焊性。

4. 硅、锰

硅和锰在炼钢时的作用是脱氧去硫。硅是钢材的主要合金元素，含量在 1%以内，可提高强度，对塑性和韧性没有明显影响。但含硅量超过 1%时，冷脆性增加，可焊性变差。

锰能消除钢材的热脆性，改善热加工性能，显著提高钢材的强度，但其含量不得大于 1%，否则可降低塑性及韧性，可焊性变差。

5. 铝、钛、钡、铌

以上元素均是炼钢时的脱氧剂。适当加入钢中，可改善钢的组织，细化晶粒，显著提高钢的强度和改善韧性。

二、建筑钢材的技术性能

钢材在建筑结构中的受力比较复杂，除了主要承受拉力、压力、弯曲、冲击等荷载外，施工中还要经常对钢材进行切断、冷弯、焊接等加工。因此，钢材的力学性能、工艺性能和化学成分既是设计和施工人员选用它的主要依据，也是生产钢材企业控制材质的重要参数。

（一）钢材的力学性能

1. 拉伸性能

拉伸是建筑钢材的主要受力形式，所以拉伸性能是表示钢材性能和选用钢材的重要指标。将低碳钢（软钢）制成一定规格的试件，放在材料试验机上进行拉伸试验，可以绘出如图 8.12 所示的应力-应变关系曲线。从图中可以看出，低碳钢受拉至断裂，经历了四个阶段：弹性阶段（OB）、屈服阶段（BC）、强化阶段（CD）和颈缩阶段（CD）。

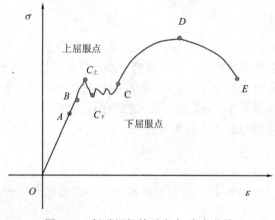

图 8.12　低碳钢拉伸时应力-应变曲线

（1）弹性阶段（OB）。

弹性阶段中，OA 段为直线。在 OA 段中，应变随应力增大而增大，应力与应变成正比例关系，即：

$$\frac{\sigma}{\varepsilon} = \tan\alpha = E$$

式中，E——弹性模量，弹性模量反映钢材抵抗弹性变形的能力，是钢材在受力条件下计算钢材结构变形的重要指标。工程中常用的碳素结构钢 Q235 的弹性模量 $E = 2.0 \times 10^5 \sim 2.1 \times 10^5 \text{MPa}$，点 A 对应的应力称为比例极限，用符合 σ_p 表示。

AB 段为曲线段，应力与应变不再成正比关系，但钢材乃表现出弹性性质，B 点对应的应力称为弹性极限，用符号 σ_e 表示。在曲线 A、B 两点很接近，所以在实际应用时，往往将两点看作一点。

（2）屈服阶段（BC）

加载超过点 B 后，应力、应变不再成正比关系，开始出现塑性变形，应力的增长滞后于应变的增长，当应力达点 $C_\text{上}$后（上屈服点），瞬时下降至 $C_\text{下}$（下屈服点），变形迅速增加，此时外力则大致在恒定的位置上波动，直到点 C，这就是所谓的"屈服现象"，似乎钢材不能承受外力而屈服，所以 BC 段称为屈服阶段。$C_\text{下}$对应的应力称为屈服点（屈服强度），用σ_s表示。由于钢材受力达到屈服点后将产生较大的塑性变形，已不能满足正常使用要求，因此屈服强度σ_s是结构设计中钢材强度取值的依据，是工程结构计算中非常重要的一个参数。

（3）强化阶段（CD）

当应力超过屈服强度后，由于钢材内部组织结构发生了改变，所以钢材抵抗塑性变形的能力又重新提高，$C \to D$ 呈上升曲线，称为强化阶段。对应于最高点 D 的应力值（σ_b）称为极限抗拉强度，简称抗拉强度。

显然，σ_b 是钢材受拉时所能承受的最大应力值，屈服强度和抗拉强度之比（即屈强比 $= \sigma_s / \sigma_b$），屈强比是反映钢材的利用率和结构安全可靠程度的指标。屈强比越小，钢材的安全可靠程度越高，但屈强比过小，又说明钢材强度的利用率偏低，造成钢材浪费。建筑结构合理的屈强比一般为 0.60～0.75。

《混凝土结构工程施工质量验收规范》（GB50204—2015）规定：钢筋的抗拉强度实测值与屈服强度实测值的比值不应小于 1.25，钢筋的屈服强度实测值与强度标准值的比值不应大于 1.3。

（4）颈缩阶段（DE）

试件受力达到最高点点 D 后，其抵抗变形的能力明显降低，变形迅速发展，应力逐渐下降，试件被拉长，在有杂质或缺陷处，断面急剧缩小，直至断裂。故 DE 段称为颈缩阶段。在工程中，钢材的塑性通常用伸长率δ（或断面收缩率）和冷弯性能来表示。

①将拉断后的试件拼合起来，测定出标距范围内的长度 l_1（mm），l_1 与试件原标距 l_0（mm）之差为塑性变形值，此差值与 l_0 之比称为伸长率（δ）。

$$\delta = \frac{l_1 - l_0}{l_0} \times 100\%$$

②断面收缩率是指试件拉断后，颈缩处横截面面积的减缩量占原横截面面积的百分率，符合，常用%表示。

伸长率δ是衡量钢材塑性的一个重要指标，δ越大，说明钢材的塑性越好。而一定的塑性变形能力，可保证应力重新分布，避免应力集中，从而使钢材的结构安全性越大。

通常以δ_5和δ_{10}分别表示$l_0 = 5d_0$和$l_0 = 10d_0$时的伸长率。对于同一种钢材，其δ_5大于δ_{10}。

中、高碳钢（硬钢）的拉伸曲线与低碳钢不同，屈服现象不明显，难以测定屈服点，则规定产生残余变形为原标距长度的 0.2%时所对应的应力值，作为硬钢的屈服强度，也称条件屈服点，用$\sigma_{0.2}$表示。如图 8.13 所示。

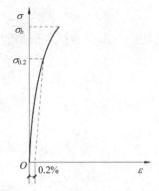

图 8.13　中碳钢、高碳钢（硬钢）拉伸时应力-应变曲线图

2．冲击韧性

冲击韧性是指钢材抵抗冲击荷载而不被破坏的能力。冲击韧性指标是通过标准试件的弯曲冲击韧性试验确定的，如图 8.14 所示，以摆锤冲击试件刻槽的背面，使试件承受冲击弯曲而断裂。将试件冲断的缺口处单位截面积上所消耗的功作为钢材的冲击韧性指标，用 a_K 表示。用 a_K 值愈大，钢材的冲击韧性愈好。

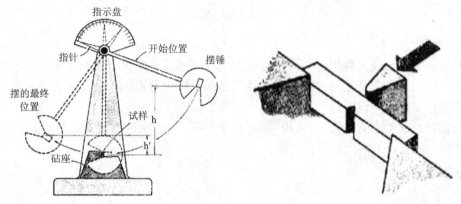

图 8.14　冲击韧性试验示意图

影响冲击韧性的因素有钢的化学组成、晶体结构及表面状态和轧制质量，以及温度（K）和时效作用等。随环境温度降低，钢的冲击韧性亦降低，当达到某一负温时，钢的冲击韧性值（a_K）突然发生明显降低，此为钢的低温冷脆性（如图 8.15 所示），此刻温度称为脆性临界温度。

随着时间的推移，钢的强度会提高，而塑性和韧性降低的现象称为时效。

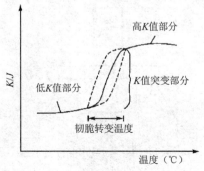

图 8.15　温度（K）对冲击韧性的影响

3．硬度

钢材的硬度是指其表面抵抗重物压入产生塑性变形的能力。测定硬度的方法有布氏法和洛氏法，较常用的方法是布氏法，其硬度指标为布氏硬度值（HB），如图 8.16 所示。

布氏法是利用直径为 D（mm）的淬火钢球，以一定的荷载 $F(N)$ 将其压入试件表面，得到直径为 D（mm）的压痕，以压痕表面积 S 除荷载 F，所得的应力值即为试件的布氏硬度值 HB，以不带单位的数字表示。

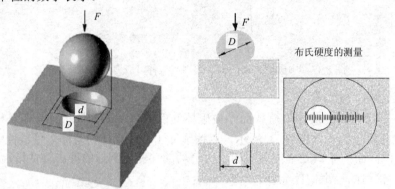

布氏硬度的测量

图 8.16　布氏硬度测定示意图

4．疲劳强度

钢材受交变荷载反复作用时，在应力远低于屈服强度的情况下突然发生破坏的现象称为疲劳破坏。疲劳破坏是在低应力状态下突然发生的，所以危害性极大。评价疲劳破坏的指标是疲劳强度，又称疲劳极限。

一般把钢材承受交变荷载 $10^6 \sim 10^7$ 次时不发生破坏的最大应力作为疲劳极限。一般来说，钢材的抗拉强度高，其疲劳极限也较高。

（二）工艺性能

1．冷弯性能

冷弯性能用于评价钢材在常温下承受弯曲变形的能力。评价指标为"弯曲角度、弯心直径（d）与钢筋直径（a）或试件厚度的比值"。钢材冷弯试验钢材的冷弯试验如图 8.17 所示，将直径（或厚度）为 a 的试件，采用标准规定的弯心直径 d（$d=na$，n 为整数），弯曲到规定的角度时（180°或 90°），若在弯曲处的拱面和两侧面均无裂纹、断裂和起层等现象出现，即认为钢材的冷弯性能合格。

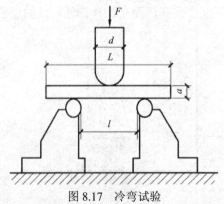

图 8.17　冷弯试验

我国现行国家标准把钢材的弯曲分成如图 8.18 所示的三种类型：达到某规定的角度 α 的弯曲，如图 8.18（a）所示；绕着弯心弯到两面平行，如图 8.18（b）所示；绕着弯心弯到两面重合，如图 8.18（c）所示。

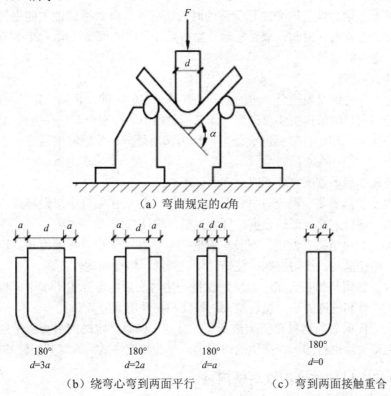

（a）弯曲规定的 α 角

180°
$d=3a$

180°
$d=2a$

180°
$d=a$

180°
$d=0$

（b）绕弯心弯到两面平行　　　　　　　　　（c）弯到两面接触重合

图 8.18　钢材的弯曲类型

2．可焊性能

焊接是把两块金属局部加热，并使其接缝部分迅速呈熔融或半熔融状态而牢固地连接起来的操作。焊接是钢结构的主要连接形式，在建筑工程的钢结构中，90%以上都是焊接结构。焊接质量取决于钢材母材与焊接材料间的可焊性、母材中的化学成分及焊接工艺水平。

3．冷加工强化处理

将钢材在常温下进行冷拉、冷拔或冷轧等，使之产生塑性变形，从而提高屈服强度、节约钢材，这个过程称为冷加工。经冷加工处理后的钢材塑性和韧性会降低。

（1）冷拉

冷拉是将热轧钢筋用冷拉设备强力进行拉伸，钢筋经冷拉后屈服强度提高，弹性模量降低，材质变硬。

（2）冷拔

将光圆钢筋通过硬质合金拔丝模孔强行拉拔。每次拉拔断面缩小应在 10%以下。钢筋在冷拔过程中，不仅受拉，同时还受到挤压作用，因而冷拔的作用比冷拉作用强烈。经过一次或多次冷拔后的钢筋，表面光洁度高，屈服强度提高，但塑性降低，具有硬钢的性质。

4．时效

钢材经冷加工后，在常温下存放 15～20d 使其屈服强度进一步提高，而塑性及韧性继续也进一步降低，这个过程称为自然时效。或者通电加热至100℃~200℃，保持2h左右，使其屈服强度进一步提高，而塑性及韧性继续也进一步降低，这个过程称为人工时效。经时效处理后弹性模量可基本恢复。

因时效而导致钢材性能改变的程度称为时效敏感性。时效敏感性大的钢材，经时效后，其韧性、塑性改变较大。因此，承受振动、冲击荷载作用的重要结构（如吊车梁、桥梁），应选用时效敏感性小的钢材。

5. 钢材的热处理

按照一定方法将钢材加热至一定的温度，保持一定的时间，再以一定的速度和方式冷却，使内部晶体组织和显微结构按要求改变，或者消除钢中的内应力，获得所需力学性能的过程。例如，钢材淬火后随即进行高温回火处理，称为调质处理，使钢材的强度、塑性、韧性等性能均得以改善。

钢材热处理的基本方法有以下四个方面。

（1）正火。加热到某一温度，并保持一定时间，然后在空气中缓慢冷却，可得到均匀细小的显微组织。钢材正火处理后强度和硬度提高，塑性降低。

（2）退火。加热至某一温度，保持一定时间后，在退火炉中缓慢冷却。退火能消除钢材中的内应力，细化晶粒，均匀组织，使钢材硬度降低，塑性和韧性提高。

（3）淬火。将钢材加热至某一温度，保持一定时间后，迅速置于水中或机油中冷却。钢材经淬火后，强度和硬度提高，脆性增大，塑性和韧性明显降低。

（4）回火。淬火后的钢材重新加热到某一温度，保温一定时间后再缓慢地或较快地冷却至室温。回火可消除钢材淬火时产生的内应力，使其硬度降低，恢复其塑性和韧性。

三、建筑钢材的技术标准与选用

建筑钢材可分为钢结构用钢（各种型钢、钢板、钢管等）和钢筋混凝土结构用钢（各种钢筋、钢丝等）两大类，它们的性能主要取决于所用的钢种及其加工方式。

（一）钢结构用钢材

钢结构用钢材主要包括碳素结构钢和低合金高强度结构钢。

1. 碳素结构钢

（1）碳素结构钢牌号的表示方法

根据《碳素结构钢》（GB/T 700—2006）的规定，碳素结构钢牌号由代表屈服强度的字母Q、屈服强度数值、质量等级代号、脱氧方法等四个部分按顺序组成。

碳素结构钢按屈服强度的数值，分为 195、215、235、275（MPa）四种；按硫、磷杂质的含量由多到少，分为 A、B、C、D 四个质量等级；按脱氧方法不同，分别用 F 表示沸腾钢、Z 表示镇静钢、TZ 表示特殊镇静钢。

例如，Q235-A．F 表示屈服强度为 235MPa、质量等级为 A 的沸腾钢。

（2）技术指标

碳素结构钢的技术要求包括化学成分、冶炼方法、力学性能、交货状态和表面质量等五个方面。碳素结构钢的化学成分、冷弯试验、力学性能指标应符合表 8.1、表 8.2 和表 8.3 的规定。

表 8.1　碳素结构钢的化学成分（GB/T 700—2006）

牌号	统一数字代号	质量等级	厚度或直径（mm）	脱氧方法	化学成分（质量分数，%），不大于				
					C	Si	Mn	P	S
Q195	U11952	—	—	F、Z	0.12	0.30	0.50	0.035	0.040
Q215	U12152	A	—	F、Z	0.15	0.35	1.20	0.045	0.050
	U12155	B							0.045
Q235	U12352	A	—	F、Z	0.22	0.35	1.40	0.045	0.050
	U12355	B			0.22				0.045
	U12358	C		Z	0.17			0.040	0.040
	U12359	D		TZ				0.035	0.035

牌号	统一数字代号	质量等级	厚度或直径（mm）	脱氧方法	化学成分（质量分数，%），不大于				
					C	Si	Mn	P	S
Q275	U12752	A	—	F、Z	0.24	0.35	1.50	0.045	0.050
	U12755	B	≤40	Z	0.21			0.045	0.045
			>40		0.22				
	U12758	C	—	Z	0.20			0.040	0.040
	U12759	D		TZ				0.035	0.035

表 8.2　碳素结构钢的冷弯试验指标（GB/T 700—2006）

牌号	试样方向	冷弯试验（180°，B=2a①）	
		钢材厚度（或直径）②（mm）	
		≤60	>60～200
		弯心直径 d	
Q195	纵	0	—
	横	0.5a	
Q215	纵	0.5a	1.5a
	横	a	2a
Q235	纵	A	2a
	横	1.5a	2.5a
Q275	纵	1.5a	2.5a
	横	2a	3a

注：①B 为试样宽度，a 为试样厚度（或直径）。

②钢材厚度（或直径）大于 100mm 时，弯曲试验由双方协商确定。

表 8.3　碳素结构钢的力学性能（GB/T 700—2006）

牌号	等级	拉 伸 试 验												冲击试验温度（℃）	V形冲击功（纵向）（J）
		屈服点σs（MPa）						抗拉强度σb/MPa	断后伸长率δ（%）						
		钢材厚度（直径）（mm）							钢材厚度（直径）（mm）						
		≤16	>16~40	>40~60	>60~100	>100~150	>150~200		≤40	>40~60	>60~100	>100~150	>150~200		
		不小于							不小于						不小于
Q195	—	195	185	—	—	—	—	315~430	33	—	—	—	—	—	—
Q215	A	215	205	195	185	175	165	335~450	31	30	29	27	26	—	—
	B													+20	27
Q235	A	235	225	215	215	195	185	370~500	26	25	24	22	21	—	
	B													+20	27
	C													0	
	D													−20	
Q275	A	275	265	255	245	225	215	410~540	22	21	20	18	17	—	
	B													+20	27
	C													0	
	D													−20	

（3）碳素结构钢的性能和应用。碳素结构钢各牌号中 Q195、Q215 强度较低、塑性韧性较好、易于冷加工和焊接，常用作铆钉、螺丝、铁丝等；Q235 强度较高，塑性韧性也较好，可焊性较好，是建筑工程中主要的牌号；Q275 强度高、塑性韧性较低，可焊性较差且不易冷弯，多用于机械零件，或制作螺栓，极少数用于混凝土配筋及钢结构中。同时，应根据工程结构的荷载情况、焊接情况及环境温度等因素，来选择钢的质量等级和脱氧程度。

2. 低合金高强度结构钢

低合金高强度结构钢是在低碳钢基础上，加入适量（总含量小于 5%）合金元素冶炼而成的。它比碳素结构钢具有更高的屈服强度，同时还有良好的塑性、冷弯性、可焊性、耐腐蚀性和低温冲击韧性，更适用于大跨度、重型、高层钢结构和桥梁工程。

（1）牌号表示方法

根据《低合金高强度结构钢》（GB/T1591—2008）规定，低合金高强度结构钢的牌号是由代表屈服点的字母 Q、屈服点数值、质量等级代号三个部分组成，按硫、磷等杂质含量由多到少，分为 A、B、C、D、E 五个质量等级。

例如，Q345D 表示屈服强度为 345Mpa，质量等级为 D 的结构钢。

（2）技术指标

低合金高强度结构钢的技术要求包括化学成分、冶炼方法、力学性能、交货状态及表面质量五个方面。低合金高强度结构钢的拉伸性能和弯曲试验应符合表 8.4 和表 8.5 的规定。

表 8.4　低合金高强度结构钢的拉伸性能（GB/T 1591—2008）

牌号	质量等级	屈服强度（MPa）厚度（直径，边长）（mm）				抗拉强度（MPa）	伸长率δ（%）厚度（直径，边长）（mm）		
		≤16	16～40	40～63	63～80	厚度（直径，边长）≤40mm	≤40	40～63	63～100
		不小于					不小于		
Q345	A	345	335	325	315	470～630	20	19	19
	B								
	C						21	20	20
	D								
	E								
Q390	A	390	370	350	330	490～650	20	19	19
	B								
	C								
	D								
	E								
Q420	A	420	400	380	360	520～680	19	18	18
	B								
	C								
	D								
	E								
Q460	C	460	440	420	400	550～720	17	16	16
	D								
	E								
Q500	C	500	480	470	450	610～770	17	17	17
	D								
	E								
Q550	C	550	530	520	500	670～830	16	16	16
	D								
	E								
Q620	C	620	600	590	570	710～880	15	15	15
	D								
	E								
Q690	C	690	670	660	640	770～940	14	14	14
	D								
	E								

表 8.5　低合金高强度结构钢的弯曲试验（GB/T 1591—2008）

编号	试样方向	180°弯曲试验 [d=弯心直径，a=试样厚度（直径）] 钢材厚度（直径，边长）（mm）	
		≤16	>16～100
Q345 Q390 Q420 Q460	宽度不小于 600mm 扁平材，拉伸试验取横向试样。宽度小于 600mm 的扁平材、型材及棒材去纵向试样	2a	3a

（3）低合金高强度结构钢的应用

在钢结构中采用低合金高强度结构钢轧制型钢、钢板来建造桥梁、高层及大跨度建筑。在重要的钢筋混凝土结构或预应力钢筋混凝土结构中，低合金高强度结构钢常用于加工热轧带肋钢筋。

（二）钢筋混凝土结构钢材

钢筋混凝土结构用的钢筋和钢丝，主要由碳素结构钢或低合金结构钢轧制而成。主要品种有热轧钢筋、冷加工钢筋、钢筋混凝土用余热处理钢筋、预应力混凝土用钢丝和钢绞线。

1. 热轧钢筋

用加热钢坯轧制条形成品钢筋，称为热轧钢筋。热轧钢筋是建筑工程中用量最大的钢材品种之一，主要用于钢筋混凝土和预应力混凝土结构的配筋。按轧制外形分类，可分为热轧光圆钢筋和热轧带肋钢筋两类。

热轧光圆钢筋表面平整光滑，横截面为圆形。其强度较低，但塑性好，伸长率大、便于弯折成形，可焊性好，可用于中小型构件的受力筋以及构造筋。

热轧带肋钢筋表面常带有两条纵肋和沿长方向均匀分布的横肋。按肋纹的形状可分为月牙肋和等高肋，如图 8.19 所示。月牙肋和纵横肋不相交，等高肋则纵横相交。月牙肋筋有生产简便、强度高、应力集中、敏感性小、疲劳性能好等优点，但其与混凝土的黏结锚固性能稍逊于等高肋钢筋。

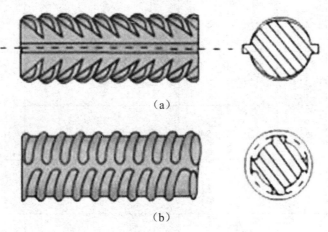

（a）

（b）

图 8.19 月牙肋和等高肋钢筋

根据国家标准《钢筋混凝土用钢第 1 部分：热轧光圆钢筋》（GB1499.1—2008）和《钢筋混凝土用钢第二部分：热轧带肋钢筋》（GB1499.2—2007）规定，按屈服强度特征值，热轧光圈钢筋分为 235、300 级，热轧带肋钢筋分为 335、400、500 级。热轧钢筋的牌号分别为 HPB325、HPB300、HRB335、HRBF335、HRB400、HRBF400、HRB500、HRBF500，其中 H、P、R、B、F 分别为热轧、光圆、带肋、细晶粒五个词的英文首字母，数值为屈服强度的最小值。热轧钢筋技术性质应符合表 8.6 规定。

表 8.6　热轧钢筋的技术性质

牌号	公称直径 a（mm）	屈服确定（Mpa）	抗拉强度（Mpa）	断后伸长率 δ（%）	冷弯试验180° d=弯心直径 a=公称直径
HPB235	6～22	235	370	25	d=a
HPB300		300	420		
HRB335 HRBF335	6～25	335	455	17	d=3a
	28～40				d=4a
	>40～50				d=5a
HRB400 HRBF400	6～25	400	540	16	d=4a
	28～40				d=5a
	>40～50				d=6a
HRB500 HRBF500	6～25	500	630	15	d=6a
	28～40				d=7a
	>40～50				d=8a

　　HPB235 级钢筋，是用 Q235 碳素钢轧制而成的光圆钢筋。它的强度较低，但具有塑性好、伸长率高，便于弯折成形，容易焊接等特点，可作为冷轧带肋钢筋的原材料。

　　HRB335、HRB400 级钢筋，是用低合金镇静钢和半镇静钢轧制而成的，以硅、锰作为主要固溶强化元素。其强度较高，塑性和可焊接性能较好，广泛用于大、中型钢筋混凝土结构的主筋。冷拉后也可作预应力筋。

　　HRB500 级钢筋，是用中碳低合金镇静钢轧制而成，其中以硅、锰为主要合金元素，使之在提高强度的同时保证其塑性和韧性，是房屋建筑的主要预应力钢筋。

　　2. 冷轧带肋钢筋

　　冷轧带肋钢筋的牌号。根据《冷轧带肋钢筋》（GB13788—2008）规定，冷轧带肋钢筋牌号由 CRB 和钢筋的抗拉强度最小值构成，C、R、B 分别为冷轧（Cold rolled）、带肋（Ribbed）、钢筋（Bars）三个词的英文首位字母，冷轧带肋钢筋分为 CRB550、CRB650、CRB800 和 CRB970 四个牌号。CRB550 为普通钢筋混凝土用钢筋，其他牌号为预应力混凝土用钢筋。冷轧带肋钢筋的力学性能及工艺性能应符合表 8.7 的规定。与冷拔低碳钢丝相比，冷轧带肋钢筋具有强度高、塑性好、与混凝土黏结牢固、节约钢材、质量稳定等优点。CRB550 宜用作普通钢筋混凝土结构，其他牌号宜用在预应力混凝土结构中。

表 8.7　力学性能和工艺性能

牌号	屈服强度 $\sigma_{0.2}$（Mpa），不小于	抗拉强度 σ_b（Mpa），不小于	伸长率（%），不小于		弯曲试验（180°）	反复弯曲次数	松弛率（初始应力，$\sigma_{con}=0.7\sigma_b$）（1000h，%）不大于
			$A_{11.3}$	A_{100}			
CRB550	500	550	8.0	—	D=3d	—	—
CRB650	585	650	—	4.0	—	3	8
CRB800	720	800	—	4.0	—	3	8
CRB970	875	970	—	4.0	—	3	8

注：表中 D 为弯心直径，d 为钢筋公称直径

3．预应力混凝土用钢丝和钢绞线

（1）预应力混凝土用钢丝

预应力混凝土用钢丝采用优质碳素结构钢制成，抗拉强度高。根据《预应力混凝土用钢丝》（GB/T5223—2002），按钢丝加工状态分为冷拉钢丝和消除应力钢丝两类。冷拉钢丝代号为 WCD；光圆钢丝代号为 P；螺旋肋钢丝代号为 H；刻痕钢丝代号为 I。消除应力钢丝的塑性比冷拉钢丝好，刻痕钢丝和螺旋肋钢丝与混凝土的黏结力好。

（2）预应力混凝土用钢绞线

预应力混凝土用钢绞线是以数根优质碳素钢丝经绞捻和消除内应力的热处理后制成的。根据《预应力混凝土用钢丝》（GB/T5224—2003），钢绞线按原材料和制作方法不同，有标准型钢绞线、刻痕钢绞线和模拔型钢绞线三种。标准型钢绞线是由冷拉圆钢丝捻制成的钢绞线，刻痕钢绞线是由刻痕钢丝捻制成的钢绞线（代号 I），模拔型钢绞线是捻制后再经冷拔而成的钢绞线（代号 C）。按捻制结构不同，钢绞线分为五种结构类型，见表 8.8 所示。预应力钢丝和钢绞线具有强度高、柔韧性好、无接头、质量稳定、施工简便等优点，使用时可按要求的长度切割，主要用于大跨度、大荷载、曲线配筋的预应力混凝土结构，如桥梁、电杆、轨枕、屋架、大跨度吊车梁等。

表 8.8　预应力钢绞线的结构类型与代号

结构类型	代号
用 2 根钢丝捻制的钢绞线	1×2
用 3 根钢丝捻制的钢绞线	1×3
用 3 根刻痕钢丝捻制的钢绞线	1×3I
用 7 根钢丝捻制的钢绞线	1×7
用 7 根钢丝捻制又经模拔的钢绞线	（1×7）C

四、钢材进场质量控制

（一）钢筋进场检查项目和方法

钢材质量检查涉及国家标准规范较多，主要有《混凝土土结构施工质量验收规范》（GB50204—2015）、《钢筋混凝土用钢第 1 部分：热轧光圆钢筋》（GB1499.1—2008）、《钢筋混凝土用钢第 2 部分：热轧带肋钢筋》（GB1499.2—2007）、《碳素结构钢》（GB/T 700—2006）等等。

1．进场检查

钢筋进场时，应按照国家现行相关标准的规定抽取试件作为力学性能和重量偏差检验，检验结果必须符合有关标准的规定。

（1）钢筋进场时，应检查产品合格证和出厂检验报告，并按相关标准的规定进行抽样检验。若有关标准中只对产品出厂检验的规定，则在进场检验时，批量应按下列情况确定。

①对同一厂家、同一牌号、同一规格的钢筋，当一次进场的数量大于该产品的出厂检验批量时，应划分为若干出厂检验批量，按出厂检验的抽样方案执行。

②对同一厂家、同一牌号、同一规格的钢筋，当一次进场的数量小于或等于该产品的出厂检验批量时，应作为一个检验批量，按出厂检验的抽样方案执行。

③对不同进场时间的同批钢筋，当确有可靠依据时，可按一次进场的钢筋处理。

对于每批钢筋的检验数量，应按照相关产品标准执行。《钢筋混凝土用钢第 1 部分：热轧光圆钢筋》（GB1499.1—2008）、《钢筋混凝土用钢第 2 部分：热轧带肋钢筋》（GB1499.2—2007）中规定每批抽取 5 个试件，先进行重量偏差检验，再取 2 个试件进行力学性能检验。钢筋实际重量与理论重量的允许偏差应符合表 8.9 的规定。

表 8.9　钢筋实际重量与理论重量的允许偏差

公称直径（mm）	实际重量与理论重量的偏差（%）
6～12	±7
14～20	±5
22～50	±4

测量钢筋重量偏差时，试样数量不少于 5 支，每支试样长度不小于 500mm。长度应逐支测量，应精确到 1mm。测量试样总重量时，应精确到不大于总重量的 1%。

钢筋实际重量与公称重量的偏差按下式计算：

$$重量偏差(\%) = \frac{试样实际重量 - (试样总长度理论重量)}{试样总长度 \times 理论重量} \times 100\%$$

涉及原材料进程检验数量和检验方法时，除了明确规定外，均应按上述执行。本检验方法中，产品合格证、出厂检验报告是对产品质量的证明资料，应列出产品的主要性能指标；当用户有特别要求时，还应列出某些专门检验数据。有时，产品合格证、出厂检验报告可以合并。进场复验报告是进场抽样检验的结果，并作为材料能否在工程中应用的判断依据。

（2）对有抗震设防要求的结构，其纵向受力钢筋的性能应满足设计要求；当设计无具体要求时，对按一、二、三级抗震等级设计的框架和斜撑构件（含梯段）中的纵向受力钢筋应采用 HRB335E、HRB400E、HRB500E、HRBF335E、HRBF400E 或 HRBF500E 钢筋，其强度和最大力下总伸长率的实测值应符合下列规定。

①钢筋的抗拉强度实测值与屈服强度实测值的比值不应小于 1.25。

②钢筋的屈服强度实测值与屈服强度标准值的比值不应大于 1.30。

③钢筋的最大力下总伸长率不应小于 9%。

2．包装、标志和质量证明书

带肋钢筋的表面标志应符合下列规定。

①带肋钢筋应在其表面轧上牌号标志，还可依次轧上经注册的厂名（或商标）和公称直径的毫米数字。

②钢筋牌号用阿拉伯数字加英文字母表示，HRB335、HRB400、HRB500 分别用 3、4、5 表示；厂名或注册商标以汉语拼音字头表示；公称 直径毫米数以阿拉伯数字表示；

③对公称直径不大于 10mm 的钢筋，可不轧制标志，可采用挂标牌方法；

④标志应清晰明了，标志的尺寸由供方按钢筋直径大小做适当规定，与标志相交的横肋可以取消；

⑤除上述规定外，钢筋的包装、标志和质量证明书应符合《型钢验收、包装、标志和质量证明书一般规定》（GB/T2101—2008）的有关要求。

（二）钢筋的进场储存要求

钢筋运进施工现场后，必须严格按批分等级、牌号、直径、长度挂牌存放，并注明数量，不得混淆。钢筋应尽量堆入仓库或料棚内。条件不具备时，应选择地势较高，土质坚实，较为平坦的露天场地存放，在仓库或场地周围挖排水沟，以利泄水。堆放时钢筋下面要加垫木，离地不宜少于 200mm，以防钢筋锈蚀和污染。钢筋成品要分工程名称和构件名称，按号码顺序存放。同一项工程与同一构件的钢筋要存放在一起，按号挂牌排列，牌上注明构件名称、部位、钢筋形式、尺寸、钢号、直径、根数，不能将几项工程的钢筋混放在一起。同时不要和产生有害气体的车间靠近，以免污染和腐蚀钢筋。

任务 16　建筑钢材性能检测

一、钢筋的拉伸性能测定

拉伸性能是建筑钢材最重要的力学性能。

如图 8.20、图 8.21 和图 8.22 所示，用低碳钢（软钢）加工的标准试件，或不经过加工，直接在线材上切取的非标准试件，进行拉伸试验。

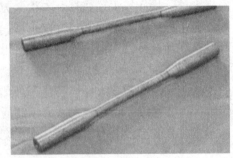

图 8.20　低碳钢（软钢）加工的标准试件

图 8.21　低碳钢线材上切取的非标准试件

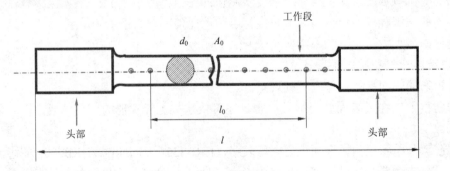

图 8.22　低碳钢标准试件的标距

（一）试验目的

测定低碳钢的屈服强度，抗拉强度和伸长率三个指标，作为检验和评定钢筋强度等级的主要技术依据。

（二）试验仪器设备

万能试验机（示值误差不大于 1%，测力系统应按照 GB/T 16825.1—2008 进行校准，准确度应为 1 级或优于 1 级），钢筋打点机或画线机，钢板尺、游标卡尺、千分尺等。

（三）试验步骤

1．试件制备

（1）应按照相关产品标准或 GB/T 2975—1998 的要求制备试件。抗拉试验用钢筋试件一般不经过车削加工，可以用两个或一系列等分小冲点或细画线标出原始标距（标记不应影响试样断裂）。

（2）试件原始尺寸的测定。测量原标距长度 l_0，精确到 0.1mm；圆形试件横断面直径应在标距的两端及中间处两个相互垂直的方向上各测一次，取其算术平均值，选用三处测得的横截面积中最小值，横截面积按下式计算：

$$A_0 = \frac{1}{4}\pi \cdot d_0^2$$

式中，A_0——试件的横截面面积（mm²）；

　　　　d_0——圆形试件原始横断面直径（mm）。

2．屈服强度与抗拉强度的测定

（1）调整试验机测力度盘的指针，使主指针与副指针重合并对准零点。

（2）将试件固定在试验机夹头内，应尽力确保夹持的试件受轴向拉力作用，尽量减小弯曲。开动试验机进行拉伸，拉伸速度为：屈服前，应为增加速度为 10MPa/s；屈服后，试验机活动夹头在荷载下的移动速度为每分钟不大于 $0.5L_c$（不经车削试件 $L_c=l_0 +2h$）。

其中，拉伸试件长度：

$$L = l_0 + 2h + 2h_1$$

式中，L ——分别为拉伸试件试件的长度（mm）；

　　　l_0 ——拉伸试件的标距，$l_0 = 5a$ 或 $l_0 = 10a$（mm）；

　　　h、h_1——分别为夹具长度和预留长度（mm），$h_1 =$（0.5～1）a，如图 8.23 所示；

　　　a——钢筋的公称直径（mm）。

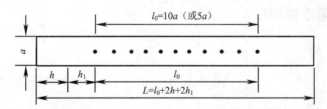

图 8.23　低碳钢拉伸试验试件

（3）拉伸中，测力度盘的指针停止转动时的恒定荷载，或不计初始瞬时效应时的最小荷载，即为屈服点荷载（σ_s）。

（4）向试件连续施加荷载直至拉断由测力度盘读出最大荷载，即为抗拉极限荷载（σ_b）。

3．伸长率的测定

（1）将已拉断试件的两端在断裂处对齐，尽量使其轴线位于同一条直线上。如拉断处由于各种原因形成缝隙，则此缝隙应计入试件拉断后的标距部分长度内。

（2）如拉断处距离邻近标距端点大于$l_0/3$时，可用游标卡尺直接量出l_1（mm）；如拉断处距离邻近标距端点小于或等于$l_0/3$时，可按下述移位法确定l_1（mm）。如果直接测量所求得的伸长率能达到技术条件要求的规定值，则可不采用移位法。

（3）如试件在标距端点上或标距处断裂，则实验结果无效，应重新实验。

（四）结果处理

1．屈服强度按下式计算：

$$\sigma_s = \frac{F_s}{A_0}$$

式中，σ_s——屈服强度（MPa）；

F_S——屈服时的荷载（N）；

A_0——试件原横截面面积（mm²）。

2．抗拉强度按下式计算：

$$\sigma_b = \frac{F_b}{A_0}$$

式中，σ_b——屈服强度（MPa）；

F_b——最大荷载（N）；

A_0——试件原横截面面积（mm²）。

3．伸长率按下式计算（精确至1%）：

$$\delta_{10}(\delta_5) = \frac{l_1 - l_0}{l_0} \times 100\%$$

式中，$\delta_{10}(\delta_5)$——$l_0 = 5a$ 或 $l_0 = 10a$（mm）时的伸长率；

l_0——试件原始标距长度（mm）；

l_1——试件拉断后直接量出或按移位法确定的标距部分长度（mm），测量精确至0.1mm）。

当实验结果有一项不合格时，应另取双倍数量的试件重做实验，如仍有不合格项目，则该批钢材的拉伸能判为不合格。

二、钢筋冷弯性能测定

（一）试验目的

通过检验钢筋在达到规定的弯曲程度时弯曲变形性能，评定钢筋的质量。

（二）主要试验仪器设备

全能试验机及具有一定弯心直径的一组冷弯压头。

（三）试验步骤

1．试件长 $L=5a+150$mm，a 为试件直径。

2．按图8.24（a）调整两支辊间的距离为 x，使 $x=(d+3a)\pm0.5a$。

3．选择弯心直径 d，对Ⅰ级热扎光圆钢筋 $d=a$，对 HRB335、HRB400、HRB500 的热扎带肋钢筋，$a=6\sim25$mm 时，d 分别为 $3a$、$4a$ 和 $6a$；$a=28\sim50$mm 时，d 分别为 $4a$、$5a$ 和 $7a$。

4. 将试件按如图 8.24（a）所示装置好后，平稳地加荷，在荷载作用下，钢筋绕着冷弯压头，弯曲到 180°，如图 8.24（b）所示。

5. 取下试件检查弯曲处的外缘及侧面，如无肉眼可见裂缝即可评定冷弯试验合格。

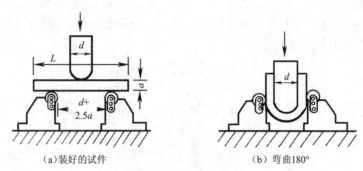

（a）装好的试件　　　　　　　　（b）弯曲180°

图 8.24　钢筋冷弯试验装置

三、钢筋冷拉、时效后的拉伸性能测定

（一）试验目的

钢筋经过冷加工、时效处理以后，进行拉伸试验，确定此时钢筋的力学性能，并与未经冷加工及时效处理的钢筋性能进行比较。

（二）试件制备

按标准方法取样，取 2 根长钢筋，各截取 3 段，制备与钢筋拉力试验相同的试件 6 根并分组编号。编号时应在 2 根长钢筋中各取 1 根试件编为 1 组，共 3 组试件。

（三）试验步骤

1. 第 1 组试件用作拉伸试验，并绘制荷载—变形曲线，方法同钢筋拉伸试验。以 2 根试件试验结果的算术平均值计算钢筋的屈服点 σ_s、抗拉强度 σ_b 和伸长率 δ。

2. 将第 2 组试件进行拉伸至伸长率达 10%（约为高出上屈服点 3kN）时，以拉伸时的同样速度进行卸荷，使指针回至零，随即又以相同速度再行拉伸，直至断裂为止。并绘制荷载—变形曲线。第 2 次拉伸后以 2 根试件试验结果的算术平均值计算冷拉后钢筋的屈服点 σ_sL、抗拉强度 σ_bL 和伸长率 δL。

3. 将第 3 组试件进行拉伸至伸长率达 10%时，卸荷并取下试件，置于烘箱中加热 110℃恒温 4h，或置于电炉中加热 250℃恒温 1h，冷却后再做拉伸试验，并同样绘制荷载-变形曲线。这次拉伸试验后所得性能指标（取 2 根试件算术平均值）即为冷拉时效后钢筋的屈服点 σ_sL'、抗拉强度 σ_bL' 和伸长率 $\delta L'$。

（四）结果计算

1. 比较冷拉后与未经冷拉的两组钢筋的应力—应变曲线，计算冷拉后钢筋的屈服点、抗拉强度及伸长率的变化率：

$$B_s = \frac{\sigma_{sL} - \sigma_s}{\sigma_s} \times 100(\%)$$

$$B_b = \frac{\sigma_{bL} - \sigma_b}{\sigma_b} \times 100(\%)$$

$$B_\delta = \frac{\delta_L - \delta}{\delta} \times 100(\%)$$

2. 比较冷拉时效后与未冷拉的 2 组钢筋的应力－应变曲线，计算冷拉时效处理后，钢筋屈服点、抗拉强度及伸长率的变化率：

$$B_{sL} = \frac{\sigma'_{sL} - \sigma_s}{\sigma_s} \times 100(\%)$$

$$B_{bL} = \frac{\sigma'_{bL} - \sigma_b}{\sigma_b} \times 100(\%)$$

$$B_{\delta L} = \frac{\delta'_L - \delta}{\delta} \times 100(\%)$$

（五）试验结果评定

1. 根据拉伸与冷弯试验结果按标准规定评定钢筋的级别。

2. 比较一般拉伸与冷拉或冷拉时效后钢筋力学性能变化，并绘制相应的应力－应变曲线。

【自 我 测 验】

一、填空题

1. 钢的牌号 Q235—AF 中 A 表示_____，F 表示_____。

2. 按冶炼时脱氧程度分类钢可以分成：_____、_____和特殊镇静钢。

3. 钢材的力学性能主要包括_____、_____、_____和_____等。

4. 低碳钢手拉至断裂，经历了_____、_____、_____和_____四个阶段。

5. 钢筋混凝土结构用的钢筋和钢丝，主要由_____、_____钢轧制而成。

6. 钢按照化学成分为_____和_____两类。

7. 冷弯检验是：按规定的_____和_____进行弯曲后，检查试件弯曲处外面及侧面不发生断裂、裂缝或起层，即认为冷弯性能合格。

8. _____和_____是衡量钢材强度的两个重要指标。

二、名词解释

1. 屈服强度

2. 抗拉强度

3. 冲击韧性

4. 疲劳强度

5. 钢材的冷加工

6. 屈强比

三、判断题

1. 由于合金元素的加入，钢材强度提高，但塑性却大幅下降。（　　　）
2. 伸长率越大，钢材的塑性越好。（　　　）
3. 随含碳量提高，建筑钢材的强度、硬度均提高，塑性和韧性降低。（　　　）
4. 钢筋混凝土结构主要是利用混凝土受拉、钢筋受压的特点。（　　　）
5. 钢材的屈强比越大，则其利用率越高而安全性小。（　　　）
6. 低合金钢比碳素结构钢更适合于高层及大跨度结构。（　　　）
7. 钢结构设计时，对直接承受动荷载的结构应选用沸腾钢。（　　　）
8. 吊车梁和桥梁用钢，要注意选用韧性大，且时效敏感性大的钢材。（　　　）

四、单选题

1. 钢材抵抗冲击荷载的能力称为＿＿＿＿＿＿＿＿。
   A．塑性　　　　　B．冲击韧性　　　　　C．弹性　　　　　D．硬度
2. 伸长率是衡量钢材的＿＿＿＿＿＿＿＿指标。
   A．弹性　　　　　B．塑性　　　　　C．脆性　　　　　D．耐磨性
3. 普通碳塑结构钢随钢号的增加，钢材的＿＿＿＿＿＿＿＿。
   A．强度增加、塑性增加　　　　　　B．强度降低、塑性增加
   C．强度降低、塑性降低　　　　　　D．强度增加、塑性降低
4. 在低碳钢的应力应变图中，有线性关系的是＿＿＿＿＿＿＿阶段。
   A．弹性阶段　　　B．屈服阶段　　　C．强化阶段　　　D．颈缩阶段
5. 下列钢材中，塑性及可焊性均最差的为＿＿＿＿＿＿。
   A．Q215　　　　　B．Q235　　　　　C．Q255　　　　　D．Q275
6. 在一定范围内，钢材的屈强比小，表明钢材在超过屈服点工作时＿＿＿＿＿＿。
   A．可靠性难以判断　　　　　　　　B．可靠性低，结构不安全
   C．可靠性较高，结构安全　　　　　D．结构易破坏
7. 钢结构设计中，强度取值的依据是＿＿＿＿＿＿。
   A．屈服强度　　　B．抗拉强度　　　C．弹性极限　　　D．屈强比
8. 热轧钢筋按其机械性能分级，随级别增大，表示钢材＿＿＿＿＿＿。
   A．强度增大，伸长率降低　　　　　B．强度降低，伸长率增大
   C．强度增大，伸长率增大　　　　　D．强度降低，伸长率降低
9. 下列碳素结构钢中含碳量最高的是＿＿＿＿＿＿。
   A．Q235　　　　　B．Q215　　　　　C．Q255　　　　　D．Q275
10. 下列钢材中，综合性能最好的为＿＿＿＿＿＿。
    A．Q215　　　　　B．Q235　　　　　C．Q255　　　　　D．Q275

五、问答题

1. 为何说屈服点、抗拉强度和伸长率是建筑用钢材的重要技术性能指标。
2. 试述各级热轧钢筋的特性和应用。
3. 何谓钢的冷加工强化及时效处理？冷拉并时效处理后的钢筋性能有何变化？

4．钢材锈蚀的主要原因有哪些？

5．钢的四种热处理方式目的各是什么？

六、计算题

一钢材试件，直径为 25mm，原标距为 125mm，做拉伸试验，当屈服点荷载为 201.0kN，达到最大荷载为 250.3kN，拉断后测的标距长为 138mm，求该钢筋的屈服点、抗拉强度及拉断后的伸长率。

项目九　防水材料的性能与检测

任务 17　防水材料性能

一、防水材料概述

防水材料是保证建筑物能够防止雨水、地下水等渗漏的主要材料；防水材料质量的优劣直接影响建筑物的使用功能和使用寿命；多年来，国内外一直以沥青防水材料为主，近年来，出现了改性沥青材料，并向沥青橡胶和树脂基防水材料发展。建筑物防水处理的部位主要有屋面、墙面、地面和地下室等。如图 9-1 所示。

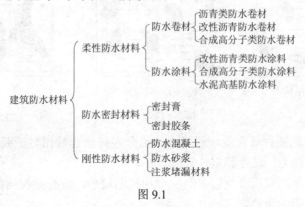

图 9.1

二、沥青

（一）石油沥青

石油沥青是指由石油原油分馏提炼出汽油、煤油、柴油等各种轻质油分及润滑油后的残渣，再经过加工炼制而得到的产品。因此，石油原油的成分和性能决定着石油沥青的成分和性能。

1. 石油沥青的组分

石油沥青的成分非常复杂，在研究石油沥青的组成时，将其中化学成分相近、物理性质相似并且具有特征的部分分为若干组，即组分。各组分含量的多少会直接影响沥青的性能。石油沥青一般分为油分、树脂和地沥青质三大组分。

（1）油分是沥青中最轻的组分，呈淡黄至红褐色，密度为 $0.7 \sim 1 g/cm^3$，能溶于丙酮、苯、三氯甲烷等大多数有机溶剂，但不溶于酒精，在石油沥青中，含量为 40%～60%，油分使沥青具有流动性。

（2）树脂为密度略大于 $1 g/cm^3$ 的红褐色至黑褐色黏稠物质，能溶于汽油、三氯甲烷和苯等有机溶剂，在石油沥青中含量为 15%～30%，它使石油沥青具有塑性与黏结性。

（3）地沥青质为密度大于 $1 g/cm^3$ 的黑褐色黑色固体物质，能溶于二硫化碳和三氯甲烷中，在石油沥青中的含量为 10%～30%，它决定了石油沥青的温度稳定性和黏性，含量越多，石油沥青的软化点越高，脆性越大。

此外，石油沥青中常含有一定量的固体石蜡，它会降低沥青的黏结性、塑性、温度稳定性和耐热性。由于存在于沥青油分中的蜡是有害成分，故对多沥青常采用高温吹氧、溶剂脱蜡等方法处理，使多蜡石油沥青的性质得到改善。

2. 石油沥青的结构

石油沥青的油分和树脂可以互溶，树脂能浸润地沥青质，在地沥青质表面形成树脂薄膜。石油沥青的结构是以地沥青质为核心，周围吸附部分树脂和油分的互溶物，构成胶团，无数胶团分散在油分中形成胶体结构。根据沥青各组分的比例不同，胶体结构可分为溶胶型、凝胶型和溶胶—凝胶型三种类型，如图 9.2 所示。

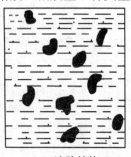  

（a）溶胶结构　　　　　（b）溶、凝胶结构　　　　　（c）凝胶结构

图 9.2　石油沥青的结构

（1）溶胶结构。地沥青质含量相对较少，油分和树脂含量相对较高，具有溶胶结构的石油沥青黏性小、流动性大、温度稳定性较差。

（2）凝胶结构。地沥青质含量较多而油分和树脂较少，具有凝胶结构的石油沥青黏性较大、温度稳定性较好，但塑性较差。

（3）溶胶—凝胶结构。地沥青质含量适当，有较多的树脂，溶胶—凝胶型石油沥青的性质介于溶胶型和凝胶型两者之间，又称弹性溶胶，综合技术性能较好。

3．石油沥青的技术性质

（1）黏性（黏滞性）

石油沥青的黏性是反映沥青材料内部阻碍其相对流动的一种特性，用绝对黏度表示，是沥青性质的重要指标之一。

石油沥青的黏性大小与组分及温度有关。地沥青质含量高，同时有适量的树脂，而油分含量较少时，则黏性较大。在一定温度范围内，当温度上升时，黏性随之降低；反之，则随之增大。绝对黏度的测定方法因材而异，并且较为复杂，工程上常用相对黏度（条件黏度）表示。测定相对黏度的主要方法是用标准黏度计和针入度仪。黏稠石油沥青的相对黏度用针入度仪测定的针入度来表示。针入度值越小，表明石油沥青的黏度越大。黏稠石油沥青的针入度是在规定温度 25℃条件下，以规定质量 50g 的标准针，经历规定时间 5s 贯入试样中的深度，以 1/10mm 为单位表示。符号为 P（25℃、50g、5s）。

对于液体石油沥青或较稀的石油沥青，其相对黏度可用标准黏度计测定的标准黏度表示。标准黏度值越大，表明石油沥青的黏度越大。标准黏度是在规定温度（20℃、25℃、30℃或 60℃）、规定直径（3mm、5mm 或 10mm）的孔口流出 50mL 沥青所需的时间秒数。

（2）塑性

塑性是指石油沥青在外力作用下产生变形而不破坏，除去外力后仍能保持变形后的形状不变的性质。塑性表示石油沥青开裂后自愈能力及受机械应力作用后变形而不破坏的能力。石油沥青之所以能制造成性能良好的柔性防水材料，很大程度上取决于这种性质。石油沥青的塑性用"延伸度"（亦称延度）或"延伸率"表示。按标准试验方法，制成"8"形标准试件，试件中间最狭小处断面积为 $1cm^2$，在规定温度（一般为 25℃）和规定速度（5cm/min）的条件下在延伸仪上进行拉伸，延伸度以试件拉细而断裂时的长度（cm）表示。石油沥青的延伸度越大，沥青的塑性越好。

（3）温度稳定性

温度稳定性是指石油沥青的黏滞性和塑性随温度升降而变化的性能。温度稳定性常用软化点来表示，软化点是沥青材料由固态转变为具有一定流动性膏体时的温度，软化点越高，则常温下越稳定。软化点是以规定质量的钢球放在规定尺寸金属环的试样盘上，以恒定的加热速度加热，当沥青软化下垂至规定距离（25.4mm）时的温度即为其软化点，以摄氏度（℃）计。软化点越高，则常温下越稳定，说明沥青的耐热性能好，但沥青软化点高不易加工。

（4）大气稳定性。大气稳定性是指石油沥青在大气综合因素长期作用下抵抗老化的性能，也即沥青材料的耐久性。大气稳定性好的石油沥青可以在长期使用中保持其原有性质；反之，由于大气长期作用，某些性能降低，使石油沥青使用寿命缩短。

造成大气稳定性差的主要原因是在热、阳光、氧气和水分等因素的长期作用下，石油沥青中低分子组分向高分子组分转化，即沥青中油分和树脂相对含量减少，地沥青质逐渐增多，从而使石油沥青的塑性降低，黏度提高，逐渐变得脆硬，直至脆裂，失去使用功能。这个过程称为"老化"。

石油沥青的大气稳定性以沥青试样在 160℃下加热蒸发 5h 后质量蒸发损失百分率和蒸发后的针入度比表示。蒸发损失百分率越小，蒸发后针入度比值愈大，则表示沥青的大气稳定性愈好，即老化愈慢。

（5）施工安全性。

黏稠沥青在使用时必须加热，当加热至一定温度时，沥青材料中挥发的油分蒸汽与周围空气组成混合气体，此混合气体遇火焰则易发生闪火。若继续加热，油分蒸汽的饱和度增加。由于此种蒸汽与空气组成的混合气体遇火焰极易燃烧而引发火灾，为此，必须测定沥青加热闪火和燃烧的温度，即闪点和燃点。

闪点是指加热沥青挥发出的可燃气体和空气的混合物在规定条件下与火焰接触，初次闪火（有蓝色闪光）时的沥青温度（℃）。

燃点是指加热沥青产生的气体和空气的混合物与火焰接触能持续燃烧 5s 以上，此时沥青的温度（℃）。燃点温度比闪点温度约高 10℃。地沥青质含量越多，闪点和燃点相差越大。液体沥青由于油分较多，闪点和燃点相差很小。

闪点和燃点的高低表明沥青引起火灾或爆炸的可能性大小，它关系到运输、储存和加热使用等方面的安全。

4．石油沥青的技术标准及选用

（1）石油沥青的技术标准

建筑石油沥青按针入度划分牌号，每一牌号的沥青还应保证相应的延度、软化点、溶解度、蒸发损失、蒸发后针入度比和闪点等。根据《建筑石油沥青》（GB/T494—2010）和《道路石油沥青》（NB/SH/T 0522—2010）规定，各种石油沥青的技术标准见表 9.1 所示。

表 9.1　各种石油沥青的技术标准

项目	建筑石油沥青			道路石油沥青				
	40 号	30 号	10 号	200 号	180 号	140 号	100 号	60 号
针入度（25℃，100g，5s），1/10mm	36～50	26～35	10～25	200～300	150～200	110～150	80～110	50～80
延度（25℃，cm），≥	3.5	2.5	1.5	20	100		90	70
软化点（环球法）（℃）	≥60	≥75	≥95	30～48	35～48	38～48	42～55	45～58
溶解度（三氯乙烯，%），≥	99.0			99.0				
蒸发损失（163℃，5h）（%），≤	1			1.3			1.2	1.0
蒸发后针入度比（%），≥	65			报告				
闪点（开口）（℃），≥	260			180	200		230	

石油沥青的牌号主要根据其针入度、延度和软化点等技术指标划分，以针入度表示。建筑石油沥青分 40 号、30 号和 10 号三个牌号，道路石油沥青分 200 号、180 号、140 号、100 号和 60 号五个牌号。在同一品种石油沥青材料中，牌号越小，相应的针入度越大，沥青越软。随着牌号的增加，针入度增大，沥青的黏滞性越小，塑性提高，延度增大，而温度稳定性降低，软化点降低。

（2）石油沥青的选用

在选用沥青材料时，应根据工程类别（房屋、道路、防腐）及当地气候条件，所处工程部位（屋面、地下）来选择不同牌号的沥青（或选取两种不同牌号的沥青调配使用）。在满足使用要求的前提下，尽量选用较大牌号的沥青品种，以保证正常使用条件下具有较长的使用年限。

道路石油沥青主要用于道路路面和车间地面等工程，一般拌制沥青混凝土或沥青砂浆使用。此外，道路石油沥青还可以用作密封材料、胶结料以及沥青涂料等。

建筑石油沥青针入度较小，黏性较大，软化点较高，但延伸度较小，主要用作制造防水卷材、防水涂料和沥青嵌缝膏。它们绝大部分用于地下及屋面防水，沟槽防水，防腐蚀及管道防腐等工程。为避免夏季流淌，一般屋面用沥青材料的软化点应比本地区屋面最高温度高20℃以上。但若过高，冬季低温时易硬脆，甚至开裂。

（二）煤沥青

煤沥青是炼焦或生产煤气的副产品。烟煤干馏时所挥发的物质冷凝为煤焦油，煤焦油经分馏加工，提取出各种油质后的产品即为煤沥青。石油沥青与煤沥青的主要区别见表9.2。

表9.2　石油沥青与煤沥青的主要区别

性质	石油沥青	煤沥青
密度（g/cm³）	近于1.0	1.25～1.28
燃烧	烟少、无色、有松香味、无毒	烟多、黄色、臭味大、有毒
锤击	韧性较好	韧性差，较脆
颜色	呈辉亮褐色	浓黑色
溶解	易溶于煤油与汽油中，呈棕黑色	难溶于煤油与汽油中，呈黄绿色
温度稳定性	较好	较差
大气稳定性	较高	较低
防水性	较好	较差（含酚、能溶于水）
抗腐蚀性	差	强

（三）改性沥青

通常，普通石油沥青的性能不一定能满足使用要求，为此，常采取措施对于沥青进行改性，性能得到不同程度改善后的新沥青，称为改性沥青。改性沥青可分为橡胶改性沥青、合成树脂改性沥青，橡胶树脂改性沥青、再生橡胶改性沥青和矿物填充料改性沥青等数种。

1. 橡胶改性沥青

橡胶改性沥青是在沥青中掺入适量橡胶后使其改性的产品。沥青与橡胶的相溶性较好，混溶后的改性沥青高温变形很小，低温时具有一定塑性。所用的橡胶有天然橡胶、合成橡胶和再生橡胶。使用不同品种橡胶掺入的量与方法不同，形成的改性沥青性能也不同。常见的橡胶改性沥青有氯丁橡胶改性沥青、丁基橡胶改性沥青、再生橡胶改性沥青和SBS热塑性弹性体改性沥青。

SBS热塑性弹性体改性沥青是以丁二烯、苯乙烯为单体，加溶剂、引发剂、活化剂，以阴离子聚合反应生成的共聚物。SBS用于沥青的改性，可以明显改善沥青的高温和低温性能。

SBS 改性沥青已是目前世界上应用最广的改性沥青材料之一。

2. 合成树脂类改性沥青

合成树脂类改性沥青按成分不同有古马隆树脂改性沥青、聚乙烯树脂改性沥青、环氧树脂改性沥青和 APP 改性沥青。APP 为无规聚丙烯均聚物。APP 很容易与沥青混溶，并且对改性沥青软化点的提高很明显，耐老化性也很好，具有较好的发展潜力。意大利 85%以上的柔性屋面防水均采用 APP 改性沥青油毡。

3. 橡胶树脂改性沥青

橡胶和树脂同时用于改善石油沥青的性质，能使石油沥青同时具有橡胶和树脂的特性。且树脂比橡胶便宜，橡胶和树脂又有较好的混溶性，故效果较好。橡胶、树脂和沥青在加热熔融状态下，沥青与高分子聚合物之间发生相互侵入和扩散，沥青分子填充在聚合物大分子的间隙内，同时聚合物分子的某些链节扩散进入沥青分子中，形成凝聚的网状混合结构，故可以得到较优良的性能。配制时，采用的原材料品种、配比、制作工艺不同，可以得到很多性能各异的产品，主要有卷材、片材、密封材料、防水材料等。

4. 再生胶改性沥青

利用再生橡胶粉加入石油沥青中对沥青进行改性，可以制成卷材、片材、密封材料、胶黏剂和涂料等。再生橡胶掺入沥青中以后，可大大提高沥青的气密性、低温柔性、耐光（热）性和耐臭氧性。

5. 矿物填料改性沥青

在沥青中掺入矿物填充料，用以增加沥青的黏结力和耐热性，减少沥青的温度敏感性，主要适用于生产沥青玛蹄脂。

三、防水卷材

防水卷材是一种可以卷曲的片状防水材料。根据其组成材料分为沥青防水卷材、改性沥青防水卷材和合成高分子防水卷材三大类。

各类防水卷材应具有良好的耐水性、温度稳定性和抗老化性，并应具备必要的机械强度、延伸性、柔韧性和抗断裂能力。

（一）沥青防水卷材

凡用原纸或玻璃布、石棉布、棉麻织品等胎料浸渍石油沥青（或焦油沥青）制成的卷状材料，均称为浸渍卷材（有胎卷材）。将石棉、橡胶粉等掺入沥青材料中，经碾压制成的卷状材料称为辊压卷材（无胎卷材）。这两种卷材通称为沥青防水卷材。

1. 石油沥青纸胎油毡

石油沥青纸胎油毡是采用低软化点石油沥青浸渍原纸，然后用高软化点石油沥青涂盖油纸两面，再涂或撒隔离材料所制成的一种纸胎防水卷材。《石油沥青纸胎油毡》（GB326—2007）规定：石油沥青纸胎油毡按卷重和物理性能分为 I 型、II 型、III 型。

纸胎油毡防水卷材存在一定缺点，如抗拉强度及塑性较低，吸水率较大，不透水性较差，并且原纸由植物纤维制成，易腐烂、耐久性较差，此外原纸的原料来源也较困难，目前已经大量用玻璃纤维布及玻纤毡为胎基生产沥青卷材。

2. 有胎沥青防水卷材

有胎沥青防水卷材主要有麻布油毡、石棉布油毡、玻璃纤维布油毡、合成纤维布油毡等。

这些油毡的制法与纸胎油毡相同，但抗拉强度、耐久性等都比纸胎油毡好得多，适用于防水性、耐久性和防腐性要求较高的工程。

（二）高聚物改性沥青防水卷材

高聚物改性沥青防水卷材是以合成高分子聚合物改性沥青为涂盖层，纤维织物或纤维毡为胎体，粉状、粒状、片状或薄膜材料为覆盖材料制成的可卷曲片状防水材料。它克服了传统沥青卷材温度稳定性差、延伸率低的不足，具有高温不流淌、低温不脆裂、拉伸强度较高、延伸率较大等优异性能。

1. 弹性体改性沥青防水卷材（SBS 卷材）（如图 9.3 所示）

弹性体改性沥青防水卷材（SBS 卷材）是采用玻纤毡、聚酯毡为胎体，苯乙烯-丁二烯-苯乙烯（SBS）热塑性弹性体作改性剂，涂盖在经沥青浸渍后的胎体两面，上表面撒布矿物质粒、片料或覆盖聚乙烯膜，下表面撒布细砂或覆盖聚乙烯膜所制成的新型中、高档防水卷材，是弹性体橡胶改性沥青防水卷材中的代表性品种。

SBS 改性沥青防水卷材最大的特点是低温柔韧性能好，同时也具有较好的耐高温性、较高的弹性及延伸率（延伸率可达 150%），较理想的耐疲劳性。广泛用于各类建筑防水、防潮工程，尤其适用于寒冷地区和结构变形频繁的建筑物防水。

图 9.3　SBS 橡胶改性沥青防水卷材

2. 塑性体改性沥青防水卷材（APP 卷材）

塑性体改性沥青防水卷材（APP 卷材）是用无规聚丙烯（APP）改性沥青浸渍胎基（玻纤或聚酯胎），以砂粒或聚乙烯薄膜为防粘隔离层的防水卷材，属塑性体沥青防水卷材中的一种。

APP 改性沥青卷材的性能与 SBS 改性沥青性接近，具有优良的综合性质，尤其是耐热性能好，130℃的高温下不流淌、耐紫外线能力比其他改性沥青卷材均强，所以非常适宜用于高温地区或阳光辐射强烈地区，广泛用于各式屋面、地下室、游泳池、水桥梁、隧道等建筑工程的防水防潮。

（三）合成高分子防水卷材

合成高分子卷材是以合成橡胶、合成树脂或两者的共混体为基料，加入适量的化学助剂和填料，经混炼、压延或挤出等工序加工而成的可卷曲的片状防水材料。其抗拉强度、延伸性、耐高低温性、耐腐蚀、耐老化及防水性都很优良，是值得推广的高档防水卷材。多用于要求有良好防水性能的屋面、地下防水工程。

1. 三元乙丙（EPDM）橡胶防水卷材

三元乙丙橡胶防水卷材是以三元乙丙橡胶为主体原料，掺入适量的丁基橡胶、硫化剂、软化剂、补强剂等，经密炼、拉片、过滤、压延或挤出成型、硫化等工序加工而成。

其耐老化性能优异，使用寿命一般长达四十余年，弹性和拉伸性能极佳，拉伸强度可达 7MPa 以上，断裂伸长率可大于 450%，因此，对基层伸缩变形或开裂的适应性强，耐高低温性能优良，−45℃左右不脆裂，耐热温度达 160℃，既能在低温条件下进行施工作业，又能在严寒或酷热的条件长期使用。

2. 聚氯乙烯（PVC）防水卷材

聚氯乙烯防水卷材是以聚氯乙烯树脂为主要原料，并加入一定量的改性剂、增塑剂等助剂和填充料，经混炼、造粒、挤出压延、冷却、分卷包装等工序制成的柔性防水卷材。

具有抗渗性能好、抗撕裂强度较高、低温柔性较好的特点，与三元乙丙橡胶防水卷材相比，PVC 卷材的综合防水性能略差，但其原料丰富，价格较为便宜。适用于新建或修缮工程的屋面防水，也可用于水池、地下室、堤坝、水渠等防水抗渗工程。

3. 氯化聚乙烯-橡胶共混防水卷材

氯化聚乙烯-橡胶共混防水卷材是以氯化聚乙烯树脂和合成橡胶共混物为主体，加入适量的硫化剂、促进剂、稳定剂、软化剂和填充料等，经过素炼、混炼、过滤、压延或挤出成型、硫化、分卷包装等工序制成的防水卷材。

兼有塑料和橡胶的特点，具有优异的耐老化性、高弹性、高延伸性及优异的耐低温性，对地基沉降、混凝土收缩的适应强，它的物理性能接近三元乙丙橡胶防水卷材，由于原料丰富，其价格低于三元乙丙橡胶防水卷材。

四、防水涂料

防水涂料是将在高温下呈黏稠液状态的物质，涂布在基体表面，经溶剂或水分挥发，或各组分间的化学变化，形成具有一定弹性的连续薄膜，使基层表面与水隔绝，并能抵抗一定的水压力，从而起到防水和防潮作用。

1. 防水涂料的分类

防水涂料一般按涂料的类型和按涂料的成膜物质的主要成分进行分类。按类型区分，防水涂料可分为溶剂型、水乳型和反应型三类；按成膜物质的主要成分，防水涂料分为四类，即合成树脂类、橡胶类、高聚物改性沥青类（主要是橡胶沥青类）和沥青类。

2. 常用的防水涂料及其性能要求

（1）沥青类防水涂料

沥青类防水涂料，其成膜物质中的胶黏结材料是石油沥青。该类涂料有溶剂型和水乳型两种。将石油沥青溶于汽油等有机溶剂而配制的涂料，称为溶剂型沥青涂料。其实质是一种沥青溶液。将石油沥青分散于水中，形成稳定的水分散体构成的涂料，称为水乳型沥青类防水涂料。

溶化的沥青可以在石灰、石棉或黏土中与水分子发生分裂作用（分散作用）制得膏状沥青悬浮体，常见的有石灰乳化沥青、水性石棉沥青和黏土乳化沥青等。沥青膏体成膜较厚，其中石灰、石棉等对涂膜性能有一定改善作用，可作厚质防水涂料使用。

其中石灰乳化沥青是以石油沥青（主要用 60 号）为基料，以石灰膏（氢氧化钙）为分散剂，以石棉绒为填充料加工而成的一种沥青浆膏（冷沥青悬浮液）。建筑部门用石灰乳化沥青作为膨胀珍珠岩颗粒的黏结剂，制造保温预制块，或者直接在现场浇制保温层，使保温材料获得较好的防水效果。

水性石棉沥青防水涂料是将溶化沥青加到石棉与水组成的悬浮液中经强烈搅拌制得，配以适当加筋材料（玻璃纤维布、无纺布等），可用于民用建筑及工业厂房的钢筋混凝土屋面防水；地下室、楼层卫生间、厨房防水层等。

（2）高聚物改性沥青防水涂料

橡胶沥青类防水涂料为高聚物改性沥青类的主要代表，其成膜物质中的胶粘材料是沥青和橡胶（再生橡胶或合成橡胶等）。该类涂料有溶剂型和水乳型两种类型，是以橡胶对沥青进行改性作为基础的。下面仅介绍水乳型橡胶沥青类防水涂料的两个主要品种。

①水乳型再生橡胶沥青防水涂料。水乳型再生橡胶沥青防水涂料是由阴离子型再生胶乳液和沥青乳液混合构成，是再生橡胶和石油沥青的微粒借助于阴离子型表面活性剂的作用，稳定分散在水中而形成的一种乳状液。其适用于工业及民用建筑非保温屋面防水，楼层厕浴、厨房间防水，以沥青珍珠岩为保温层的保温屋面防水等。

②水乳型氯丁橡胶沥青防水涂料。水乳型氯丁橡胶沥青防水涂料，又名氯丁胶乳沥青防水涂料，目前国内多是阳离子水乳型产品。

它兼有橡胶和沥青的双重优点，与溶剂型同类涂料相比，两者的主要成膜物质均为氯丁橡胶和石油沥青，但阳离子水乳型氯丁橡胶沥青防水涂料以水代替了甲苯等有机溶剂，其成本降低，且具有无毒、无燃爆和施工时无环境污染等特点，可用于工业及民用建筑混凝土屋面防水；地下混凝土工程防潮抗渗、旧屋面防水工程的翻修等。

（3）聚氨酯防水涂料

聚氨酯防水涂料又名聚氨酯涂膜防水材料，是一种化学反应型涂料，产品按组分可分为单组分（S）和多组分（M）两种，按拉伸性能分为Ⅰ、Ⅱ类。一般按产品名称、组分、类和标准号顺序标记。多组分目前有两种，一种是焦油系列双组分聚氨酯涂膜防水材料，一种是非焦油系列双组分聚氨酯涂膜防水材料。

（4）硅橡胶防水涂料

硅橡胶防水涂料是以硅橡胶乳液及其他乳液的复合物为主要基料，掺入无机填料及各种助剂配制而成的乳液型防水涂料，该涂料兼有涂膜防水和浸透性防水材料两者的优良性能，具有良好的防水性、渗透性、成膜性、弹性、黏结性和耐高低温性。硅橡胶防水涂料是以水为分散介质的水乳型涂料，失水固化后形成网状结构的高聚物，适用于各种屋面防水工程、地下工程、输水和贮水构筑物、卫生间等的防水、防潮。

五、建筑密封材料

为提高建筑物整体的防水、抗渗性能，对于工程中出现的施工缝、构件连接缝、变形缝等各种接缝，必须填充具有一定的弹性、黏结性、能够使接缝保持水密、气密性能的材料，这就是建筑密封材料。

建筑密封材料分为具有一定形状和尺寸的定型密封材料（如止水条、止水带等），以及各种膏糊状的不定型密封材料（如腻子、胶泥、各类密封膏等）。

1. 沥青嵌缝油膏

建筑防水沥青嵌缝油膏（简称油膏）是以石油沥青为基料，加入改性材料及填充料混合制成的冷用膏状材料，适用于各种混凝土屋面板、墙板等建筑构件节点的防水密封，使用时应注意储存、操作时远离明火。

2. 聚氯乙烯建筑防水接缝材料

聚氯乙烯建筑防水接缝材料是以聚氯乙烯树脂为基料，加以适量的改性材料及其他添加剂配制而成的（简称 PVC 接缝材料）。按施工工艺可分为热塑型（通常指 PVC 胶泥）和热熔型（通常指塑料油膏）两类。

聚氯乙烯建筑防水接缝材料具有良好的弹性、延伸性及耐老化性，与混凝土基面有较好的黏结性，能适应屋面振动、沉降、伸缩等引起的变形要求。

3. 聚氨酯建筑密封膏

聚氨酯建筑密封膏是以异氰酸基（–NCO）为基料和含有活性氢化物的固化剂组成的一种双组分反应型弹性密封材料。

这种密封膏能够在常温下固化，并有着优异的弹性性能、耐热耐寒性能和耐久性，与混凝土、木材、金属、塑料等多种材料有着很好的黏结力。

4. 聚硫建筑密封膏

聚硫建筑密封膏是由液态聚硫橡胶为主剂和金属过氧化物等硫化剂反应，在常温下形成的弹性密封材料。其性能应符合《聚硫建筑密封膏》（JC483—92）的要求。

这种密封材料能形成类似于橡胶的高弹性密封口，能承受持续和明显的循环位移，使用温度范围宽，在–40℃～90℃的温度范围内能保持它的各项性能指标，与金属与非金属材质均具有良好的黏结力。

5. 硅酮建筑密封膏

硅酮建筑密封膏是以聚硅氧烷为主要成分的单组分和双组分室温固化型弹性建筑密封材料。硅酮建筑密封膏属高档密封膏，它具有优异的耐热、耐寒性和耐候性能，与各种材料有着较好的黏结性，耐伸缩疲劳性强，耐水性好。

六、刚性防水材料

（一）防水混凝土

防水混凝土又称抗渗混凝土，是指满足抗渗等级等于或大于 P6（最大液体不渗透压力为 0.6 MPa）要求，兼有防水和承重两种功能的不透水性混凝土。防水混凝土的防水作用是通过提高混凝土内部结构密实性、憎水性和抗渗性实现的。即通过选择合适级配的集料、降低混凝土的水胶比、掺入适量外加剂等，破坏混凝土内部的毛细管通道或减少混凝土的孔隙率，提高混凝土的结构密实性，以期达到防水目的。

1. 防水混凝土的分类及应用

防水混凝土一般分为普通防水混凝土、外加剂防水混凝土和补偿收缩防水混凝土三种。每种混凝土的特点及适用范围见表 9.3。

表9.3　混凝土的特点及适用范围

种类		防水原理、特点	适用范围
普通防水混凝土		调整普通混凝土组分，提高自身密实度和抗渗性	一般工业与民用建筑的地下防水工程
外加剂防水混凝土	普通减水剂防水混凝土	减水剂能减少混凝土用水量，降低水胶比，使硬化混凝土的孔隙率降低，提高了混凝土的密实性，实现抗渗目的	钢筋密集或振捣困难的薄壁防水构筑物，有特殊要求的防水工程，如泵送混凝土等
	三乙醇胺防水混凝土	三乙醇不仅能促进水泥水化，而且水化产物体积膨胀，堵塞混凝土内部孔隙和切断毛细管通路，增大混凝土密实性，提高混凝土早期强度和抗渗性	工期要求紧迫，必须早强及抗渗性要求较高的防水工程和一般防水工程
补偿收缩防水混凝土	膨胀水泥防水混凝土	依靠膨胀剂或膨胀水泥在水化硬化过程中形成膨胀3晶水化物，产生适度膨胀，减小或消除混凝土干缩产生的裂缝；结晶物质填充、堵塞毛细管孔隙，起到提高混凝土结构密实性的作用，从而提高混凝土的抗渗能力	地下工程和地上防水构筑特等混凝土工程
	膨胀剂防水混凝土		一般地下防水工程及屋面防水混凝土工程

2．防水混凝土的特点

（1）优点

①兼具防水和承重两种功能，既节约了原材料又可加快施工速度。

②原材料来源广泛，成本低廉。

③在结构形式复杂的情况下，施工简便，防水质量可靠，耐久性好。

④出现渗漏水时易于检查，便于修补；施工作业环境较好。

（2）缺点

混凝土结构自防水不适于裂缝开展宽度大于 0.2 mm 的结构、遭受剧烈振动或冲击的结构、环境温度高于 80℃的结构；不适于耐蚀系数小于 0.8 的侵蚀性介质中使用的结构。耐蚀系数是指在侵蚀性水中养护 6 个月的混凝土试块的抗折强度与在饮用水中养护 6 个月的混凝土试块抗折强度之比。

（二）防水砂浆

1．对组成材料的技术要求

（1）水泥。应按设计要求选用普通硅酸盐水泥或膨胀水泥，其强度等级不应低于 32.5 级，不得使用过期、受潮结块及掺入有害杂质的水泥。

（2）集料。宜采用中砂，粒径在 3 mm 以下，含泥量不得大于 1%，硫化物和硫酸盐含量不得大于 1%。

（3）水。不含有害物质的洁净水。

（4）外加剂的技术性能应符合国家或行业标准一等品及以上的质量要求。

（5）聚合物乳液中无颗粒、异物或凝固物。

2．分类、特点及应用（见表 9.4）

表 9.4　水泥砂浆防水层的分类、特点及适用范围

分类	特点	适用范围
普通防水砂浆（刚性多层抹面防水）	又称刚性多层抹面防水砂浆防水层，具有较高的抗渗能力，抗渗压力达 2.5～3MPa，检修方便	适于做地下防水层或用于屋面、地下工程补漏。因其变形能力差，不适于因振动、沉陷或温度、湿度变化易产生裂缝的结构上；不适于有腐蚀剂、高温（大于 80℃）的工程防水
外加剂防水砂浆	配制简单。其具有一定的抗渗能力，可承受 0.4MPa 的抗渗压力；当掺入 10% 的抗裂防水剂时，抗渗压力可达 3MPa 以上	适用于一般深度不大、干燥程度要求不高、不受振动的地下工程防水或墙体防潮层，用于简易屋面防水。不适于因振动、沉陷或温度、湿度变化易产生裂缝的结构上；不适于有腐蚀剂、高温（大于 80℃）的工程防水
聚合物防水砂浆	价格较高，聚合物掺量比例要求严格	可单独用于防水工程或做防渗漏工程的修补

七、特殊部位用防水材料

（一）止水带

止水带是处理建筑物或地下构筑物接缝用的一类防水密封材料。在防水工程中，止水带可以阻止大部分地下水沿沉降缝进入室内，尤其是当接缝两侧的建筑沉降不一致时，止水带可以通过自身的变形起到继续止水的作用。止水带的形式很多，常见形式如图 9.4 所示。

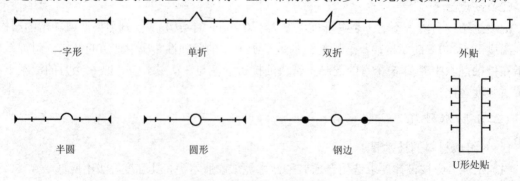

图 9.4　几种常见的止水带

常见的止水带有以下几种。
（1）钢板腻子止水带。
（2）PVC 塑料止水带。
（3）遇水膨胀橡胶止水带。遇水膨胀橡胶止水带是以改性橡胶为基料而制成的一种新型防水材料，如图 9.5 所示。

图 9.5　橡胶止水带

（二）止水条

止水条是由高分子、无机吸水膨胀材料与橡胶及助剂合成的具有自黏性能的一种新型建筑防水材料。止水条遇水后会逐渐膨胀，依靠其自身的黏性直接粘贴在混凝土施工缝、后浇缝的界面上，二次浇注混凝土后，可以挤密新老混凝土之间的缝隙，堵塞混凝土的空隙和裂缝，使混凝土界面的接触更加紧密，从而产生较大的抗水压力，可自行封堵因沉降而出现的新的微小缝隙。对于已完工的工程，如缝隙渗漏水，可用该止水条重新堵漏。止水条广泛用于隧道、污水处理厂、水力发电站、大坝等工程中，用于对伸缩缝、施工缝和沉降缝等结构缝中的止水。

任务 18　防水材料的性能检测

一、石油沥青性能测定

本试验按 GB4507—1999、GB4508－2010 和 GB4509－2010 标准，测定石油沥青的软化点、延度及针入度等技术性质，以评定其牌号与类别。

取样方法：同一批出厂，并且类别、牌号相同的沥青，从桶（或袋、箱）中取样，应在样品表面以下及距容器内壁至少 5cm 处采取。当沥青为可敲碎的块体，则用干净的工具将其打碎后取样；当沥青为半固体，则用干净的工具切割取样。取样数量为 1 ～1.5kg。

（一）针入度测定

针入度以标准针在一定的荷载、时间及温度条件下垂直穿入试样的深度表示单位为1/10mm。

1. 主要仪器设备

（1）针入度计（如图 9.6 所示）。

（2）标准针。由经硬化回火的不锈钢制成，洛氏硬度为 54～60 针与箍的组件质量应为2.5±0.05g，连杆、针与砝码共重 100±0.05g。

2. 恒温水浴（容量不少于 10L，温度控制精确至 0.1℃）、试样皿、温度计（0℃～50℃精确至 0.1℃）、秒表（精确至 0.1s）等。

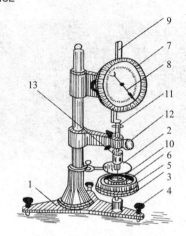

1—底座；2—小镜；3—圆形平台；4—调平螺丝；5—保温皿；6—试样
7—刻度盘；8—指针；9—活杆；10—标准针；11—连杆；12—按钮；13—砝码

图 9.6 针入度仪

3．试验步骤

（1）试样制备。将石油沥青加热至 120～180，且不超过软化点以上 90℃温度下脱水，加热时间不超 30min，用筛过滤，注入盛样皿内，注入深度应比预计针入度大 10mm，置于 15℃～30℃的空气中冷却 1～2h。然后将盛样皿移入规定温度的恒温水浴中，恒温 1～2h，浴中水面应高出试样表面 10mm 以上。

（2）调节针入度计使之水平，检查指针、连杆和轨道，以确认无水和其他杂物，无明显摩擦，装好标准针、放好砝码。

（3）从恒温水浴中取出试样皿，放入水温为（25±0.1）℃的平底保温皿中，试样表面以上的水层高度应不小于 10mm。将平底保温皿置于针入度计的平台上。

（4）慢慢放下针连杆，使针尖刚好与试样表面接触时固定。拉下活杆，使与针连杆顶端相接触，调节指针或刻度盘使指针指零。然后用手紧压按钮，同时启动秒表，使标准针自由下落穿入沥青试样，经 5s 后，停止按钮，使指针停止下沉。

（5）再拉下活杆使之与标准针连杆顶端接触。这时刻度盘指针所指的读数或与初始值之差，即为试样的针入度，用 1/10mm 表示。

（6）同一试样重复测定至少 3 次，每次测定前都应检查并调节保温皿内水温使其保持在（25±0.1）℃，各测点之间及测点与试样皿内壁的距离不应小于 10mm，每次测定后都应将标准针取下，用浸有溶剂（甲苯或松节油等）的布或棉花擦净；当针入度超过 200 mm 时，至少用三根针，每次试验用的针留在试样中，直到三根针扎完时再将针从试样中取出。

4．结果评定

取 3 次针入度测定值的平均值作为该试样的针入度（1/10mm），结果取整数值，3 次针入度测定值相差不应大于表 9.5 中数值。

表 9.5 石油沥青针入度测定值的最大允许差值

针入度	0～49	50～149	150～249	250～350	350～500
最大差值（0.1mm）	2	4	6	8	20

（二）延度测定

延度一般指沥青试样在（25±0.5）℃温度下，以 5±0.25cm/min 速度拉伸至断裂时的长度，以 cm 计。

1．主要仪器设备

（1）延度仪。由长方形水槽和传动装置组成，由丝杆带动滑板以每分钟 50±5mm 的速度拉伸试样，滑板上的指针在标尺上显示移动距离（如图 9.7 所示）。

（2）"8"字模。由两个端模和两个侧模组成（如图 9.8 所示）。

图 9.7　延度仪

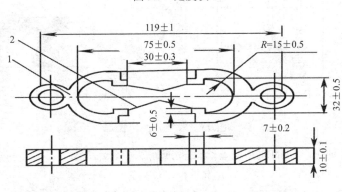

图 9.8　延度"8"字模

2．其他仪器同针入度试验

3．试验步骤

（1）制备试样。将隔离剂（甘油∶滑石粉＝2∶1）均匀地涂于金属（或玻璃）底板和两侧模的内侧面（端模勿涂），将模具组装在底板上。将加热熔化并脱水的沥青经过滤后，以细流状缓慢自试模一端至另一端注入，经往返几次而注满，并略高出试模。然后在 15℃～30℃ 环境中冷却 30～40min，放入（25±0.1）℃的水浴中，保持 30min 再取出，用热刀将高出模具的沥青刮去，试样表面应平整光滑，最后移入（25±0.1）℃水浴中恒温 85～95min。

（2）检查延度仪滑板移动速度是否符合要求，调节水槽中水位（水面高于试样表面不小于 25mm）及水温为（25±0.5）℃。

（3）从恒温水浴中取出试件，去掉底板与侧模，将其两端模孔分别套在水槽内滑板及横端板的金属小柱上，再检查水温，并保持在（25±0.5）℃。

（4）将滑板指针对零，开动延度仪，观察沥青拉伸情况。测定时，若发现沥青细丝浮于水面或沉入槽底时，则应分别向水中加乙醇或食盐水，以调整水的密度与试样密度相近为止，然后再继续进行测定。

（5）当试件拉断时，立即读出指针所指标尺上的读数，即为试样的延度，以 cm 表示。

4．试验结果

取平行测定的 3 个试件延度的平均值作为该试样的延度值。若 3 个测定值与其平均值之差不都在其平均值的 5%以内，但其中两个较高值在平均值的 5%以内，则弃去最低值，取 2 个较高值的算术平均值作为测定结果，否则重新测定。

（三）软化点测定

沥青的软化点是试样在规定条件下，因受热而下坠达 25mm 时的温度，以℃表示。

1．主要仪器设备

（1）软化点测定仪（环与球法），包括 800mL 烧杯、测定架、试样环、套环、钢球、温度计（30℃～180℃，最小分度值为 0.5℃）等（如图 9.9 所示）。

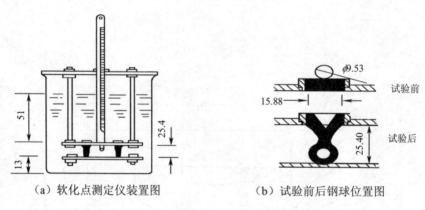

（a）软化点测定仪装置图   （b）试验前后钢球位置图

图 9.9　软化点测定仪

（2）电炉或其他可调温的加热器、金属板或玻璃板、筛等。

2．试验步骤

（1）试样制备。将黄铜环置于涂有隔离剂的金属板或玻璃板上，将已加热熔化、脱水且过滤后的沥青试样注入黄铜环内至略高出环面为止。（若估计软化点在 120℃以上时，应将黄铜环与金属板预热至 80℃～100℃）。将试样在 10℃的空气中冷却 30min，用热刀刮去高出环面的沥青，使与环面齐平。

（2）烧杯内注入新煮沸并冷却至约（5±1）℃的蒸馏水（估计软化点 30℃～80℃的试样）或注入预热至（30±1）℃的甘油（估计软化点 80℃～157℃的试样），使液面略低于连接杆上的深度标记。

（3）将装有试样的铜环置于环架上层板的圆孔中，放上套环，把整个环架放入烧杯内，调整液面至深度标记，环架上任何部分均不得有气泡。将温度计由上层板中心孔垂直插入，使水银球与铜环下面齐平，恒温 15min。水温保持（5±1）℃（或甘油温度保持（30±1）℃）。

（4）将钢球放在试样上（须使环的平面在全部加热时间内完全处于水平状态），立即加热，使烧杯内水或甘油温度在 3min 后保持每分钟上升（5±0.5）℃，否则重做。

（5）观察试样受热软化情况，当其软化下坠至与环架下层板面接触（即 25.4mm）时，记下此时的温度，即为试样的软化点（精确至 0.5℃）。

3．试验结果

取平行测定的两个试样软化点的算术平均值作为测定结果。两个软化点测定值相差超过1℃，则重新试验。

4．试验结果评定

（1）石油沥青按针入度来划分其牌号，而每个牌号还应保证相应的延度和软化点。若后者某个指标不满足要求，应予以注明。

（2）石油沥青按其牌号，可分为道路石油沥青、建筑石油沥青、防水防潮石油沥青和普通石油沥青。由上述试验结果，按照标准规定的各技术要求的指标可确定该石油沥青的牌号与类别。

二、防水卷材取样及性能测定

1．抽样

抽样根据相关方协议的要求，可按表9.6所示进行，不要抽取损坏的卷材。

表9.6　抽样规定

批量（m²）		样品数量/卷
以上	直至	
—	1000	1
1000	2500	2
2500	5000	3
5000	—	4

2．试样和试件

（1）温度条件。在裁取试样前样品应在（20±10）℃ 放置至少 24h。无争议时可在产品规定的展开温度范围内裁取试样。

（2）试样。在平面上展开抽取的样品，根据试件需要的长度在整个卷材宽度上裁取试样。若无合适的包装保护，将卷材外面的一层去除。试样用能识别的材料标记卷材的上表面和机器生产方向，若无其他相关标准规定，在裁取试件前试样应在（23±2）℃放置至少20h。

（3）试件。在裁取试件前检查试样，试样不应有由于抽样或运输造成的折痕，保证试样没有《建筑防水卷材试验方法　第2部分：沥青防水卷材　外观》（GB/T328.2—2007）或《建筑防水卷材试验方法　第 3 部分：高分子防水卷材　外观》（GB/T328.3—2007）规定的外观缺陷。根据相关标准规定的检测性能和需要的试件数量裁取试件。试件用能识别的方式来标记卷材的上表面和机器生产方向。

3．抽样报告

抽样报告至少包含以下信息。

（1）相关标准中产品试验需要的所有数据。

（2）涉及的 GB/T328 的本部分及偏离。

（3）与产品或过程有关的折痕或缺陷。

（4）抽样地点和数量。

（一）厚度测定

1. 原理

卷材厚度在卷材宽度方向平均测量 10 点，这些值的平均值记录为整卷卷材的厚度，单位为 mm。

2. 仪器设备

测量装置能测量厚度精确到 0.01mm，测量面平整，直径 10mm，施加在卷材表面的压力为 20kPa。

3. 抽样和试件制备

（1）抽样。按《建筑防水卷材试验方法　第 1 部分：沥青和高分子防水卷材　抽样规则》（GB/T328.1—2007）抽取未损伤的整卷卷材进行试验。

（2）试件制备。从试样上沿卷材整个宽度方向裁取至少 100mm 宽的一条试件。

（3）试验试件的条件。通常情况常温下进行测量有争议时，试验在（23±2）℃条件进行，并在该温度放置不少于 20h。

4. 步骤

保证卷材和测量装置的测量面没有污染，在开始测量前检查测量装置的零点，在所有测量结束后再检查一次。在测量厚度时，测量装置慢慢落下避免使试件变形，在卷材宽度方向均匀分布 10 点测量并记录厚度，最外侧的测量点应距卷材边缘 100mm。

5. 结果表示

（1）计算。计算按步骤中测量的 10 点厚度的平均值，修约到 0.1mm 表示。

（2）精确度。试验方法的精确度没有规定。推论厚度测量的精确度不低于 0.1mm。

（二）单位面积质量测定

1. 原理

试件从试片上裁取并称重，然后得到单位面积质量平均值。

2. 仪器设备

称量装置，能测量试件质量并精确至 0.01g。

3. 抽样和试件制备

（1）抽样。按 GB/T328.1—2007 抽取未损伤的整卷卷材进行试验。

（2）试件制备。从试样上裁取至少 0.4m 长，整个卷材宽度宽的试片，从试片上裁取 3 个正方形或圆形试件，每个面积 10 000 ± 100 mm^2，一个从中心裁取，其余两个和第一个对称，沿试片相对两角的对角线，此时试件距卷材边缘大约 100mm，避免裁下任何留边。

（3）试验条件。试件应该在（23±2）℃和（50±5）%相对湿度条件下至少放置 20h，试验在（23±2）℃进行。

4. 步骤

用称量装置称量每个试件，记录质量精确到 0.1g。

5. 结果表示

（1）计算。计算卷材单位面积质量 m，单位为千克每平方米（kg/m^3），取三个试样质量的平均值。

（2）精确度。试验方法的精确度没有规定，推论单位面积质量的精确度不低于 $10g/m^3$。

6．试验报告

（略）

（三）沥青防水卷材最大拉力、最大拉力时延伸率、断裂延伸率测定

1．仪器设备

电子拉力试验机 DL-5000 型。

2．试样制备

整个拉伸试验应制备两组试件，一组纵向 5 个试件，一组横向 5 个试 件。试件在试样上距边缘 100mm 以上用裁刀任意裁取，矩形试件宽为 50±0.5mm，长为（200mm+2×加持长度）长度方向为试验方向。表面的非持久层应去除。试件在试验前在（23±2）℃和相对湿度（30±70）%的条件下至少放置 20h。

3．步骤

将试件紧紧地夹在试验机的夹具中，注意试件长度方向的中线与试验 机夹具中心在一条线上。夹具间距离为 200±2mm，为防止试件从夹具 中滑移应作标记。试验在（23±2）℃进行，夹具移动的恒定速度为 100±10mm/min。连续记录拉力和对应的夹具间距离。

4．计算

记录得到的拉力和距离，或数据记录，最大的拉力和对应的夹具间距 离与起始距离的百分率计算的延伸率。去除任何在夹具 10mm 以内断裂或在试验机夹具中滑移超过极限值的试件的试验结果，用备用件重测。最大拉力单位为 N/50mm，对应的延伸率用百分率表示，作为试件同一方向结果。分别记录每个方向 5 个试件的拉力值和延伸率，计算平均值。拉力的平均值修约到 5N，延伸率的平均值修约到 1%。同时对于复合增强的卷材在应力应变图上有两个或更多的峰值，拉力和延伸率应记录两个最大值。

（四）高分子防水卷材最大拉力、最大拉力时延伸率、断裂延伸率

1．仪器设备

电子拉力试验机 DL-5000 型。

2．试样制备

除非有其他规定，整个拉伸试验应制备两组试件，一组纵向 5 个试件，一组横向 5 个试件。试件在距试样边缘 100±10mm 以上用裁刀裁取，矩形试件为（50±0.5）mm×200mm。表面的非持久层应去除。试件中的网格布、织物层，衬垫或层合增强层在长度或宽度方向应裁 一样的经纬数，避免切断筋。试件在试验前在（20±2）℃和相对湿度（50±5）%的条件下至少放置 20h。

3．步骤

将试件紧紧地夹在试验机的夹具中，注意试件长度方向的中线与试验机夹具中心在一条线上。为防止试件产生任何松弛推荐加载不超过 5N 的力。试验在（23±2）℃进行，夹具移动的恒定速度为 100±10mm/min。连续记录拉力和对应的夹具间分开的距离，直至试件断裂。试件的破坏形式应记录。对于有增强层的卷材，在应力应变图上有两个或更多的峰值，应记录两个最大峰值的拉力和延伸率及断裂延伸率。

4．计算

记录得到的拉力和距离，或数据记录，最大的拉力和对应的由夹具间 距离与起始距离的

百分率计算的延伸率。去除任何在夹具 10mm 以内断裂或在试验机夹具中滑移超过极限值的试件的试验结果，用备用件重测。记录试件同一方向最大拉力，对应的延伸率和断裂延伸率的结果。测量延伸率的方式，如夹具间距离。分别记录每个方向 5 个试件的值，计算算术平均值和标准方差，拉力的单位为 N/50mm。拉伸强度 MPa（N/mm^2）根据有效厚度计算（见GB/T328.5）。结果精确至 N/50mm，延伸率精确至两位有效数字。

（五）卷材不透水性能测定

1．仪器设备

电动防水卷材不透水仪 DTS-96 型。

2．试样制备

试件在卷材宽度方向均匀裁取，最外一个距卷材边缘 100mm。试件的 纵向与产品的纵向平行并标记。试件直径不小于盘外径（约 130mm），取 3 块。试验前试件在（23±5）℃放置至少 6h。

3．步骤

试验在（23±5）℃进行，产生争议时，在（23±2）℃相对湿度（50±5）% 进行。在不透水仪中充水直到满出，彻底排出水管中空气。试件的上表面朝下放置在透水盘上，盖上 7 孔圆盘，放上封盖，慢慢夹紧直到试件夹紧在盘上，用布或压缩空气干燥试件的非迎水面，慢慢加压到规定的压力。达到规定压力后，保持压力 30±2min。试验时观察试件的不透水性（水压突然下降或试件的非迎水面有水）。

4．结果表示

所有试件在规定的时间不透水认为不透水性试验通过。

（六）卷材耐热性测定

1．仪器设备

电热鼓风干燥箱 101-2 型。

2．试件制备

矩形试件尺寸（100±1）mm×（50±1）mm，一组 3 个。试件均匀在试样宽度方向裁取，长边是卷材的纵向。试件应距卷材边缘 150mm 以上，试件从卷材的一边开始连续编号，卷材上表面和下表面应标记。去除任何非持久保护层，适宜的方法是常温下用胶带粘在上面，冷却到接近假设的冷弯温度，然后从试件上撕去胶带，假若不能去除保护膜，用火焰烤，用最少的时间破坏膜而不损伤试件。试件试验前至少在（23±2）℃平放 2h，相互之间不要接触或粘住。

3．步骤

干燥箱预热到规定试验温度，整个试验期间，试验区域的温度波动不超过±2℃。分别在距试件短边一端 10mm 处的中心打一小孔，用细铁丝或回形针 穿过，垂直悬挂试件在规定温度干燥箱的相同温度，间隔至少 30mm。此时干燥箱的温度不能下降太多，开关干燥箱门放入试件的时间不超过 30s。放入试件后加热时间为 120±2min。加热周期一结束，试件从干燥箱中取出，相互间不要接触，目测观察 并记录试件表面的涂盖层有无滑动、流淌、滴落、集中性气泡（破坏涂盖 层原形的密集气泡）。

4．结果表示

试件任一端涂盖层不应与胎基发生位移，试件下端的涂盖层不应超过 胎基，无流淌、滴落、集中性气泡，为规定温度下耐热性符合要求。一组 3 个试件都应符合要求。

【自 我 测 验】

一、填空题

1. 石油沥青的组分主要包括＿＿＿＿、＿＿＿＿＿和 ＿＿＿＿＿三种。

2. 石油沥青的黏滞性，对于液态石油沥青用＿＿＿＿＿表示，单位为＿＿＿＿＿；对于半固体或固体石油沥青用＿＿＿＿＿表示，单位为＿＿＿＿＿。

3. 石油沥青的塑性用＿＿＿＿＿或＿＿＿＿＿表示；该值越大，则沥青塑性越＿＿＿＿。

4. 同一品种石油沥青的牌号越高，则针入度越＿＿＿＿，粘性越＿＿＿＿；延伸度越＿＿＿＿，塑性越＿＿＿＿；软化点越＿＿＿＿，温度敏感性越＿＿＿＿。

5. 防水卷材根据其主要防水组成材料分为＿＿＿＿、＿＿＿＿和＿＿＿＿三大类

二、名词解释

1. 石油沥青的黏滞性
2. 石油沥青的针入度
3. SBS 改性沥青防水卷材
4. APP 改性沥青防水卷材

三、单选题

1. 表示石油沥青温度敏感性的指标是＿＿＿＿＿。
A．针入度　　　　　B．黏滞度　　　　　C．延伸度　　　　　D．软化点

2. 石油沥青的塑性是用＿＿＿＿＿指标来表示的。
A．延伸度　　　　　B．针入度　　　　　C．软化点　　　　　D．黏滞度

3. 煤沥青与石油沥青相比，其＿＿＿＿＿较好。
A．温度敏感性　　　B．防腐性　　　　　C．大气稳定性　　　D．韧性

4. 赋予石油沥青以流动性的组分是＿＿＿＿＿。
A．油分　　　　　　B．树脂　　　　　　C．沥青脂胶　　　　D．地沥青质

5. 石油沥青的牌号主要根据其（　　　）划分。
A．针入度　　　　　B．延伸度　　　　　C．软化点　　　　　D．黏滞度

四、问答题

1. 石油沥青有哪些主要技术性质？各用什么指标表示？
2. 石油沥青的牌号如何为划分？牌号大小与性质有什么关系？

项目十　其他常用建筑材料的性能与检测

【知识目标】

1. 知道木材构造、技术性能指标及应用。
2. 知道建筑陶瓷的类别、技术性能及应用。
3. 知道建筑石材的类别、技术性能及应用。
4. 知道建筑玻璃的类别、技术性能及应用。
5. 知道建筑塑料的组成、技术性能及应用。
6. 知道建筑涂料的组成、技术性能及应用。

【技能目标】

1. 能根据工程特点选择木材、建筑陶瓷、石材、玻璃等。
2. 能够进行建筑玻璃的有关性能测定。
3. 能够进行天然饰面石材的性能测定。

任务 19　其他常用建筑材料性能

一、木材

（一）木材的构造

树木由树根、树干、树冠（包括树枝和叶）三部分组成。木材主要取自树干。木材的性能取决于木材的构造。由于树种和生长环境不同，各种木材在构造上差别很大。木材的构造可分为宏观和微观两个方面。

1. 木材的宏观构造

木材的宏观构造是用肉眼或放大镜所能看到的木材组织。沿横切面、径切面及弦切面将木材剖开，可看到木材的宏观构造如图 10.1 所示。

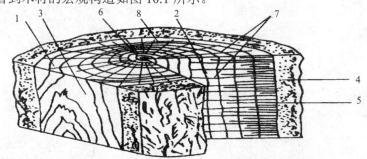

1—横切面；2—径切面；3—弦切面；4—树皮；5—木质部；6—髓心；7—髓线；8—年轮

图 10.1　木材的宏观构造

（1）年轮、早材和晚材

在一个生长周期内（一年）所生长的一层木材环轮称为年轮。春天细胞分裂速度快，细胞腔大壁薄，构成的木质较疏松，颜色较浅，称为早材。夏秋两季细胞分裂慢，细胞腔小壁厚，所以构成的木质较致密，颜色较深，称为晚材。径向单位长度的年轮内晚才含量（晚材率）越高，则木材的强度也越大。

（2）边材和芯材

颜色较浅靠近树皮部分的木材称为边材。颜色加深靠近髓心部分的木材称为心材。边材含水量较大，易翘曲变形，抗腐蚀性较差。心材含水量较少，不易翘曲变形，抗腐蚀性较强。

2. 木材的微观构造

木材的微观构造是用显微镜所能看到的木材组织。微观上木材是由各种细胞紧密结合而成的。每一个细胞都由细胞壁与细胞腔组成。木材的显微构造随树种而异，如图 10.2 和图 10.3 所示。细胞壁是由若干细胞纤维组成，细胞壁越厚则木材越密实，其表观密度和强度也越大，同时胀缩变形也越大。

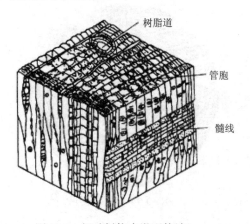

图 10.2　阔叶树柞木微观构造

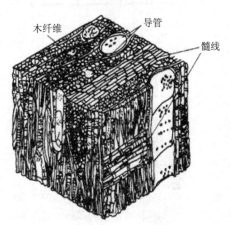

图 10.3　木材的平衡含水率

（二）木材的主要技术性质

1. 含水率

木材的含水率是指木材中所含水的质量占干燥木材质量的百分比。木材内部所含水分，可以分为以下三种。

（1）自由水。存在于细胞腔和细胞间隙中的水分。自由水影响木材的表观密度、保存性、燃烧性、干燥性和渗透性。

（2）吸附水。吸附在细胞壁内的水分。它是影响木材强度和胀缩的主要因素。

（3）化合水。木材化学成分中的结合水，对木材的性能无太大影响。

当木材中细胞壁内被吸附水充满，而细胞腔与细胞间隙中没有自由水时，该木材的含水率被称为纤维饱和点。纤维饱和点随树种而异，一般为 25%～35%，平均值约为 30%。

纤维饱和点的重要意义在于它是木材物理力学性质发生改变的转折点，是木材含水率是否影响其强度和湿胀干缩的临界值。

干燥的木材能从周围的空气中吸收水分，潮湿的木材也能在干燥的空气中失去水分。当木材的含水率与周围空气相对湿度达到平衡状态时，此含水率称为平衡含水率。平衡含水率随周围环境的温度和相对湿度而改变。新伐木材含水率常在 35%以上，风干木材含水率为 15%～25%，室内干燥的木材含水率常为 8%～15%。

2. 湿胀与干缩变形

木材具有显著的湿胀干缩特征。当木材的含水率在纤维饱和点以上时，含水率的变化并不改变木材的体积和尺寸，因为只是自由水在发生变化。当木材的含水率在纤维饱和点以内时，含水率的变化会由于吸附水而发生变化。

当吸附水增加时，细胞壁纤维间距离增大，细胞壁厚度增加，则木材体积膨胀，尺寸增加，直到含水率达到纤维饱和点时为止。此后，木材含水率继续提高，也不再膨胀。当吸附水蒸发时，细胞壁厚度减小，则体积收缩，尺寸减小。也就是说，只有吸附水的变化，才能引起木材的变形，即湿胀干缩，木材中的水分只有吸附水的改变才会影响木材的变形。如图 10.4 和图 10.5 所示。

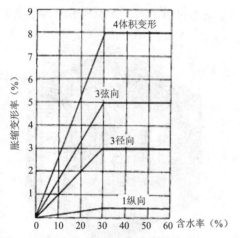

图 10.4　松木的含水率与湿胀干缩变形

图 10.5　木材的横截面变形

由图可见，在木材的纤维饱和点以下，当木材中吸附水增加时木材就会膨胀，当木材中吸附水减少时木材就会干缩。木材的膨胀干缩会使木材产生裂纹或翘曲变形，影响木材的正常使用。湿胀干缩变形的特点是：顺纹方向小；径向较大，弦向最大。

3. 木材的力学性能

木材的力学性能是指木材抵抗外力的能力。木构件在外力作用下，在构件内部单位截面积上所产生的内力，称为应力。木材抵抗外力破坏时的应力，称为木材的极限强度。根据外力在木构件上作用的方向、位置不同，木构件的工作状态分为受拉、受压、受弯、受剪等。

（1）木材的抗拉强度

木材的抗拉强度有顺纹抗拉强度和横纹抗拉强度两种。

①顺纹抗拉强度即外力与木材纤维方向相平行的抗拉强度。由木材标准小试件测得的顺纹抗拉强度，是所有强度中最大的。但是，节子、斜纹、裂缝等木材缺陷对抗拉强度的影响很大。因此，在实际应用中，木材的顺纹抗拉强度反而比顺纹抗压强度低。木屋架中的下弦杆、竖杆均为顺纹受拉构件。工程中，对于受拉构件应采用选材标准中的Ⅰ等材。

②横纹抗拉强度即外力与木材纤维方向相垂直的抗拉强度。木材的横纹抗拉强度远小于顺纹抗拉强度。对于一般木材，其横纹抗拉强度为顺纹抗拉强度的 1/10～1/4。所以，在承重结构中不允许木材横纹承受拉力。

（2）木材的抗压强度

木材的抗压强度有顺纹抗压强度和横纹抗压强度两种。

①顺纹抗压强度即外力与木材纤维方向相平行的抗压强度。由木材标准小试件测得的顺纹抗压强度，为顺纹抗拉强度的40%～50%。由于木材的缺陷对顺纹抗压的影响很小，因此，木构件的受压工作要比受拉工作可靠得多。屋架中的斜腹杆、木柱、木桩等均为顺纹受压构件。

②横纹抗压强度即外力与木材纤维方向相垂直的抗压强度。木材的横纹抗压强度远小于顺纹抗压强度。

4. 影响木材力学性能的主要因素

木材强度除因树种、产地、生产条件与时间、部位的不同而变化外，还与含水率、负荷时间、温度及缺陷有很大的关系。

（1）含水率的影响。当木材含水率低于纤维饱和点时，含水率愈高，则木材强度愈低；当木材含水率高于纤维饱和点时，含水率的增减，只是自由水变更，而细胞壁不受影响，因此，木材强度不变。试验表明，含水率的变化，对受弯、受压影响较大，受剪次之，而对受拉影响较小。

（2）负荷时间的影响。木材对长期荷载与短期荷载的抵抗能力是不同的。木材在长期荷载作用下，不致引起破坏的最大应力称为持久强度。木材的持久强度比木材标准小试件测得的瞬时强度小得多，一般为瞬时强度的50%～60%。

在实际结构中，荷载总是全部或部分长期作用在结构上。因此，在计算木结构的承载能力时，应以木材的长期强度为依据。

（3）温度的影响。温度升高时，木材的强度将会降低。当温度由25℃升高到50℃时，针叶树的抗拉强度降低10%～15%，抗压强度降低20%～24%；当温度超过140℃时，木材颜色逐渐变黑，其强度显著降低。

（4）木材缺陷的影响。缺陷对木材各种受力性能的影响是不同的。木节对受拉影响较大，对受压影响较小，对受弯的影响则视木节位于受拉区还是受压区而不同，对受剪影响很小。斜裂纹将严重降低木材的顺纹抗拉强度，抗弯次之，对顺纹抗压影响较小。裂缝、腐朽、虫害会严重影响木材的力学性能，甚至使木材完全失去使用价值。

（三）木材的应用及防腐

1. 木材的种类与规格

建筑工程中的木材，按其用途和加工程度不同有原木、原条、锯木等。

原条是指除去皮、根、梢，尚未加工成规定直径和长度的木料。主要用于脚手架工程、和家具等。

原木是指除去皮、根、梢，按一定尺寸加工成规定直径和长度的木料。主要用于屋架、檩条、椽等，也可用作木桩、电杆等。

锯材是指经加工锯解成材，宽度为厚度的3倍或3倍以上的称为板材，不足3倍的称为方材。板材中薄板用于门芯板、隔断等，中板用于屋面板、地板等，厚板用于门窗。

2. 木材的综合利用

木材的综合利用是指将木材加工过程中大量边角、碎料、刨花木屑等，经过再加工处理，制成各种人造板材，有效提高木材的利用率。

（1）胶合板

将原木旋切成薄片，经干燥处理后，再用胶黏剂按奇数层数压制成型，以各层纤维互相垂直的方向黏合而成的人造板材。工程中常用的是三合板和五合板。其特点是材质均匀、强度高、无明显纤维饱和点存在、吸湿性小、不翘曲开裂、无此疵病、幅面大、使用方便、装饰性好。广泛用作建筑室内隔墙板、天花板、门面板以及各种家具和装修。

（2）细木工板

芯板用木板拼接而成，两面黏结一层或两层旋切木质单板。细木工板具有吸声、绝热、质坚、易加工等特点，主要适用于家具、车厢和建筑室内装修等。

（3）纤维板

以植物纤维为主要原料，经破碎、浸泡、研磨成木浆，再加入一定的黏结料，经热压成型，干燥处理等工艺制成的一种人造板材。因成型时温度和压力不同，分为硬质、中密度和软质 3 种。纤维板使木材利用率高达 90%以上，材质均匀，弯曲强度大，不易胀缩和翘曲开裂，避免了木材的各种缺陷。用于室内门板、地板、家具和其他装修等。

（4）刨花板

刨花板是将原料经过打碎、筛选、烘干等工序，拌以胶料（动植物胶、合成树脂胶或无机胶凝材料如水泥、水玻璃等）压制成的人造板，包括木丝板、木屑板等。刨花板表观密度小，强度较低，主要用作绝热和吸声材料。经饰面处理后，还可用做吊顶板材、隔断板材等。

3．木材的腐蚀与防护

木材的腐蚀是真菌寄生引起的。真菌分为变色菌、霉菌和腐朽菌三种。变色菌、霉菌对木材质量影响很小，但腐朽菌影响较大。

腐朽菌在木材中生长和繁殖必须具有三个条件：适当的水分、足够的空气及适宜的温度。木材含水率在纤维饱和点到 35%～50%范围最适于腐朽菌繁殖，当含水率 20%以下时，腐朽菌繁殖完全停止。木材中含有一定量空气，腐朽菌才会繁殖，储于水中或深埋地下的木材不会腐朽。腐朽菌在温暖环境中最易繁殖，最适宜繁殖的温度为 25℃～30℃。木材腐蚀防护措施如下。

（1）破坏真菌生存的条件

将木材干燥至含水率在 20%以下，干燥、通风、防潮、表面涂油漆等。

（2）把木材变为有毒物质

将化学腐蚀剂通过喷涂、浸渍、压力渗透等施加于木材。

二、建筑陶瓷

凡用黏土及其他天然矿物原料，经配料、制坯、干燥、焙烧制得的成品，统称为陶瓷制品。建筑陶瓷具有强度高、性能稳定、耐腐蚀性好、耐磨、防水、防火易清洗及装饰性能好等优点。

建筑陶瓷主要用于建筑物墙面、地面及卫生设备等。建筑陶瓷具有强度高、防火、防水、耐磨、耐腐蚀、易清洗、装饰色彩丰富等优点，是建筑工程中常用作装饰材料和卫生设备材料。

陶瓷面砖是用作墙、地面等贴面的薄板状陶瓷质装修材料，也可用于浴池、洗涤槽等贴面材料，有内墙面砖、外墙面砖、地砖和陶瓷锦砖等。

1．内墙面砖

内墙面砖也称釉面砖、瓷砖、瓷片，是适用于建筑物室内装饰的薄型精陶制品。它由多孔坯体和表面釉层两部分组成，表面釉层分结晶釉、花釉、有光釉等不同类别，按釉面颜色可分为单色（含白色）、花色和图案砖等。釉面砖热稳定性好，防潮、防火、耐酸腐蚀，表面光滑、易清洗，但吸水率较大，主要用于厨房、卫生间、浴室、实验室、医院等室内墙面等。因其在室外受到日晒雨淋及温度变化时，易开裂或剥落，故不宜用于外墙装饰和地面材料。

2. 外墙面砖

外墙面砖是镶嵌于建筑物外墙面上的片状陶瓷制品，是采用品质均匀而耐火度较高的黏土经压制成型后焙烧而成的。根据面砖表面的装饰情况可分为：表面不施釉的单色砖（又称墙面砖）；表面施釉的彩色砖；表面既有彩釉又有凸起的花纹图案的立体彩釉砖；表面施釉，并做成花岗岩花纹的面积，称为仿花岗岩釉面砖等。为了与基层墙面好黏结，面砖的背面均有肋纹。外墙面砖具有强度高、耐磨、抗冻、防水、不易污染和装饰效果好等特点，主要用于建筑物的外墙面和柱面。

3. 地砖

地砖是用可塑性较大的难熔黏土，经精细加工、焙烧而成。地砖的规格多样，有正方形、矩形、六角型等。按表面做法可分为单色、彩色光面和压花等。地砖质地坚硬，耐磨，抗折强度高，吸水率小，主要是用于建筑物地面、台阶等，也可用于厨房、卫生间、走廊等的地面。

4. 陶瓷锦砖

陶瓷锦砖（马赛克），是以瓷土为主要原料，以半干法压制成型，经 1250℃ 高温烧制而成的小块瓷片，边长不大于 40mm，以各种颜色、多种几何形状铺贴在牛皮纸上的陶瓷制品。每张（联）牛皮纸制品面积约为 $0.093m^2$，质量约为 0.65kg，每 40 联为一箱，每箱可铺贴面积 $3.7m^2$。陶瓷锦砖表面有上釉和不上釉两种，按砖联分为单色和拼花两种。陶瓷锦砖组织致密，坚实耐用，易清洗，吸水率小，抗冻性好，且色彩图案多样，有较高的耐酸、耐碱、耐磨、耐火等性能。主要用于卫生间、门厅、餐厅、浴室等处的地面及内墙面，也可用于建筑外墙面装饰材料。

三、建筑石材

石材具有不燃、耐水、耐压、耐久和美观等特点，古代的桥梁、城楼、水利工程上大量使用了石材，目前，工业和民用建筑上仍使用石材做基础、墙体、梁、柱等。但石材本身存在着重量大、抗拉和抗弯强度小，故主要用作装饰材料和混凝土骨料。

建筑石材是指具有一定物理、化学和力学性能，可用作建筑材料的岩石。

建筑石材分天然石材和人造石材两类。人造石材天然石材是指由天然岩石开采，经过或不经过加工而制得的材料。人造石材是指用无机或有机胶结料、矿物质原料以及各种外加剂配制而成。如人造大理石、人造花岗石等。

（一）天然石材的分类及应用

岩石是由各种不同地质作用所形成的天然固态矿物集合体。根据岩石的形成原因，按地质分类法，天然岩石可分为岩浆岩、沉积岩和变质岩。

1. 岩浆岩（火成岩）

岩浆岩是地壳内的熔融岩浆在地下或喷出地面后冷凝而成的岩石。根据形成条件不同，岩浆岩又可分为深成岩、喷出岩和火山岩。

（1）深成岩是岩浆在地壳深处，受上部覆盖层的压力作用，缓慢且较均匀地冷却而成。

其特点是矿物结晶充分且晶粒粗大，结构致密，表观密度大，抗压强度高，吸水率小，抗冻性高，耐磨性好。

建筑工程常用的深成岩主要有花岗岩、闪长岩、正长岩等。主要用于砌筑基础、勒脚、踏步等。经磨光的花岗石板材装饰效果好，可用于外墙面、柱面和地面，也可用于基础、闸坝、桥墩等。

（2）喷出岩是岩浆喷出地表时，在岩浆压力急剧降低且较快冷却而形成。其特点是岩浆只能部分结晶，从而形成隐晶质或玻璃体结构。当喷出岩浆形成较厚的岩层时，多为致密结构；当形成较薄的岩层时，常呈多孔状结构。

建筑工程常用的喷出岩主要有玄武岩、辉绿岩等。玄武岩和辉绿岩脆性大，硬度大，抗压强度大，可作高压砼骨料，铺筑道路面等。

（3）火山岩是火山爆发时喷到空中的岩浆，急速冷却而形成。其特点是呈玻璃体结构且多孔构造，表观密度较小，活性较高。

建筑工程常用的火山岩主要有浮石、火山灰、火山渣和凝灰岩等。火山灰、火山渣可用于生产水泥的混合材料；浮石用于配制轻骨料混凝土；凝灰岩由于容易分割，可用于砌筑墙体。

2．沉积岩（水成岩）

沉积岩是由地表的各种岩石，经自然界的风化、搬运、沉积并经压实、胶结、重结晶等而形成。其特点是呈层状结构、表观密度小、孔隙率大、吸水率大、耐久性差、来源广。根据形成条件和物质成分不同，沉积岩可分为机械沉积岩、化学沉积岩和有机沉积岩。

（1）机械沉积岩是岩石由自然风化作用，逐渐形成松散的岩石碎屑，经过风、雨、沉积等机械作用而重新压实或胶结而形成。如页岩、砂岩等。

（2）化学沉积岩是由溶解于水中的矿物质经过聚积、沉积、重结晶、化学反应等过程而形成。如石膏、白云石等。

（3）有机沉积岩（生物沉积岩）是由各种有机体的残骸沉积而成。如石灰岩、硅藻土等。

建筑工程中常用的有石灰岩、砂岩等。石灰岩是生产石灰、水泥的主要原料，建筑中可用作基础、墙身等。砂岩可作墙身，人行道等，绵远河两侧的石材为砂岩。

3．变质岩

变质岩是地壳中原有的各种岩石，在地层的压力和温度的作用下，原岩石在固体状态下发生再结晶的作用，而使其矿物成分，结构构造，以至化学成分部分或全部改变而形成的新岩石。如大理岩、石英岩、片麻岩等。

（1）大理岩

大理岩经人工加工后称为大理石。大理岩是由石灰岩、白云石等经变质而成。其具有结构致密，表观密度大，硬度较小。纯净大理石为白色，又称汉白玉，磨光后更加美观，是高级的装饰材料。

（2）石英岩

石英岩是由硅质砂岩变质而成。呈晶体结构，均匀致密，强度大，耐久性好。但硬度大，加工困难。在建筑工程中常用作饰面材料、耐酸衬板或用于地面、踏步等部位。

（3）片麻岩

片麻岩是由花岗岩变质而成。呈片麻状或带状构造。垂直于片理方向抗压强度较高，沿片理方向易于开采和加工，但在冻结融化交替作用下易分层剥落。片麻岩吸水性高，耐久性差，常加工成毛石或碎石，主要用于次要工程。

（二）天然石材的主要技术性质

1．表观密度

石材的表观密度由岩石的矿物成分和致密程度决定。根据表观密度，天然石材可分为轻质石材（表观密度小于 1800kg/m³）和重质石材（表观密度不小于 1800kg/mm³）。通常，同种石材表观密度越大，其抗压强度越高，吸水率越小，耐久性越好，耐热性越差。重质石材主要用作建筑物的基础、地面、路面、桥梁、挡土墙及水工建筑物等；轻质石材主要用作墙体材料。

2．抗压强度

石材的强度取决于造岩矿物的组成。《砌体结构设计规范》（GB 50003—2011）规定，石材的抗压强度是以三个边长以 70mm 的立方体试块的抗压破坏强度的平均值表示。根据抗压强度的大小，天然石材的强度等级可分为 MU100、MU80、MU60、MU50、MU40、MU30、MU20 七个等级。也可采用其他尺寸的立方体试件，但应对其试验结果进行相应的尺寸换算。

表 10.1　石材强度等级的换算系数

试件立方体边长（mm）	200	150	100	70	50
换算系数	1.43	1.28	1.14	1	0.86

3．耐水性

当岩石中含有较多的黏土或易溶于水的物质时，在饱和水作用下，岩石的强度会明显下降。石材的耐水性用软化系数（Kp）表示，软化系数越大，耐水性越好，软化系数小于 0.80 的石材，不允许用于重要建筑。

4．抗冻性

抗冻性是石材抵抗冻融破坏作用的能力。石材在饱和水作用下所能经受的最大冻融循环次数来表示。在规定的最大冻融循环次数范围内，无贯穿裂纹，重量损失不超过 5%，强度降低不超过 25%，则判定抗冻性合格。一般室外工程饰面石材的最大冻融循环次数应大于 25 次。

5．抗风化性

岩石由于化学水、冰等因素综合作用造成岩石开裂或者剥落的过程，称为风化。通常对石材表面加强保护以防止其风化。

（三）石材的加工与选用

建筑工程中使用的石材，按加工后的外形分为块状石材、板状石材、散粒石材和各种石材制品。

1．块状石材多用于砌筑工程，分毛石和料石两类。

毛石又称片或块石，是由山体爆破直接得到的石块，依其外形又分为乱毛石和平毛石。乱毛石不规则，略经加工后为平毛石。如图 10.6 和图 10.7 所示。

料石又称条石，是经人工或机械开采出的较规则的六面体石块，略加凿制成形，至少要求有一面的边角整齐，以便互相合缝。料石根据表面加工的平整程度，可分为毛料石、粗料石、半细料石和细料石。料石主要用于墙身、地坪、窗台板、踏步等。

2．板状石材多用于饰面板，如花岗石板材和大理石板材。

3．散粒石材主要有碎石、卵石和石渣。碎石、卵石可用作混凝土骨料，卵石还可作为园林、庭院等地面的铺砌材料。石渣是由天然大理石或花岗石的残碎料加工而成，可作人造大理石、水磨石、水刷石的骨料。

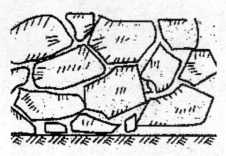

图 10.6 乱毛石

图 10.7 平毛石

（四）人造石材

人造石材是以大理石、花岗石碎料，石英砂、石渣等为骨料，树脂或水泥为胶结料，经拌和、成型、聚合或养护后，研磨抛光、切割而成。

人造石材具有质地轻、抗压耐磨高、放射性低、耐腐蚀、光洁度高、颜色均匀丰富、可加工性好等优点，是现代建筑理想的装饰材料。

根据所用胶凝材料不同，人造石材可分为树脂型、水泥型、复合型和烧结型四类。

1. 树脂型人造石材

树脂型人造石材是以有机树脂为胶结剂，与天然碎石、石粉及颜料等按一定比例配合，经混合加工而成。

树脂型人造石材是目前国内外使用较多的一种人造石材，其特点主要有：色彩花纹仿真性强，质量轻、强度高、不易破碎，抗腐蚀性强、耐污染，可加工性好，但长期使用易老化，主要用于室内装饰工程，如厨房、厕所等。

2. 水泥型人造石材

水泥型人造石材是以水泥为胶结材料，大理石碎石和砂为粗细骨料，经配制加工而成。水泥型人造石材的生产方便，价格低廉，但装饰性较差。常用于制作水磨石。

3. 复合型人造石材

复合型人造石材由无机胶凝材料和有机胶凝材料组合加工而成。复合型人造石材制品的制作工艺如下：先用水泥、石粉等制成水泥砂浆的坯体，再将坯体浸于有机单体中，使其在一定条件下聚合而成。

4. 烧结型人造石材

烧结型人造石材的生产工艺是将斜长石、石英、方解石石粉及赤铁矿粉和高岭土等混合，用黏土和矿粉制成泥浆后，经制坯、成型、艺术加工和高温焙烧而成。

四、建筑玻璃

玻璃是一种主要的建筑装饰材料，它除了透光、透视、隔声、绝热外，还应有艺术装饰作用。

从化学成分分析，建筑玻璃大多是以石英砂（SiO_2）、纯碱（Na_2CO_3）、石灰石（$CaCO_3$）、长石（铝酸盐）等为主要原料，与其他辅助性材料混合，经熔融、成型、冷却、退火而制成的一种无定形硅酸盐固体材料。建筑玻璃的化学组成复杂，主要成分是 SiO_2、Na_2O、CaO 和还含有少量的 Al_2O_3、MgO、K_2O 等，这些化学成分对玻璃的性能影响较大，改变玻璃的化学成分、相对含量和制作工艺，可获得性能和应用范围截然不同的建筑玻璃制品。

玻璃是典型的脆性材料。玻璃的绝热、隔声性能较好而热稳定性较差，遇沸水易破碎；玻璃有较好的化学稳定性及耐酸性。特种玻璃还具有吸热、保温、防辐射、防爆等特殊功能。

玻璃的种类很多，建筑工程中常用的有平板玻璃、安全玻璃和特种玻璃。

（一）平板玻璃

1. 普通平板玻璃

普通平板玻璃是未经加工的钠钙玻璃，透光率为 85%～90%，建筑工程中主要用于门窗，起透光、保温、隔音、挡风雨的作用。

根据《平板玻璃》（GB11614—2009）规定，平板玻璃按颜色属性分为物色透明平板玻璃和本体着色平板玻璃；按外观质量分为合格品、一等品和优等品；按公称厚度分为 2mm、3mm、4mm、5mm、6mm、8mm、10mm、12mm、15mm、19mm、22mm、25mm 等十二种。2mm 和 3mm 厚的平板玻璃广泛用作窗玻璃，需用量最大。2mm 厚的平板玻璃，以 10m² 作为一标准箱。一标准箱的质量为 50kg。其他厚度的玻璃则需进行标准箱和质量箱的换算。如 3mm 厚的玻璃，每 10 m² 折合 1.65 标准箱，折合 1.5 质量箱。

2. 压花玻璃

压花玻璃（滚花玻璃），是将熔融的玻璃液在冷却中通过带图案花纹的辊轴滚压而成，透光而不透视，多用于办公室、会议室，使用时应将花纹朝向室内，用于卫生间、浴室时应将花纹朝向室外。

3. 磨砂玻璃

磨砂玻璃（毛玻璃），是将平板玻璃用手工研磨或机械喷砂等方法处理后使其表面粗糙。多用于要求透光而不透视的卫生间、浴室等，也可用于教学黑板版面或灯罩。

4. 彩色玻璃

由于不同的加工制作工艺，彩色玻璃有透明、半透明和不透明三种。彩色玻璃可以拼成各种花纹、图案，有色彩丰富、耐腐蚀、易清洁等特点，主要用于建筑物的内外墙面、门窗装饰以及对色彩有特殊要求的建筑部位。

（二）安全玻璃

1. 钢化玻璃

钢化玻璃（强化玻璃）是将平板玻璃经物理钢化或化学钢化处理的玻璃。使玻璃的强度、抗冲击性、热稳定性大幅度提高。这种玻璃破碎时形成无尖锐棱角的小碎块，不易伤人，常用于高层建筑的门窗、汽车风窗等。

2. 夹丝玻璃

夹丝玻璃（钢丝玻璃），是将预热钢丝或预热钢丝网压入已软化的红热玻璃中。夹丝玻璃的抗折强度、抗冲击能力和耐温度剧变性能都比普通玻璃好，破碎时其碎片附着在钢丝网上而不会飞出伤人，用于公共建筑走廊、楼梯间、防火门、厂房天窗及采光屋顶等。

3. 夹层玻璃

夹层玻璃是由两片或多片平板玻璃之间夹透明树脂薄衬片，经加热、加压、黏结而成的平面或曲面的复合玻璃制品，有耐热、耐寒、耐穿透等性能，多用于高层建筑门窗、工业厂房天窗；夹层玻璃的层数最多可达 9 层可制成防弹玻璃。

（三）节能玻璃

1. 热反射玻璃

热反射玻璃（遮阳镀膜玻璃或镜面玻璃）是具有较高热反射性能且又保持良好透光性能的平板玻璃，可减少太阳辐射热向室内的传递。镀金属膜的热反射玻璃有单向透视作用，白天能在玻璃幕墙的室内看到室外的景物，从室外却不能看清室内的景物。热反射玻璃常用于有绝热要求的建筑物门窗、玻璃幕墙、汽车和轮船门窗等。但是，大面积使用会出现光污染。

2. 吸热玻璃

吸热玻璃是一种可以吸收大量红外线热辐射能，又能保持良好透光率的平板玻璃。吸热玻璃的制作工艺：在普通玻璃的原料中加入有吸热性能的着色剂，如氧化铁、氧化钴等；或者在平板玻璃表面镀一层或多层金属或金属氧化物薄膜。吸热玻璃有隔热、采光、防眩晕和装饰作用，常用于建筑物门窗、汽车挡风玻璃、建筑物外墙等。

3. 光致变色玻璃

光致变色玻璃是在玻璃中加入卤化银，或在玻璃与有机夹层中加入钼和钨的感光化合物。受到太阳光或其他光线照射时，此玻璃的颜色随光线的增强而逐渐变暗，停止照射后又恢复到原有的颜色。因此，光致变色玻璃可自动调节室内光线的强弱，但因生产费用过高，只限于有特殊要求的建筑物门窗、玻璃幕墙等。

4. 泡沫玻璃

泡沫玻璃是多孔轻质玻璃，是以碎玻璃、发泡剂，经粉磨、混合、装模后烧制而成。泡沫玻璃有不透水性、抗冻性好；热导率低，保温隔热性能好；隔声性能好，表观密度小，可加工性好，是良好的绝热材料。常用于音乐厅、播音室，或用作墙壁、屋面保温，冷藏库隔热等。

5. 中空玻璃

中空玻璃是由两片或多片平板玻璃镶于边框中，并用密封胶密封，使玻璃层间形成空气夹层。根据不同的使用要求，可采用平板玻璃、夹层玻璃、钢化玻璃、吸热玻璃、热反射玻璃等作为中空玻璃的原片。因此，中空玻璃具备绝热、保温、隔声、安全等多种性能，广泛用于高级宾馆、办公楼、学校、医院、商店等，也可用于汽车、火车、轮船的门窗等。

另外，玻璃还可用于建筑装饰工程，如釉面玻璃、玻璃马赛克、玻璃面砖等。

五、建筑塑料

塑料制品是以合成树脂为主要组成材料，在一定温度和压力作用下制成各种形状，且在常温常压下能保持其形状不变的有机高分子材料。建筑塑料是用于建筑工程中的各种塑料及其制品。建筑塑料在保护环境、改善居住条件、节约能源等方面独具特色，是一种理想的新型材料。

（一）建筑塑料的组成

塑料是由合成树脂和添加剂组成的。

1．合成树脂

合成树脂是人工合成的高分子聚合物。合成树脂按受热时性能表现不同，分为热塑性树脂和热固性树脂。热塑性树脂的性能：受热软化、冷却硬化，软化和硬化可反复进行，如聚乙烯、聚氯乙烯等。热固性树脂的性能：在加工时受热软化，一经硬化成型，再次受热时，不软化也不改变形状，如酚醛树脂、环氧树脂等。合成树脂是塑料的基本组成成分，主要起胶结作用，是决定塑料性能的主要因素。

2．添加剂

（1）填充料

填充料（填充剂），是塑料中不可缺少的成分，占 50% 左右，其作用是调节塑料的性能，加入玻璃纤维可以提高塑料的机械强度，加入云母粉可以改善塑料的电绝缘性等，常用的填充料有滑石粉、硅藻土、云母、石灰石粉、木屑、和玻璃纤维等。

（2）增塑剂

增塑剂的作用是提高塑料的可塑性、流动性，改善塑料的低温脆性。不同品种塑料对增塑剂的选择是不同的，是在不影响其性能的前提下，并且要求互溶。常用的增塑剂有二苯甲酮、樟脑等。

（3）稳定剂

塑料在成型加工或使用过程中，由于热、光或氧气的老化作用，导致性能降低。稳定剂可使抗老化性能改善，提高其耐久性。常用的稳定剂有硬脂酸盐等。

（4）固化剂

固化剂（硬化剂），其作用是受热时提高其热稳定性。固化剂的种类随着塑料品种及加工条件的不同而不同。

（5）润滑剂

润滑剂可使塑料制品表面光洁和方便脱模，常用的润滑剂有硬脂酸钙、石蜡等。

（二）建筑塑料的特点

（1）比强度大。塑料制品的比强度大于水泥混凝土，接近甚至超过钢材，是一种优良的轻质高强材料。

（2）可加工性好。塑料可以加工成各种类型和形状的产品，有利于机械化大规模生产。

（3）装饰性好。塑料制品可以通过着色、印刷、压花、电镀以及烫金等工艺制成具有各种图案、质感美观，富有艺术装饰性。

（4）具备多功能性如防水性、隔热性、隔声性、耐化学腐蚀性等。

（5）具有耐热性差、易燃、易老化、刚性差等缺点。

（三）建筑塑料的应用

1．热塑性塑料

热塑性塑料具有易于加工、机械性能好等优点，但耐热性差、易变形。

（1）聚氯乙烯（PVC）塑料

聚氯乙烯树脂是有氯乙烯单体聚合而成，其化学稳定性高、抗老化性好，但耐热性差，通常的使用温度在 $60℃\sim80℃$。根据增塑剂的掺量，可制成软、硬两种聚氯乙烯塑料。

软质聚氯乙烯塑料很柔软，有一定弹性，可用于地面和装饰工程，如薄膜、壁纸等；可制成止水带，用于房屋变形缝处。

硬质聚氯乙烯塑料具有较好的机械性能、耐腐蚀性、耐油性和抗老化性，可进行黏结加工，主要用于给排水管道、门窗、建筑零配件。

（2）聚乙烯（PE）塑料

聚乙烯塑料质地坚韧、化学稳定性好、电绝缘性好，但易燃烧，主要用于给排水管道、防水材料和绝缘材料。

（3）聚丙烯（PP）塑料

聚丙烯塑料耐热性好，强度和刚度高，但低温脆性大，主要用于热水管、卫生洁具和耐腐蚀衬板等。

（4）聚苯乙烯（PS）塑料

聚苯乙烯塑料高透明性、刚度高、电绝缘性好，但脆性大、耐热性差。主要制作聚苯乙烯泡沫塑料即聚苯板，聚苯板是目前应用较广的良好的节能材料。

2．热固性塑料

热固性塑料有良好的耐热性和尺寸稳定性。

（1）酚醛树脂（PF）

酚醛树脂可生产泡沫塑料建筑涂料、胶黏剂以及各种层压板、玻璃钢等。

（2）聚氨酯（PU）塑料

聚氨酯塑料主要用于生产泡沫塑料、涂料和聚酯装饰板。

（3）环氧树脂（EP）塑料

环氧树脂的黏结力强，又称万能胶，电绝缘性好，主要用于生产玻璃纤维增强塑料和胶粘剂。

（4）玻璃纤维增强塑料（GRP）

玻璃纤维增强塑料，又称玻璃钢，它具有比强度高、耐侵蚀性好、透光性好，制作工艺简单，主要用于防水材料、采光材料和卫生器具等。

六、建筑涂料

涂料是一种可涂刷基层表面，并形成完整而坚韧保护膜的材料，主要用于装饰工程，对建筑物有保护和装饰作用。

（一）建筑涂料的组成

涂料的组成成分有主要成膜物质、次要成膜物质、助剂和溶剂。

1．主要成膜物质

主要成膜物质又称基料、固着剂或黏结剂，可以黏结次要成膜物质（颜料和填料），使涂料固化成膜。主要成膜物质决定涂膜的坚韧性、耐磨性和耐腐蚀性。常用树脂或油脂作为主要成膜物质。

2．次要成膜物质

次要成膜物质是涂料中的颜料和填料。颜料主要有红丹、锌铬黄、甲苯胺红等。填料主要有滑石粉、碳酸钙、硫酸钡等。

3．辅助成膜物质

辅助成膜物质是涂料中的助剂，主要有催干剂、固化剂、阻燃剂、防霉剂等。

4．溶剂

溶剂主要有水、乙醇、二甲苯、苯等。

（二）建筑涂料的种类及选用

外墙涂料的主要作用是装饰和保护建筑物的外墙面。外墙涂料应具有丰富的色彩和质感，有耐水性、耐污染性。外墙涂料主要有乳液型外墙涂料（如乳胶漆）、彩色砂壁状外墙涂料、复层外墙涂料等。

内墙涂料的主要作用是美化和保护内墙墙面。内墙涂料应具有装饰色彩丰富、透气性好、耐水性、耐粉化性、耐侵蚀性且易于涂刷。内墙涂料主要有乳胶漆、多彩内墙涂料、幻彩涂料等。

地面涂料的主要作用是装饰与保护室内地面，使地面清洁美观。地面涂料应具有黏结力强、耐水性好、耐磨性好、抗冲击力强特点。常用的地面涂料有聚氨酯地面涂料、水泥树脂地面涂料等。

任务 20　其他常用建筑材料的性能检测

一、玻璃相关的性能检测

（一）试验目的

使试验操作人员能够正确进行钢化玻璃外观质量、尺寸及其偏差、厚度及其允许偏差、弯曲度、抗冲击性、碎片状态、霰弹袋冲击性能的检验，保证检测工作的质量。

（二）试验依据

GB 15763.2—2005 建筑用钢化玻璃　第 2 部分：钢化玻璃

GB 11614—2009 平板玻璃

（三）试验前准备

验样：尺寸和厚度及其允许偏差、外观质量、弯曲度试验数量按标准从交货批中随机抽样进行检验；抗冲击性试验试样为 6 块，尺寸为 300mm×300mm；碎片状态试验试样为 4 块；霰弹袋冲击性能试验试样为 4 块，尺寸为 1930mm（−0mm，+5mm）×864mm（−0mm，+5mm）。观察并记录样品状态。

除有特殊要求外，试样宜在（20±5）℃、相对湿度 40%~80% 环境下放置 12h 以上，并在该环境下试验。

（四）试验方法

1．外观试验

（1）试验设备

①读数显微镜，精度 0.01mm。

②钢直尺，精度 1mm。

③黑色无光泽屏幕，数只 40W、间距 300mm 的荧光灯。

④亮度均匀、带有黑白色斜条纹的屏幕。

（2）试验步骤

①点状缺陷。仔细观察玻璃试样，用读数显微镜测量其上点状缺陷的最大尺寸，并记录。

②点状缺陷密集度。仔细观察玻璃试样，用钢板尺测量两点状缺陷的最小间距并统计100mm 圆内规定尺寸的点状缺陷数量，记录。

③线道、划伤和裂痕。拉上试验室窗帘，使其试验不受外界光线影响，间试样垂直放置在距黑色无光泽屏幕 600 处，打开荧光灯，在距试样 600mm 处视线垂直表面观察，用钢直尺 读数显微镜测量划伤的长度和宽度。

④光学变形。将试样按拉引方向垂直放置在距黑白色屏幕 4.5m 处，在距试样 4.5m 处透过试样观察屏幕上的条纹，首先是条纹明显变形，然后慢慢转动试样直至变形消失，记录此时的入射角度。

⑤断面缺陷。用钢板尺直接测量。凹凸时测量边部凹进或凸出最大处与板边的距离；爆边时测量边部沿板面凹进最大处与板边的距离；缺角时测量原角等分线的长度；斜边时测量端口突出，记录。

2．尺寸及其允许偏差试验

（1）试验设备

钢直尺、钢卷尺，精度 1mm。

（2）试验步骤

用钢卷尺或钢直尺直接测量试样边长、对角线长度、孔径孔边部距玻璃边部的距离、两孔之间的距离、圆孔 xy 坐标值。

3．厚度及其允许偏差试验

（1）试验设备

外径千分尺，精度 0.01mm。

（2）试验步骤

用外径千分尺在距玻璃试样板边四边中点 15mm 内测量其厚度，以四个测定值的算数平均值作为其厚度值，精确至 0.01mm。

4．弯曲度试验

（1）试验设备

塞尺、金属线，垫块等。

（2）试验步骤

试样应现在室温下放置 4h 以上。

①弓形弯曲度。测量时把试样垂直立放，在长边下方 1/4 处垫上 2 块垫 块，用金属线水平紧贴试样两边或对角线方向，用塞尺测量直线边与玻璃之间的间隙，记录金属线长度和塞尺高度，并以弧的高度与弦的长度之比的百分率表示弓形时的弯曲度。

②局部弯曲度。测量时把试样垂直立放，用金属线沿平行玻璃边缘 25mm 方向进行测量，测量长度 300mm，用塞尺测得波峰或波谷的高，记录塞尺高度，用其除以 300mm 后的百分率表示波形弯曲度。

5．抗冲击性试验

（1）试验设备

BCJ-Ⅱ玻璃落球冲击试验机。

（2）试验步骤

①将试验机防溅围护拿下，把 1 块试样放入试验机槽内（试验曲面钢化玻璃时需要使用相应的辅助框架支撑），盖上防溅围护。

②根据玻璃试样的厚度，调整底盘的四个腿高度，直至调整到标准高度。

③将直径为 63.5mm（质量约 1040g）钢球放入执行装置内，给电，此时，电源指示灯工作。

④操作遥控器，按动其上升按钮 3，滑盘上升，相应高度指示灯亮，当到达 1000 mm 的高度时，滑盘停止上升，相应高度指示灯熄灭。反之，按动下降按钮 4；执行机构下降。

⑤按动其落球按钮 2，钢球自由落下。冲击点应在距试样中心 25mm 的范围内。

⑥依次将 3 块试样检测，每块试样仅冲击一次。检测完毕后请关闭设备的电气控制箱。

⑦分别记录 3 块试样是否破坏。

二、天然饰面石材的检验方法

（一）试验依据

GB/T 9966.3—2001 天然饰面石材试验方法 第 3 部分：体积密度、真密度、真气孔率、吸水率试验方法。

（二）适用范围

规定了天然饰面石材的体积密度、真密度、真气孔率、吸水率所用设备及量具、试样、试验步骤、结果计算和试验报告。

（三）设备及量具

1．干燥箱
温度可控制在（105±2）℃范围内。

2．天平
最大称量 1000g，感量 10mg；最大称量 200g，感量 1mg。

3．比重瓶
容积 25～30mL。

（四）试样

1．体积密度、吸水率试样
试样为边长 50mm 的正方体或直径、高度均为 50mm 的圆柱体，尺寸偏差±0.5mm。每组五块。试样不允许有裂纹。

2．真密度、真气孔率试样
取洁净样品 1000g 左右并将其破碎成小于 5mm 的颗粒；以四分法缩分到 150g，再用瓷研钵研磨成可通过 63mm 标准筛的粉末。

（五）试验步骤

1．体积密度、吸水率
（1）将试样置于（105±2）℃的干燥箱内干燥至恒重，连续两次质量之差小于 0.02%，放入干燥器中冷却至室温。称其质量（m_0），精确至 0.02g。

（2）将试样放在（20±2）℃蒸馏水中浸泡48h后取出，用拧干的湿毛巾擦去试样表面水分。立即称其质量质量（m_1），精确至0.02g。

（3）立即将水饱和的试样置于网篮中并将网篮与试样一起浸入（20±2）℃的蒸馏水中，称其试样在水中质量（m_2）（注意在称量时须先小心除去附着在网篮和试样上的气泡），精确至0.02g。

2. 真密度、真气孔率

（1）将试样装入称量瓶中，放入（105±2）℃的干燥箱内干燥4h以上，取出，放入干燥器中冷却至室温。

（2）称取试样三份，每份10g（m_0'），精确至0.002g，每份试样分别装入洁净的比重瓶中。

（3）向比重瓶内注入蒸馏水，其体积不超过比重瓶容积的一半，将比重瓶放入水浴中煮沸10～15min或将比重瓶放入真空干燥器内，以排除试样中的气泡。

（4）擦干比重瓶并使其冷却至室温后，向其中再次注入蒸馏水至标记处，称其质量（m_1'），精确至0.002g。

（5）清空比重瓶并将其冲洗干净，重新用蒸馏水满至标记处并称量质量（m_2'），精确至0.002g。

（六）结果计算

1. 体积密度 ρ_b（g/cm³）按下式计算：

$$\rho_b = \frac{m_0 \rho_w}{m_1 - m_2}$$

式中，m_0——干燥试样在空气中的质量（g）；

m_1——水饱和试样在空气中的质量（g）；

m_2——水饱和在水中的质量（g）；

ρ_w——室温下蒸馏水的密度（g/cm³）。

2. 吸水率 W（%）按下式计算：

$$W = \frac{m_1 - m_0}{m_0} \times 100$$

3. 真密度 ρ_t（g/cm³）按下式计算：

$$\rho_t = \frac{m_0'}{m_0' + m_1' - m_2'} \times \rho_w$$

式中，m_0'——干粉试样在空气中的质量（g）；

m_1'——只装蒸馏水的比重瓶加水质量（g）；

m_2'——装粉样加水中的比重瓶质量（g）；

ρ_w——室温下蒸馏水的密度（g/cm³）。

4. 真气孔率

$$\rho_a = (1 - \frac{\rho_b}{\rho_t}) \times 100$$

（七）试验结果

计算体积密度、吸水率、真密度、真气孔率的平均值和最大值与最小值。

体积密度、真密度计算到三位有效数。真气孔率、吸水率计算到两位有效数。

【自 我 测 验】

一、填空题

1．木材内部所含水分可以分为以下_____、_____和_____三种。

2．木材抵抗外力破坏时的应力，称为木材的_____。根据外力在木构件上作用的方向、位置不同，木构件的工作状态分为____、____、____、____等。

3．树木由 _____、_____、_____三部分组成。

4．当吸附水增加时，细胞壁纤维间距离_____，细胞壁厚度增加，则木材体积_____，尺寸_____，直到含水率达到纤维饱和点时为止

5．建筑陶瓷具有强度高____、____、____、____、____装饰色彩丰富等优点。

6．建筑石材分 _____和 _____两类。

7．建筑工程中使用的石材，按加工后的外形分为 _____、_____、_____和各种石材制品。

8．常用的安全玻璃的品种有_____、____、____。

9．涂料的组成成分有 _____、_____、助剂和溶剂。

二、名词解释

1．纤维饱和点
2．安全玻璃
3．陶瓷锦砖
4．人造板

三、问答题

1．木材的含水率对其性能有何影响？
2．木材的干缩变形特点如何？
3．中空玻璃和钢化玻璃各有何特性？
4．热塑性塑料和热固性塑料各有什么特点？
5．建筑塑料的主要组成成分有哪些？
6．内外墙面砖、地砖、陶瓷锦砖各适用于什么地方？
7．木材的防腐措有哪些？请举例说明。

参 考 文 献

[1] 张健. 建筑材料与检测（附检测报告）[M]. 北京：化学工业出版社，2011.

[2] 谭平. 建筑材料[M]. 北京：北京理工大学出版社，2013.

[3] 赵华伟. 建筑材料应用与检测[M]. 北京：中国建筑工业出版社，2011.

[4] 蔡丽明. 建筑材料[M]. 北京：化学工业出版社，2010.

[5] 王春阳. 建筑材料[M]. 北京：高等教育出版社，2006.

[6] 周明月. 建筑材料与检测[M]. 北京：化学工业出版社，2010.

[7] 建筑材料与检测. 建筑材料与检测[M]. 河南：黄河水利出版社，2011.

[8] 葛兆明. 混凝土外加剂[M]. 北京：化学工业出版社，2005.

[9] 王欣. 建筑材料[M]. 北京理工大学出版社，2015.

[10] 材料实验与测试技术[M]. 北京：中国电力出版社，2008.

[11] 全国水泥标准化技术委员会. GB175—2007 通用硅酸盐水泥[S]. 北京：中国标准出版社，2007.

[12] 中国建筑科学研究院. JGJ 55—2011 普通混凝土配合比设计规程[S]. 北京：中国标准出版社，2011.

[13] 中国建筑科学研究院. JGJT98—2011 砌筑砂浆配合比设计规程[S]. 北京：中国建筑工业出版社，2011.